普通高等教育电气工程与自动化类"十二五"规划教材

自动化概论

第2版

Introduction to Automation
2nd Edition

主　编　赵　耀
副主编　汪道辉
参　编　苏　敏　佃松宜　孙　衢
　　　　曾晓东　黄雪梅
主　审　谢克明

机 械 工 业 出 版 社

本书是关于自动化的一本入门书，全面介绍了自动化的基本概念、发展历程、发展趋势、核心内容、典型应用、应用热点以及国内外的自动化教育概况。本书在第1版基础上进行了大量改写和更新，以尽可能地反映自动化的最新进展，并使内容和编排更加合理，确保质量和水平的明显提高。

全书的编写通俗易懂，深入浅出，图文并茂，突出应用，强调物理概念，通过大家熟悉的例子来阐述自动化及自动控制的基本原理和基本思想，并在内容上立足全球，力求反映自动化的最新技术、当前的水平和发展趋势。

本书既可用作高校自动化专业的"专业概论"课教材，也可用作其他专业的自动化入门课教材，还可作为科普读物，供广大自动化爱好者参考。

本书配有免费的电子课件，欢迎选用本书作教材的老师登录 http：//www.cmpedu.com 注册下载。

图书在版编目（CIP）数据

自动化概论/赵耀主编 . —2 版 . —北京：机械工业出版社，2014.8
（2025.1 重印）

普通高等教育电气工程与自动化类"十二五"规划教材
ISBN 978-7-111-47417-3

Ⅰ.①自⋯ Ⅱ.①赵⋯ Ⅲ.①自动化技术—高等学校—教材
Ⅳ.①TP2

中国版本图书馆 CIP 数据核字（2014）第 161650 号

机械工业出版社（北京市百万庄大街22号　邮政编码100037）
策划编辑：王雅新　责任编辑：王雅新
版式设计：赵颖喆　责任校对：王晓峥
责任印制：常天培
北京利丰雅高长城印刷有限公司印刷
2025 年 1 月第 2 版第 11 次印刷
184mm×260mm · 14.5 印张 · 353 千字
标准书号：ISBN 978-7-111-47417-3
定价：59.80 元

电话服务　　　　　　　　　网络服务
客服电话：010-88361066　　机　工　官　网：www.cmpbook.com
　　　　　010-88379833　　机　工　官　博：weibo.com/cmp1952
　　　　　010-68326294　　金　书　网：www.golden-book.com
封底无防伪标均为盗版　机工教育服务网：www.cmpedu.com

第 2 版前言

随着信息技术等现代科技的迅猛发展，自动化的应用越来越普遍，不仅在工业、农业、交通、国防、航空航天、商业、医疗、服务等诸多领域发挥着重要作用，而且几乎走进了每一个家庭，和人们的关系越来越密切。人们每天都在和各种各样的自动化系统打交道，享受着自动化带来的快捷、便利、舒适和安全，而且随着自动化技术的进一步发展，还会有更多、更好的自动化系统在各行各业大显身手，使人们未来的生活和工作更加方便、更加美好。

那么，到底什么是自动化？自动化有多大的用处？自动化涉及哪些核心内容？自动化的应用情况怎样？自动化的发展状况和发展趋势如何？国内外自动化教育有何不同？这一系列的问题就是《自动化概论（第2版）》这本书所要回答的。

自2009年本书第1版出版以来，自动化学科发展非常迅速，在工厂、楼宇、交通、航空航天、智能机器人、家用电器、国防军事、电子商务等很多领域的应用都发生了显著变化，产生了很多新概念和新技术，原书部分内容已显得有些陈旧过时，而且有些内容和编排不够合理，有些地方不够浅显易懂等。针对上述问题，并充分考虑到读者反馈的意见，编写组对第1版进行了大量改写和更新，并删除了一些偏深、偏难的内容，以确保全书结构及内容更为简洁流畅和通俗易懂，编写质量和水平得到明显提高，并尽可能地反映自动化相关领域的最新进展。

本书是关于自动化的一本入门书籍，编写主要针对以下3个目的：

1）作为高校自动化专业一年级新生的"专业概论"或"专业介绍"课程的教材。

2）作为高校其他专业介绍自动化的选修课或文化素质课程的教材。

3）作为工程技术人员、管理人员以及自动化爱好者的参考书。

全书的编写以读者只具备高中文化水平为前提，尽可能地在语言上通俗易懂，在内容上深入浅出，在表达形式上图文并茂，并通过最简单的、也是大家最熟悉的例子来阐述自动化的基本原理、基本思想和主要特征，同时力求反映自动化的最新技术、研究与应用热点、最新发展情况、当前已达到的水平和发展趋势。

全书共分4章，第1章是对自动化的总体简介，主要包括自动化的基本概念、主要内容和特点、发展历程以及发展趋势；第2章介绍自动化的核心知识——自动控制，包括基本概念、最基本的控制方法、最热门的智能控制以及自动控制的发展概况及发展动态；第3章介绍自动化在一些重要和典型领域的应用及发展情况；第4章介绍国内外自动化教育的基本情况、我国自动化教育的培养目标与定位以及自动化专业的知识结构和课程体系。

在采用本书作为教材时，针对不同的用途可有不同的讲授方式。若用于自动化专业的"专业概论"课程，按 16 学时左右安排教学，则可不讲第 2 章，重点讲第 1、4 章，第 3 章只作简要介绍；若用于其他专业介绍自动化的选修课，按 32 学时左右安排教学，则可不讲第 4 章，重点讲第 1、2 章，第 3 章可根据需要选择一些相关应用领域来介绍。

本书的编写工作主要由四川大学电气信息学院自动化系的教师承担，参编教师都有多年丰富的教学经验，且在所负责编写的领域有着深厚的研究积累，这是确保本书编写质量的重要因素。参与第 2 版编写的教师基本上仍为原第 1 版编写小组的成员，只是增加了留日博士佴松宜副教授，他在机器人和电力系统领域有着丰富的教学经验和研究积累。

在本书的编写分工上，由赵耀提出编写大纲并编写和修订了第 1、2 版的第 1、2、4 章，第 3 章的"3.1 家庭自动化""3.9 宇宙飞行与自动化"和"3.12 自动化应用面临的挑战与展望"；汪道辉编写和修订了第 3 章的"3.2 汽车中的自动化系统"和"3.4 智能建筑与楼宇自动化"，苏敏编写和修订了第 3 章的"3.3 智能交通""3.7 先进制造技术与自动化""3.8 军事与国防的现代化"；佴松宜修订了第 3 章的"3.5 电力系统自动化"和"3.6 形形色色的机器人"；曾晓东编写和修订了第 3 章的"3.10 办公自动化"，黄雪梅编写和修订了第 3 章的"3.11 电子商务与商业自动化"。全书由赵耀统稿和定稿，并对第 3 章分工编写的各个部分进行了一些改写和编辑。

本书第 1 版第 3 章的"3.5 电力系统自动化"部分由北京科技大学孙衢教授编写；"3.6 形形色色的机器人"由苏敏编写。

太原理工大学的谢克明教授作为主审详细审阅了书稿，提出了很多宝贵的修改意见和建议，在此表示衷心的感谢。另外，本书的编写参考了大量的书籍、论文和网上的资料，由于"参考文献"部分的篇幅有限，不可能一一罗列，而且"参考文献"的内容安排主要是考虑读者的需要和接受能力，因此内容偏深和不便查阅的文献都没有列入其中，在此谨向相关的作者表示诚挚的谢意和歉意。

本书的编写涉及多个学科和众多的应用领域，需要先"深入"后才能做到"浅出"，因此编写难度相当大，尽管编写小组花费了大量心血，尽到了最大努力，以保证本书的质量和满足读者的需要，但限于编者的水平，书中难免存在不足之处，衷心希望广大读者和专家学者提出宝贵意见。

编　者

目　录

第 1 章

自动化概述

当今世界的科学技术发展迅猛、日新月异，微电子、计算机、互联网、物联网、机器人、3D 打印、云计算、高速列车、磁悬浮列车、智能手机、智能家电、智能交通、神舟飞船、纳米材料、基因工程等令人眼花缭乱、目不暇接，新技术不断涌现，新产品层出不穷，与信息、材料、能源、制造、生物工程等相关联的高新技术不断推陈出新，百花争艳，对社会产生了深刻的影响，使很多行业都发生了根本性的变革，并在很大程度上改变了人们的生活方式、出行方式、工作方式和生产方式，而且其影响日益巨大，变革日益激烈，改变日益显著。在这五光十色、缤纷多彩的现代科技的百花园中，自动化就是这万紫千红中的一朵奇葩。

1.1 自动化的基本概念

如今的时代不仅是数字化、网络化和信息化的时代，也是自动化的时代。自动化技术的应用领域已远远地超出了工业生产、航空航天、国防军事等传统范畴，脱去了神秘的外衣，渗透进了各行各业，跨入了千家万户。自动化在飞速发展的同时，也正在迅速普及，自动化的身影无处不在，自动化的装置随处可见，到处都有自动化系统在运行、在工作、在为人们服务。

空调机自动使房间温度保持恒定，电冰箱自动使食物保鲜，洗衣机自动洗净衣物，电梯自动把人们送到想去的楼层，商店的自动门随着人的接近和离开而自动开闭，红外线防盗装置自动探测出有陌生人闯入并进行报警，电力系统自动维持电源的电压和频率恒定，数控机床和数控加工中心自动完成零部件加工，自动化生产线源源不断地制造出人们所需要的各种产品，机器人自动完成装配、焊接、抛光、喷漆、钻孔、处理危险品等各种各样的任务，无人飞机自动进行气象探测、遥感测绘、侦查监视、攻击作战等，现代农业的各种自动化装置和自动化机械可自动进行播种、灌溉、施肥、杀虫、收割等，火箭自动把人造卫星送上轨道，火炮自动进行瞄准和射击，导弹自动修正轨迹以击中目标，汽车、火车、飞机等各种交通工具中的自动化系统使人们能够安全、舒适、快捷地到达目的地。

当我们享受着自动化带来的所有便利和好处时，我们是否想过自动化到底是怎么一回事？它包含哪些核心内容？涉及哪些基本原理？能给我们带来多大的好处？是如何发展到今天的？未来前景如何……让我们从自动化的基本概念出发，去遨游神奇的自动化世界吧。

什么是自动化呢？"自动化"一词并没有明确统一的定义，而是一种比较笼统的、形象化的概念。"机械化"强调的是大规模使用机器，"电气化"强调的是普遍应用电力，"信息化"强调的是大范围利用计算机、网络等现代技术工具高效地获取、处理、分析和利用信息，而"自动化"则重点在"自动"二字。通俗地讲，自动化就是利用机器、设备或装置代替人或帮助人自动地完成某个任务或实现某个过程；具体来讲，自动化是指在没有人的直接参与或尽量少参与的情况下，利用各种技术手段，通过自动检测、信息处理、分析判断、操纵控制，使机器、设备等按照预定的规律自动运行，实现预期的目标，或使生产过程、管理过程、设计过程等按照人的要求高效、自动地完成。

下面举几个比较典型的例子，看看自动化系统通常是如何工作的、自动化过程是如何进行的。

要利用自动化的空调系统（见图1-1）来调节房间的温度，人要做的只是用遥控器设置好期望的温度值，剩下的事情空调系统会帮你自动完成。空调系统通常是如何工作的呢？

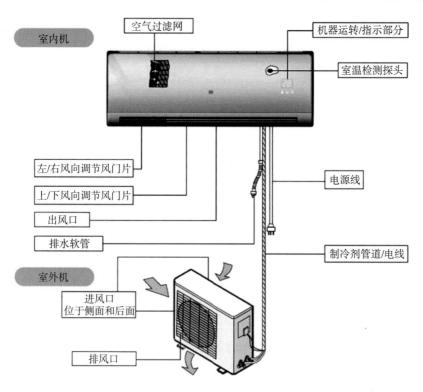

图1-1 空调系统

空调系统的"心脏"是压缩机，压缩机放置在室外机中（见图1-2），通过压缩机的运行使制冷剂不断循环，制冷剂在循环过程中先被压缩，然后再膨胀蒸发，利用压缩时产生的热量可以制热，膨胀蒸发时，热量被吸收可以制冷。以冬季取暖为例，空调系统通过它的"感觉器官"——温度传感器（即图 1-1 中的室温检测探头）去感知房间的温度高低，空调控制器将其和温度的设定值进行比较，若房间温度低于设定值的下限，则压缩机运行，使温度上升，当温度上升到设定值的上限时，停止运行。这是一种典型的基于反馈信息（温度值）的运行方式，通常被称为"反馈控制"。反馈控制方式在自动化系统中应用最为普遍，同时也是自动化系统最为核心的组成部分。

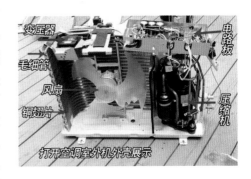

图 1-2　空调室外机的内部结构

　　要用全自动洗衣机洗衣服（见图 1-3），较常用的方式需要由人来选择最合适的洗衣程序，一旦程序确定，洗衣机就会严格按照预先设定好的程序一丝不苟、按部就班地工作。这是自动化系统的另一种典型工作方式——程序控制。更高级的全自动洗衣机还具有一定的"智能"，并拥有较多的"感觉功能"，可以检测出被洗衣物量的多少、脏的程度、衣料的质地等，并根据检测到的这些信息进行分析、计算，决定洗涤剂的用量、水位的高低、洗衣强度和洗衣时间等，从而实现了真正意义上的全自动、"傻瓜式"运行，人要做的只是将衣物放进去和接通电源。这种工作方式实际上既包含了反馈控制，也包含了程序控制，属于混合型控制，在实际应用中也是很常见的。

　　数控机床和数控加工中心（见图 1-4）是典型的机电一体化的工业自动化设备。数控机床是计算机技术与传统机械技术相结合的产物，是在普通机床的基础上增加了计算机控制及检测部分，相当于给机床添加了"大脑"和"感觉器官"，赋予了"智慧"，使其可以做更复杂的事情，完成难度更大的任务。数控加工中心是带有刀具库和自动换刀装置的一种高度自动化的多功能数控机床，能自动完成多种工序和复杂形状的产品加工。要把零部件加工成要求的形状，操作者只需要把零部件的相关数据输入到机器的"大脑"——计算机中，机器就会根据要求自动选择和更换刀具，并指挥刀具自动沿着设定的形状进行高精度的加工，使产品质量和生产效率大幅度提高。

图 1-3　全自动洗衣机

图 1-4　数控加工中心

现代战机（见图1-5和图1-6）在攻击目标时，可以在几十甚至几百公里以外就将导弹发射出去，最新型的导弹可以做到"发射后不管"，即导弹在发射后能够自动搜寻、跟踪和击中目标，是一种高度自动化的攻击方式。发射后飞机无需对导弹进行引导就可以立即返航，被攻击方可能连飞机的影子尚未见到就已经挨打了。

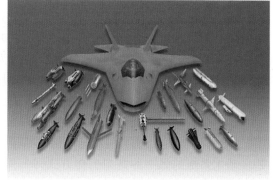

图1-5　现代战斗机发射导弹　　　　　图1-6　现代战斗机的武器系统

计算机辅助设计（Computer Aided Design，CAD）是综合运用计算机软、硬件及网络来实现产品设计过程的自动化。通常，设计者只要输入相关数据（如产品的规格、功能、要求等），计算机就能完全自动地进行分析、计算和设计，并自动输出设计结果。利用CAD技术不仅能大幅减少设计人员的工作量，而且还能显著提高设计水平、缩短产品开发周期、降低产品的成本，提高企业及其产品在市场上的竞争能力，因此CAD技术目前已被广泛应用于服装、纺织、建筑、航空航天、汽车、机械、造船、电子电气、消费品生产等诸多行业领域。

例如，在服装设计上应用CAD不仅可以帮助服装设计师构思和设计新颖的服装款式，完成从款式到服装样片的自动生成设计，提高设计与工艺的水平，还可自动进行放码，即根据基础版推出全部号型的版，从而对市场要求品种多、款式新及质量高的需求做出快速反应；而当客户希望进行个性化服装设计时，设计师只要输入客户的要求及尺寸数据，计算机就会自动生成多种新颖的服装款式，并用三维图形显示出各种款式的试穿效果，待客户满意后再进行裁剪和制作。图1-7为设计游泳衣的一个CAD图形界面。

航空工业是最早采用CAD技术的领域之一，波音飞机公司在20世纪90年代设计波音777客机时就首次采用了全面利用计算机的"无纸化"设计模式，设计人员利用CAD对777的全部零件进行了设计和三维实体造型，并在计算机上对整个777进行了全尺寸的预装配（虚拟制造），工程师在预装配的数字样机上即可检查和修改设计中的问题和不协调之处。与传统设计和装配流程相比，这种方式节省了50%的重复工作和错误修改时间，并全面提升了飞机性能。如果用户有特殊需求，利用CAD技术，波音公司不必重新设计和建立物理样机，只需进行参数更改，就可以得到满足用户需要的电子样机，并且可供用户在计算机上进行预览。

继波音777之后，波音公司又研制了更新型的波音787（见图1-8和图1-9）。该型客机又被称为"梦想客机"（Dreamliner），并于2009年12月成功试飞、2010年交付使用和投入运营。波音787在设计过程中同样全面地采用了CAD技术，实现了低燃料消耗、低污染排

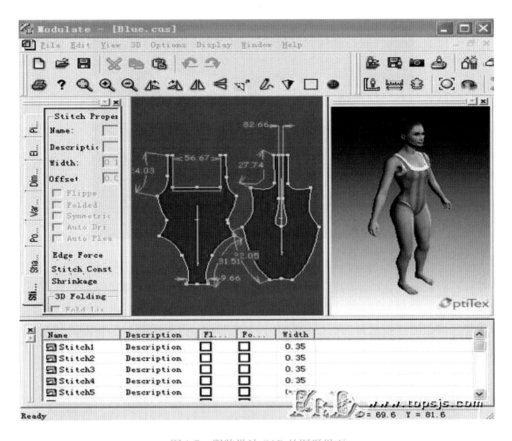

图 1-7　服装设计 CAD 的图形界面

放、低噪声、高巡航速度、长续航里程（约 15000km）、高效益及舒适的客舱环境，生产线只要 3 天便可完成一架 787 的装配。我国订购的首架波音 787 客机也于 2013 年 6 月飞抵中国广州。

图 1-8　正在试飞的波音 787 客机

近年来，与 CAD 关系密切的虚拟制造技术（Virtual Manufacturing Technology）发展非常迅猛，它以 CAD 技术、实时三维图形技术、虚拟现实交互技术和计算机仿真技术为基础，对产品的设计、生产过程统一建模，在计算机上实现产品从设计、加工和装配、检验及使用整个生命周期的模拟和仿真。采用这种技术，可以在产品的设计阶段就模拟出产品及其性能

图 1-9 波音 787 客机的驾驶舱

和制造过程，以此来优化产品的设计质量和制造过程，优化生产管理和资源规划，以达到产品开发周期和成本的最小化，产品设计质量的最优化和生产效率最高化，从而形成企业的市场竞争优势。虚拟制造技术目前已成功应用于飞机工业、汽车生产、军事装备、电子产品等诸多制造领域，并正在迅速扩大应用范围。图 1-10 为波音 787 飞机的虚拟装配图。

图 1-10 波音 787 飞机的虚拟装配图

在现代集成电路的设计过程中，电子设计自动化（Electronic Design Automation，EDA）扮演了极其重要的角色。今天，几乎所有电子产品都包含了集成电路，而集成电路芯片的发展基本上遵循了 1975 年提出的"摩尔定律"，即集成度（电路芯片的电子器件数）每 18 个月翻一番，而价格保持不变甚至下降。从小规模集成电路（SSI）、中规模集成电路（MSI）、大规模集成电路（LSI）发展到超大规模集成电路（VLSI）、特大规模集成电路（ULSI）和巨大规模集成电路（GSI），集成度目前已高达每片几百万至几千万门，并且还在迅速提高。单个芯片中已经可以容纳包括硬件和软件整个系统，即所谓的系统级芯片（System On a Chip，SOC）。一个微处理器、甚至一个数字计算机系统都完全可以集成在一个或数个芯片中。支撑这一领域迅猛发展的一个核心技术就是"电子设计自动化（EDA）"，其主要内涵为CAD技术，并与CAM、计算机辅助测试（Computer Aided Test，CAT）等技术相辅相成。

从发展趋势上看，未来的芯片设计将更多地依靠科学家，而不是工程师。因为未来的EDA工具将高度自动化，设计者重点是概念设计，而大部分工程实现中的技术问题都可依靠EDA工具解决。可以断言，如今的芯片技术离开了EDA将寸步难行，如果单纯依靠人力进行研制，即使有了一个产品的奇妙构想，但在它问世之前就可能因落后而夭折了。

1.2 自动化的作用与应用概况

自动化使人们的生活与工作更加方便、高效、省心、省力；自动化使生产过程的效率更高、成本更低、产品质量更好、竞争力更强、对环境的影响和冲击更小，并显著地降低能源和原材料消耗；自动化使人们能够做很多以前无法做的事情，可以通过载人航天器翱翔太空，可以借助无人潜水器探测深海，可以利用机器人去处理危险品、爆炸物、核废料，还可以通过人造卫星实现全球通信等。自动化已经实现了人类的很多梦想，也正在和必将实现更多的梦想。

机器延伸了人的四肢，计算机延伸了人的大脑，传感器及检测技术延伸了人的感官，通信技术延伸了人的神经传导和信息传递功能，而自动化则全面提升、取代和扩展了人的功能。

早期的自动化使人类从体力上获得了解放，其作用主要体现在能自动取代人的很多操作及系统调整活动，例如，自动保持工业过程中的流量、温度、压力、液位、厚度、张力、酸碱度、真空度等基本恒定，机床和轧钢设备中主轴转速的稳定，以及保持军事装备对运动目标的随动跟踪、火炮的自动瞄准、运动物体的自动驾驶等。现代的自动化则已发展为综合自动化，通过与计算机及网络系统的结合，可以对数据自动进行采集和处理，自动完成分析、设计、计算、优化、协调、决策等，并将管理功能与现场设备的自动控制功能融为一体，不仅对单一设备，而且对多种不同性质、类型、分布在不同区域的设备和装置进行综合控制和协调控制，从而使人不仅从体力上获得了解放，也从脑力上获得了很大程度的解放。现在，综合自动化系统的规模越来越大，应用越来越广，例如电力系统、交通系统、城市自来水系统、国防军事系统、全球化生产系统等。

自动化广泛应用于工业、农业、交通、国防、商业、医疗、航空航天、服务和家庭等各个领域，下面列举几种常见的自动化应用类型。

1. 工厂自动化

工厂自动化（Factory Automation）主要包括生产设备、生产线、生产过程、管理过程等的自动化，例如数控机床、数控加工中心、工业机器人、自动传送线、无人运输车、自动化仓库等都是自动化设备，由这些设备及计算机监控中心可以构成进行产品加工装配的自动化生产线或自动化无人工厂。生产过程自动化则主要针对温度、压力、流量、液位、成分等连续变量的控制，涉及化工、炼油、发电、冶金、纺织、制药等众多行业，一般由各种自动检测仪表、调节装置和计算机等组成自动化生产系统。管理过程自动化一般包含一个网络化的计算机信息管理系统，通过该系统实现全厂乃至整个企业集团生产、信息采集与处理、财务、人事、技术与设备等的自动化管理。

生产自动化与管理自动化是整个工业生产系统不可分割、密切相关的两个方面，二者的有机结合或一体化通常称为"管控一体化"或"综合自动化"（见图1-11），体现了现代化工业生产的发展趋势，可以实现从需求分析、产品预订、产品设计、产品生产到产品销售、用户信息反馈及售后服务全方位的高水平自动化，从而最迅速地对市场做出反应，最大限度地满足客户需求、提高生产效率、确保产品质量、减少原材料和能源等各种消耗。

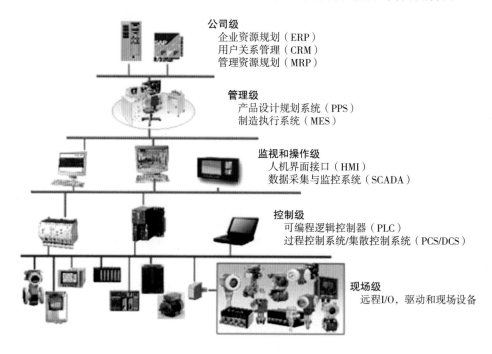

公司级
企业资源规划（ERP）
用户关系管理（CRM）
管理资源规划（MRP）

管理级
产品设计规划系统（PPS）
制造执行系统（MES）

监视和操作级
人机界面接口（HMI）
数据采集与监控系统（SCADA）

控制级
可编程逻辑控制器（PLC）
过程控制系统/集散控制系统（PCS/DCS）

现场级
远程I/O，驱动和现场设备

图1-11　工厂"管控一体化"系统

2. 办公自动化

办公自动化（Office Automation，OA）目前并没有统一的定义，主要指利用计算机、扫描仪、复印机、传真机、电话机、网络设备、配套软件等各种现代化办公设备和先进的通信技术，高效率地从事办公业务，广泛、全面、迅速地收集、整理、加工、存储和使用各种信息，为科学管理和决策服务。

办公自动化通常有3个层次。最低层次是普通办公事务的处理，称为事务级OA，例如文字处理、电子排版、电子表格处理、文件收发登录、电子文档管理、办公日程管理、人事管理、财务统计、报表处理等；中间层次是在事务级OA的基础上，利用数据库技术进行信息管理，称为信息管理级OA，例如政府机关对各种政务信息的管理，企业对经营计划、市场动态、供销业务、库存统计等信息的管理；最高层次是建立在信息管理级OA基础上的决策支持型OA，即利用数据库提供的信息，由计算机执行决策程序，进行综合分析、做出相应的决策。图1-12是一个用于考勤的办公自动化系统，属于事务级OA与信息管理级OA相结合的系统。

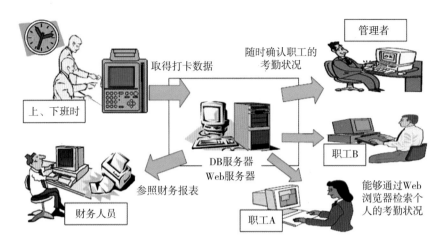

图 1-12 用于考勤的办公自动化系统

上述 3 个层次如果更简洁地描述，则第一个层次只能用计算机处理文件；第二个层次可以用计算机查询各种资料数据；第三个层次则可由计算机自动分析相关资料，自动提供若干个可供决策者采用的决策方案，属于"智能型"的办公自动化。

办公自动化正朝着计算机网络化和智能化方向发展。

3. 家庭自动化

家庭自动化（Home Automation）主要是指家庭生活服务或家庭信息服务的自动化，例如，空调可以让人们在家里享受"四季如春"；洗衣机能够免除人们洗衣服的辛劳；防盗保安系统可以自动探测到陌生人的闯入并报警，让人们"高枕无忧"；自动抄表系统将水、电、气的信息自动传送给相关的公司；计算机网络使人们足不出户就可以获取信息、收发邮件、预订机票和酒店、完成购物等。

随着网络技术在家庭中的普及和网络家电/信息家电的成熟，更高层次的家庭自动化是利用中央微处理机及网络统一管理和控制所有家用电子设备和电器产品（见图 1-13），既可以在家里通过键盘、触摸式屏幕、按钮等设备将指令发送至中央微处理机，也可以在外面通过电话、手机或互联网实现与中央微处理机的信号交互，发出指令，获取工作状态的信息，接收提示或报警等。

4. 楼宇自动化

楼宇自动化（Building Automation）系统是智能建筑（Intelligent Building）的重要组成部分，其主要任务是对建筑物中所有能源、机电、消防、安全保护设施等实行高度自动化和智能化的统一管理，以创造出一个温度、湿度、亮度适宜，空气清新，节能高效，舒适安全和方便快捷的工作或生活环境。

楼宇自动化系统包含很多子系统，通常有空调与通风监控系统、给排水监控系统、照明监控系统、电力供应监控系统、电梯运行监控系统、综合防盗保安系统、消防监控系统、停车场监控系统等，能够自动调节室温、湿度、灯光、供水压力、电源电压、空气质量等，自动控制防火、防盗及门禁系统等设备。一种常见的楼宇自动化系统的构成如图 1-14 所示。

楼宇自动化系统的所有子系统都是可以独立运行和实施控制的自动化系统，但为了高效地进行管理，又将它们和一个计算机监控中心连接起来，可以对各个子系统的运行情况进行

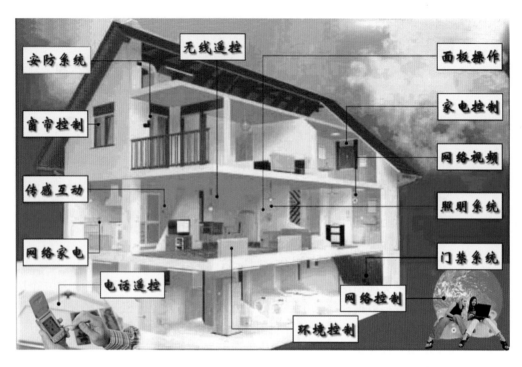

图 1-13　家庭自动化系统

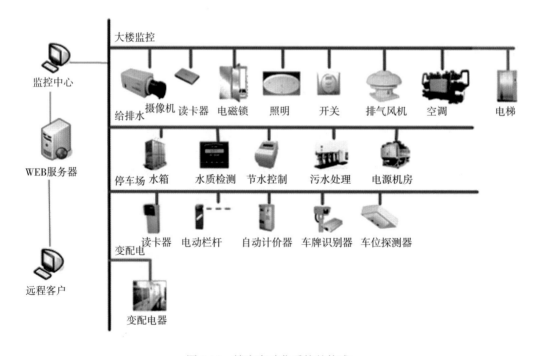

图 1-14　楼宇自动化系统的构成

集中监测和统一管理。这样在控制功能上是分散的，可以规避风险，防止"一损俱损"，而在管理功能上则是集中的，以实现方便高效和统一协调。这就是所谓的"集散控制"方式，属于计算机管理与控制相结合的网络化系统。集散控制在工业、农业、交通等诸多领域都有应用。

　　作为智能建筑或智能大厦的核心组成部分，不仅有楼宇自动化系统，还有办公自动化系统和通信自动化系统，而将 3 个系统集成在一起以实现智能化的统一管理是借助于综合布线系统构成的网络来完成的。现代的智能大厦已发展到与 Internet 融为一体，可以实现跨平台的信息交互和共享、远程信息获取和实时监控，管理人员即便是在千里之外也可以完成他的职责。

5. 交通自动化

　　交通自动化（Traffic Automation）是在水、陆、空各个运输领域综合运用计算机、通信、检测、自动控制等先进技术，以实现对交通运输系统的自动化管理和控制。交通自动化追求的目标是安全、快捷、舒适、准点和经济，主要涉及交通状况的监控与管理、交通信息的提供与服务、运输系统的最优化运行与控制等。

　　城市交通的管理与控制是交通自动化的重要内容，其发展目标早已超越了一般意义上的自动化，是要在网络化和自动化的基础上实现智能化。图 1-15 为一种常见的城市智能交通管理系统的总体结构，包含多个功能模块，其中最核心的是集成管控与指挥调度中心系统。它不仅是交通指挥中心的管控平台，也是为交通指挥系统服务的统一信息平台，可实现信息交换与共享、快速反应决策与统一调度指挥，还可通过对采集到的大量交通数据进行分析、加工处理，来实施交通控制、管理、决策和指挥。

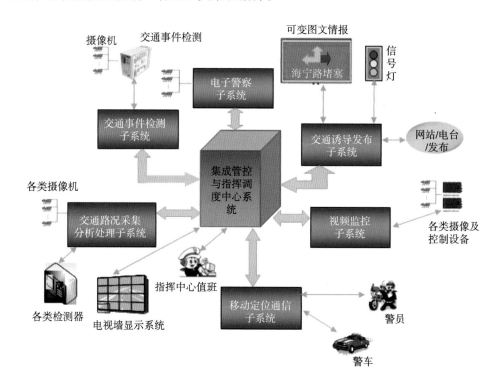

图 1-15　城市智能交通管理系统的总体结构

　　以交叉路口的交通信号灯为例，传统的控制方式是简单地按事先设定好的时间进行切换，与路口的实际情况常常不吻合。更为"智能化"的控制方式是在路口埋设车辆检测器或安装摄像头等，这样就使交通管理系统有了"眼睛"，再通过其"大脑"——计算机系统进行综合分析后，可以随时根据路口情况，对红绿灯进行自动优化配时，从而显著地提升道路通行能力。

智能化的交通信号控制系统并不是独立控制各个路口，而是将一定范围内的所有交通信号集中联网，采用车辆检测装置和高清视频多模式图像检测技术等多种手段，实时采集精确的交通流信息和车辆通过路口的行为记录，跟随流量变化自动优化路口信号配时，实现交通高峰、平峰和低峰的点、线、面协调优化控制，最大限度地提高道路通行效率。

城市的智能交通自动化系统除了指挥调度中心和智能交通信号控制系统外，通常还包括电子警察、综合交通监测、实时交通诱导、交通信息服务、交通组织优化与仿真等多个子系统。根据目前的发展动态，智能交通自动化系统除了对交通信号进行实时优化控制外，另一项重要任务是对采集到的交通流量、流速和占有率等多种海量的路面信息进行自动分析，精准预测未来交通状况，及时发布交通预警预报信息，有效引导公众选择最佳行驶路线，从而最大限度地避免和缓解交通拥堵。

智能化的交通自动化系统是高科技前端采集技术与后端智能化分析决策软件的整合系统，具有很好的兼容性和扩展性，不仅能够从点到线、从点到面地进行区域联网，覆盖整个城市，还可以扩展到城市以外更广泛的区域。

依托全球卫星定位系统、地理信息系统及路况监测系统，无论是驾乘人员还是交通管理人员，都可以随时确定车辆的准确位置，并根据交通自动化系统提供的道路状况和最佳行驶路线的建议进行路线规划。这类技术对于运营车辆的调度管理尤为方便和有效，因此在出租车、公交车等公共交通工具中已有很多应用，例如，在发展快的部分城市中，90%以上的出租车都安装了这类"智能调度管理系统"，构成了所谓的"车联网"，营运效率大幅度提高。在私家车等独立运行车辆中，由于这类技术具有明显的优越性，因此其应用也愈加常见。

除了城市交通管理的自动化外，汽车、地铁、列车、飞机等运输工具自身就采用了大量的自动控制技术，例如在汽车中，对发动机最佳点火时刻和空气燃料比的控制可以使发动机工作在最佳状态；自动变速器可以根据车速等参数自动进行换挡；自动巡航控制系统可以自动保持车速恒定，不受负载和路况变化的影响；用于动力辅助转向的自动控制系统可以使用户轻松自如地操纵方向盘并完成转向；基于雷达或红外探测仪的安全控制系统可根据路况自动调节车速，与其他车辆或障碍物保持安全距离，并在紧急情况下发出警报或自动刹车避让，进一步还可发展为全自动的无人驾驶，从而大大提高驾驶的舒适性、安全性和道路通行效率。

交通自动化正在走向信息化、智能化和综合自动化，其发展方向是将人、车、路及环境通过信息网络连接成一个整体，密切配合、和谐统一，从而建立起一种先进的一体化交通综合管理系统。未来的发展还将统一管理铁路、水运、公路和航空的交通，在更大范围内实现综合的交通自动化。

6. 军事自动化

军事自动化（Military Automation）主要是指信息技术与自动化技术在军事和国防上的综合运用。现代战争已从传统的机械化战争发展成为信息化和自动化战争，信息技术与自动化技术的飞速发展及其在军事上的推广应用已从根本上改变了现代国防的基本架构与现代战争的进行方式。一旦开战，谁胜谁负不再仅仅取决于飞机、大炮和坦克等武器数量多少，而更主要地取决于信息化和自动化水平的高低。谁能更快、更准确地获取信息，在最短的时间里完成分析和决策，并以最快的方式实施尽可能精确的打击，谁就掌握了战争的主动权。

军事自动化的核心是武器装备的自动化和军事指挥的自动化。一方面，各种高新技术不断被应用于军事领域，为实现军事自动化奠定了坚实的技术基础，如用于遥感、遥测、定位及通信的军用卫星，扰乱敌方通信系统或使其瘫痪的电子战和电磁战，导弹、激光制导炸弹或炮弹等精确打击武器，用于侦察、作战及救援的机器人和无人机等。另一方面，海、陆、空、天一体的立体化作战指挥系统（见图 1-16）综合应用了指挥（Command）、控制（Control）、通信（Communication）、计算机（Computer）及情报（Intelligence）5 个功能要素，构成了所谓的"C^4I"指挥自动化系统，使各兵种和各类武器系统之间的作战协同更加完善和周密，使部队的行动节奏和反应能力大幅提高，使武器装备的打击更为精确、打击能力更为强大。因此，各种自动化武器装备与指挥自动化系统的有机结合将有效提高国家的整体军事实力和作战水平。

图 1-16　海、陆、空、天一体的立体化作战指挥系统

随着自动化技术在军事上的广泛应用和指挥自动化的深入发展，作战机器人、无人飞机、无人潜艇等各种智能型武器系统不断涌现（见图 1-17），未来的战争可能不再是士兵的直接对抗，而是智能机器之间的较量，比的是自动化水平的高低和计算机、通信、检测等信息技术的优劣。

7. 农业自动化

农业自动化（Agriculture Automation）是指在农业生产和管理中大量应用自动化技术和现代信息技术，是农业现代化的重要标志之一。总体上讲，实现农业自动化需要利用多种先进的监测手段，获取田间肥力、墒情、苗情、杂草、病虫害等信息，而各种农业自动化系统则根据这些信息自动进行精确或精准的耕作、播种、施肥、灌溉、除草、喷洒农药、收割等

图 1-17 无人立体作战系统构想图

作业，从而达到省力、高效、安全、节省资源和保护生态的目的。这实际上就是目前正在推广和发展的所谓"精准农业（Precision Agriculture）"的核心内容。

农业最繁重的任务是耕耘、插秧和收获，目前已经有了基于全球卫星定位系统（Global Positioning System，GPS）、卫星信息系统和计算机地理信息系统的无人驾驶的拖拉机、插秧机和收割机，作业过程全部自动化，而且作业的精度、质量和效率远远高于单纯机械化的人工操作方式。图 1-18 为日本研制的一种基于 GPS 的无人驾驶自动插秧机。随着时间的推移，各种智能型的自动化农业机械会越来越多地得到推广和应用。

高效农业要求实现水资源的有效利用，农田灌溉正在从传统的"漫灌"方式转变为采用计算机控制和管理的"喷灌"（见图 1-19）、"滴灌"和"微灌"方式，

图 1-18 基于 GPS 的无人驾驶自动插秧机

可以实现精确的自动灌溉。全自动化的灌溉系统还可根据降雨、蒸发、墒情等检测数据，并考虑农作物的供水规律，经过计算机综合分析和优化计算，再控制相应的"喷灌"、"滴灌"或"微灌"装置，实现按时、按需自动供水。

农作物田间管理的自动化要根据土壤土质、环境状况和农作物的生长特点，利用专家经验和人工智能技术，通过计算机分析给出最佳管理方案，例如选择最适宜种植的作物品种，决定最佳施肥时间和施肥量，预报病虫害的发生时期和程度并适时进行防治等。在这个过程中，卫星遥感遥测技术和针对各种作业的自动控制技术发挥着重要的作用。

利用温室进行蔬菜花果的生产可以不受季节和气候变化的影响，并可采用无土栽培和立体化栽培的方式进行大规模的工厂化生产（见图 1-20 和图 1-21）。温室的控制和管理是农业自动化中发展较快的领域，这类自动化系统一般由各种传感器、计算机和相应的控制系统组成，能自动调节光、水、肥、温度、湿度和二氧化碳浓度，促进植物的光合作用和各种生理活动，为植物创造最佳的生长环境，提高农作物的产量和质量，并可以几乎不受病虫害的影响，是生态农业的重要内容之一。

图 1-19　茶园的自动化喷灌系统

图 1-20　自动化的现代农业——温室大棚栽培系统

图 1-21　自动化的现代农业——温室立体栽培

禽畜饲养的自动化系统能自动选择满足禽畜营养要求和成本最低的配方，自动对禽畜实行定时、定量喂料，这样不仅可实现对饲养过程和饲养环境的优化管理和自动控制，还可实现全自动化的产品加工。例如，养鸡场利用计算机控制系统进行饲料配方，在喂食、喂水、照明、温度、通风、取蛋、清粪等环节进行自动控制，可节省大量的劳力，并为保障鸡群健康和提高产蛋率提供了有力的保障（见图1-22）。又如，很多现代化的奶牛养殖场在奶牛喂养、挤奶、牛奶的加工及灌装生产过程等都全面实现了自动化，图1-23即为某奶牛养殖场在进行自动化挤奶。

图1-22　自动化养鸡场

图1-23　奶牛养殖场在进行自动化挤奶

8. 商业自动化

商业自动化（Store Automation）是指在商品的采购批发、运输存储、经营销售及售后服务整个流通过程中采用先进的计算机、通信、自动控制等现代信息技术，提高经营效率，降低经营成本，并使经营管理合理化、制度化、标准化和现代化。商业自动化主要包括基于条形码技术的商品识别自动化、基于电子数据交换标准的数据流通标准化，以及商品销售自动化、商品选配与流通自动化、商品防盗自动化等。

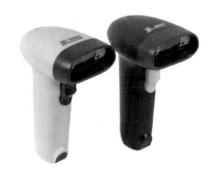

图 1-24　激光条形码阅读器

商品的识别一般采用条形码技术，商品条形码相当于商品的身份证号码，在世界范围内具有唯一性。它经过条形码阅读器（见图 1-24）扫描后就解码为数字信号并输入计算机系统，可作为商品从制造、批发、销售整个流通过程的自动化管理符号。

商品销售自动化主要包括销售点信息管理系统（Point of Sales，POS）、基于 POS 的商场计算机管理信息系统、自动售货机、无人销售商店、网上购物、电子商务等。POS 系统是由条形码阅读器、收银机（也称 POS 机，如图 1-25 所示）和计算机组成的网络系统，在销售的同时自动将每种商品的销售情报传送给计算机，作为商店管理和决策的依据。

网上购物和电子商务是近年来发展迅速的一种商业形式，可以在全球范围内通过计算机和互联网完成商品的交易、结算和支付等商务活动。

数据流通标准化是按照规定的数据交换协议，通过计算机及网络传送商业信息，进行数据交换和数据自动处理。电子数据交换标准的应用可以大幅提高信息交流的效率，节省大量的文书工作，实现所谓的"无纸化贸易"和"无纸化管理"。

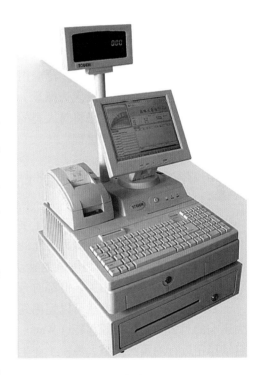

图 1-25　销售点 POS 机

商品选配与流通自动化包括商品进货、库存、配送等内容。进货是通过现代化的通信网络来进行商品采购与订货；库存与配送管理采用计算机控制的自动化系统（见图 1-26），不仅能记忆商品的存放位置、数量、保质期等信息，还能提供现有库存信息的查询、提示缺货、进货等，在需要时能迅速找到并自动取出，而且在商品进、出库时利用自动装卸、自动检货、货箱自动分类、进出货自动登录及传输等设备完成货物的流通和配送。

现代商业的发展趋势是数字化、网络化、自动化和智能化，电子商务已成为商业自动化的重要组成部分，商业自动化从大型商业企业扩展到中小企业及广大的零售业既是经济发展

图 1-26 自动化立体仓库

的需要，也是时代发展的必然趋势。

综上所述，自动化不仅是工业、农业、国防和科学技术现代化的重要体现，而且在各行各业和人们的生活中都得到了广泛应用，成为推动新的产业革命，促进社会全面发展的重要力量。自动化水平的高低已成为衡量一个国家实力大小和社会文明程度的显著标志，自动化技术的研究、应用和推广必将对人类的生产和生活方式产生深远的影响，必将加快社会产业结构变革和社会信息化的进程。

1.3 自动化的历史、现状和发展趋势

自动化技术的产生和发展经历了漫长的历史过程。从古至今，人类一直都有创造自动化装置以减轻或代替人体力及脑力劳动的想法，如中国古代的能自动指向的指南车、能自动计时的漏壶，17 世纪欧洲的利用风力驱动的磨坊控制装置、古希腊的能自动开启大门的教堂等。尽管这些发明互不相关，但都对自动化技术的形成起到了先导作用。

自动化的发展历程虽然可以追溯到几千年前，但真正对社会的生产和生活方式产生了巨大影响的当数英国机械师瓦特（Watt）的蒸汽机及其转速自动调节装置。在蒸汽机时代，能自动稳定运行的蒸汽机是大规模工业生产必不可少的动力机械。

科学技术的发明通常都不是由一个人完成的，而是很多人知识和经验的积累、智慧和汗水的结晶。人们习惯上说瓦特发明了蒸汽机，实际上严格地讲，蒸汽机并不是瓦特发明的，纽可门和卡利两人才是史学界公认的"蒸汽机之父"，瓦特只是创造性地对纽可门的蒸汽机进行了重大改进，解决了热效率和传动方式两个关键性的技术问题，从而使蒸汽机真正成为了能广泛应用的动力源。纽可门蒸汽机是在多项技术成果的基础上于 1705 年问世的，瓦特从 1764 年开始涉足蒸汽机领域，并在 1784 年完成了对纽可门蒸汽机的改造。蒸汽机的运行需要保持转速基本恒定，但运行过程存在很多不确定因素，如蒸汽压力波动、负荷变化等，都会影响到蒸汽机的转速，因此瓦特又在 1788 年利用离心力原理研制成功了能使蒸汽机转

速保持恒定的离心调速器，这是实现蒸汽机自动运行的关键装置（见图 1-27 和图 1-28）。

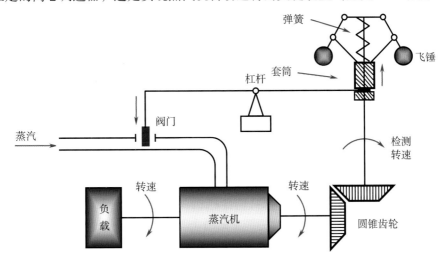

图 1-27　基于离心调速器的蒸汽机转速控制系统原理图

图 1-28　瓦特发明的离心调速蒸汽机模型

那么什么是离心调速器呢？如图 1-27 所示，离心调速器的核心部件实际上主要是两个飞球，飞球转起来以后，因为离心力，就会往外张开，转速不同则飞球张开的程度不同，因而会带动下面的套筒上升或下降，再通过杠杆装置使蒸汽阀门关小或开大，从而自动调节转速。若蒸汽机转速过高，飞球就张开得多一些，从而使蒸汽阀门关小一些，蒸汽机转速下降；反之则飞球张开得少一些，就会使蒸汽阀门开大一些，蒸汽机转速就会上升。这就是离心调速器为什么能使转速基本恒定的道理，调节过程实际上就是反馈控制，反馈的信息是转速，调速器根据反馈信息自动改变蒸汽阀门的开度，从而维持转速基本不变。

直观地看，离心调速器的飞球做得越大，离心力越大，调节的力量就越强，控制的精度就应当越高，但实践中发现，球做大了以后，蒸汽机的运行反而变得不平稳了，转速忽高忽低，也就是说，转速产生了振荡现象。这是什么原因呢？工程师们最初主要是在阀门、弹簧等硬件方面找原因，都未能解决问题，后来通过分析，并借助于麦克斯韦（Maxwell）、劳斯（Routh）、胡尔维茨（Hurwitz）等物理学家和数学家的稳定性理论，将调速器和蒸汽机看作一个完整的系统，建立相应的微分方程来进行研究，才彻底搞清楚了问题的根源，实际上是离心调速器的飞球质量和杠杆装置的传动比例设置不当引起的。也就是说，离心调速器相当于一个放大转换装置，将蒸汽机转速的偏差放大转换成蒸汽阀门的开度，其放大比例过高就会引起系统不稳定。由此可见，社会需求是技术发展的动力，而技术在发展过程中经过不断地总结经验逐步上升为理论，理论反过来指导实践，两者相辅相成，相互推动。

离心调速器实际上也并非完全是瓦特的发明，在此之前，已经有了应用这类装置的例子，例如风力磨坊的速度调节，所以瓦特的贡献只是有针对性地将其应用到了蒸汽机的转速调节上，只不过习惯上将其和瓦特的蒸汽机相联系，故称为瓦特的离心调速器。

不管其产生的背景和过程如何，瓦特的蒸汽机及其离心调速器都具有重要的里程碑意义，它不仅为大规模使用机器的工业生产（见图1-29）奠定了基础，引发了以"机械化"为特征的第一次工业革命，而且也代表着自动化初级阶段的开始。

图 1-29　蒸汽机时代的工厂模拟图

"蒸汽时代"维持了差不多100年，到了19世纪下半叶，随着电磁感应、发电机、电动机、电磁波等的发明和应用，人类进入了"电气时代"。由于电能所具有的突出优点，电力迅速取代了蒸汽动力，电动机获得了广泛应用，从而掀起了以"电气化"为主要标志的第二次工业革命。在此次变革中，继电器、接触器、断路器、放大器、电磁调速器等各种简单的电气控制装置被大量地应用到生产设备中，显著提高了生产效率和工厂的自动化水平，改善了产品质量及生产的安全性，标志着自动化发展的第二个里程碑。在此基础上，美国福特汽车公司于1913年建成了最早的汽车装配流水线，1926年建成了第一条加工汽车底盘的自动生产线，从而使单件生产方式发展成大批量生产方式，显著提高了劳动效率和产品质量，降低了生产成本，对劳动分工、社会结构、教育制度和经济发展都产生了重要影响。1946年，美国福特公司的机械工程师 D. S. 哈德最先提出了"自动化"一词，并用来描述发动机气缸的自动传送和加工的过程。

19 世纪末至 20 世纪中叶是自动化技术和理论发展的关键时期。理论发展的动力主要源于两个方面：一是大规模工业生产对广泛应用各种自动化装置的需求；二是第二次世界大战对改进武器系统性能的需求，当时主要是为了解决雷达跟踪、火炮控制、舰船控制、鱼雷导航、飞机导航等技术问题。在自动化技术方面，由于大多数自动化系统都采用了反馈控制方式，因此迫切需要从理论上搞清楚反馈系统的基本原理和设计方法，几种一直沿用至今的著名方法都是在这一时期提出来的，并逐步形成了以分析和设计单输入/单输出系统为主要内容的经典控制理论，例如奈奎斯特（Nyquist）提出的基于系统频率响应特性的分析方法、伊万思（Evans）提出的分析系统性能如何随增益变化的根轨迹法、李亚普诺夫（Lyapunov）关于运动稳定性的分析方法等。经典控制理论的主要思想是首先将系统表达为一个输入/输出微分方程（通常为高阶），而高阶微分方程难以直接在时间域进行分析和求解，所以需要利用复变函数等数学工具将其变换为代数方程，这样就容易分析系统的性能了。同一时期，美国数学家维纳（Wiener）于 1948 年出版了著名的《控制论》一书，比较了工程控制系统与生物机体中的某些控制机制以及人类的思考和行为方式，高度概括了各类系统的共同特征，强调了反馈控制原理的普遍适用性；1954 年，我国著名科学家钱学森出版了《工程控制论》一书，系统阐述了控制论在工程领域的应用，对自动化的发展具有重要意义。

20 世纪 60 年代，航空航天领域发展迅速，涉及大量的多输入/多输出系统的最优控制问题，用经典的控制理论已难于解决，于是产生了以状态空间方法为核心的第二代控制理论（通常称为"现代控制理论"）。所谓的"状态空间方法"，简单地讲，就是将描述系统运动规律的高阶微分方程转换为一阶微分方程组来进行分析，由于对一阶微分方程可以在时间域直接进行分析和求解，所以该方法属于"时域法"。现代控制理论已成功应用于人造卫星的发射、登月飞行、导弹的制导、飞机的控制等。

计算机的出现对自动化的发展至关重要，其影响和作用是毋庸置疑的。自从 1946 年第一台电子数字计算机诞生以来，计算机已从采用电子管、晶体管、中小规模集成电路发展到了大规模、超大规模集成电路，其体积越来越小，成本却越来越低，这就为在自动化领域广泛采用计算机奠定了基础。从 20 世纪 60 年代开始，随着计算机应用于自动化领域，自动化技术发生了根本性的转变，由处理连续时间变量转变为处理离散时间变量或数字量，自动化系统变得更加"聪明"——能适应更为复杂的情况，改变控制方式只需要改变软件，即修改计算机程序，无须更换硬件设备，而且既能实现简单的控制，也能够实现模仿人类智能的高级控制或很复杂的最优控制，使系统性能达到最佳状态，因此，自动化系统越来越多地采用了计算机作为控制和调节装置。这一阶段可以被称为"数字化"或"计算机化"。

从 20 世纪 70 年代开始，随着微型计算机的普及和计算机网络的发展，自动化领域又开始了一次重大变革，由基于单台计算机、单个受控设备的单机自动化演变为基于网络和多台计算机、多个受控制设备的多机协同自动化，这一过程通常称为"网络化"。"网络化"可以是一个工段的几台设备相连接，也可以是整个车间、整个工厂、整个企业乃至由分布在世界各地的企业构成的企业集团连接成网络，或者由从企业内部的局域网和互联网有机结合，从而构成全球化的生产和管理系统。自动化系统不再是独立存在的"孤岛"，而是通过网络连接成的有机整体，可以实现各种信息和各种技术的综合集成，可以将管理功能和自动控制功能结合在一起，形成"管控一体化"系统，对系统内的各个子系统进行协调控制，实现综合效益和性能的最优，而不是局部的最优。除此之外，还可以更多地引入人工智能和智能控制技术，以更为灵活的方式来执行人类更高层次的智能活动，在复杂和不确定的环境中自动完成信息获取、分析判断、综合决策、逻辑推理、学习调整等任务。"网络化"的综合自动化系统目前已广泛应用于工业、农业、国防、电力、交通、智能建筑、智能家居等领域，代表了自动化发展的趋势。

另一方面，从理论发展的角度看，自动化系统的"网络化"使系统规模越来越大，复杂程度越来越高，例如对大型企业的综合自动化系统、全国铁路自动调度系统、国家电力网自动调度系统、空中交通管制系统、城市交通控制系统、自动化指挥与作战系统等复杂大系统的分析与研究推动了大系统控制、网络控制、智能控制、非线性系统控制等相关理论和方法的发展。

自动化正朝着"数字化"、"网络化"、"集成化"、"智能化"和"综合化"方向快速发展。需要说明的是，综合自动化包含了很丰富的内涵，它是一个随时代而演变的概念，除了上述发展趋势外，目前值得一提的主要有两个动向：一个是由于认识到机器不可能完全取代人，机器所能实现的"智能"是有限的，因此不再追求完全的"无人化"，而是将人作为自动化系统的一部分，充分发挥人的优势，形成由智能机器和人类专家共同组成的"人机一体化"智能自动化系统，合作完成诸如分析、构思、推理、判断和决策等智能活动；另一个动向是自动化系统应当从设计、运行、维护到报废整个过程考虑对环境的影响和可持续发展问题，实现最有效地利用资源，最大限度地减少对人类的损害和对环境的污染，尽可能少地产生废弃物。这就是所谓的"绿色化"，其内涵包括人机和谐、洁净生产、有害电磁谐波的抑制、考虑整个产品生命周期的绿色制造、减少或消除自动化过程中的信息污染等。

纵观自动化的发展历程，可以得出以下几点结论：

1）自动化的发展史体现了人类总是在寻求把今天的事情交给明天的机器或设备去完成，并尽可能地通过机器设备来延伸和超越自己的聪明才智、扩展和创新自身的器官功能。

2）自动化的发展始终是和社会需求紧密联系在一起，几次大的发展阶段更是如此，而且都是由重大社会需求驱动的。例如，早在18～19世纪，社会对更丰富、更大量产品的需求以及高效、优质地进行生产的需求催生了工业化和初级自动化的生产模式；20世纪前半叶，工业生产广泛应用自动化装置和在第二次世界大战中改进武器装备的需求促成了经典控制理论和自动化技术的成型；20世纪后半叶，航空航天的需求、分析和控制网络化系统及复杂系统的需求推动了现代控制理论、大系统理论、智能控制技术和综合自动化技术的发展等。实际上，任何一个技术学科，其发展的动力几乎都源于社会需求，需求推动技术，技术催生理论或为已有的理论找到"用武之地"，理论反过来指导实践，实践又不断丰富和完善理论，如此循环往复，螺旋式上升。

3）自动化的发展具有鲜明的时代特征。任何阶段产生的先进技术，只要在自动化领域有"用武之地"，总会最快地"为己所用"，从蒸汽机、电力、电子技术到计算机、网络、通信、检测等信息技术，无一例外。换句话讲，新技术、新发明、新创造往往给自动化带来新的机遇、新的挑战和新的发展，并有可能从根本上改变自动化的存在形式和实现方式。

4）由于自动化研究的重点是整个系统，而不仅仅是某个局部，再加上其应用领域广泛，因此必然涉及多学科的交叉融合，其发展过程充分体现了科学技术的综合作用，既离不开机械、电气、自动控制及其他信息技术，同时也紧密依托于数学、系统科学等相关理论学科的发展，而且还需要根据其应用领域的不同，了解相关领域的专门知识。

　　5）"自动化会导致失业率增加"的观点早已不攻自破。自动化在把人从枯燥乏味、劳神费力、繁重危险的工作中解放出来的同时，也创造了大量新的就业机会，包括自动化行业及相关产业从原材料的供给、产品设计、生产、维护到产品销售、售后服务等各个环节。历史上，自动加工和装配生产线、机器人、计算机综合自动化系统等的产生和发展过程都无可辩驳地证明了这一点，现在已经没有人再对此进行无谓的争论了。

　　6）自动化具有很强的渗透性和普遍适用性，其应用不仅从工业领域扩展到了非工业领域，而且也从工程领域扩展到了非工程领域，例如办公自动化、楼宇自动化、交通自动化、医疗自动化、农业自动化、家庭自动化、商业自动化、管理自动化、社会控制、经济控制等。随着技术和理论的发展，自动化系统将在更大程度上模仿人的智能，并更多地采用智能机器人，以期在未来科技的发展和社会进步中发挥更加重要的作用。

1.4　自动化与信息技术

　　人类经历了农业社会、工业社会，现在已迈进了信息社会。那么什么是信息？什么是信息技术？它与自动化是什么关系呢？

　　"信息（Information）"一词并无统一、准确的定义，大体的意思是指人类的一切活动和自然存在所传达出来的信号和消息，泛指各种消息、情报、数据、符号、信号等客观事物的有意义的表现形式。例如，讲话、手势、书报杂志、电话、传真、电视、互联网的内容以及、水、电、气表和温度计的刻度等都表达了某种信息。

　　信息技术（Information Technology，IT）是指对信息的获取、传输、存储、处理和应用的技术。信息技术包括检测技术（信息的获取）、通信技术（信息的传输）、计算机技术（信息的存储和处理）、自动控制技术（信息的应用）等。

　　在信息技术的形成、发展和普及过程中，计算机技术与通信技术起到了极其重要的作用，所以在很多人的观念里，常常将信息技术和计算机技术与通信技术画等号。后来，人们进一步认识到，计算机技术与通信技术的结合虽然很好地实现了信息的存储、处理、传输以及资源的共享，但是，经过处理的信息如何发挥实际效用呢？能否利用这些信息来影响或改变外部事物的运动状态，使其有利于实现人们的目标呢？这就需要用到控制技术了。因此，现在比较流行的看法是，信息技术是通信技术加计算机技术再加控制技术（自动化技术的核心），即所谓的"3C"技术（Communication，Computer，Control）。然而，这种观点似乎也有失偏颇，如果没有基于各种传感器件的声、光、电、温度、压力、流量、文字、图形、图像等的检测手段，如何获取信息？所以更全面的观点是，计算机技术、通信技术、控制技术和检测技术构成了现代信息技术的核心，但还不是全部。另外，微电子技术、图形图像的处理技术、对各种信号进行分解、变换及滤波的技术等都应当属于信息技术的范畴。

　　人的各部分器官功能可以完全与信息技术相对应。人的感觉器官对应于信息获取，人的传导神经网络对应于信息传输，人的大脑（可以进行记忆、联想、分析、推理、决策等）对应于信息处理，而人的大脑与手、脚、语言器官等合起来对应于信息应用。自动化的主要目的就是取代人和帮助人更好地完成任务，因此大部分自动化系统的工作方式与人类似，都包含了信息获取、传输、处理与应用4个部分，例如，空调机的工作过程是先通过一个温度传感器检测室内温度（信息获取），然后将温度信号送至控制装置（信息传输），控制装置对该信号进行处理后（信息处理），按一定的规则计算出所需的控制量并调整空调的运行状态（信息应用）；银行或商店的自动门通过一个红外线传感器检测是否有人接近（信息获取），并将信号送至控制装置（信息传输），控制装置对该信号进行处理和运算后（信息处理），输出控制作用使门打开或关闭（信息应用）。这就说明，自动化技术涉及了信息技术的全部。因此，自动化的发展离不开计算机、通信、检测等信息技术的支持，信息技术领域的任何创造发明都可能给自动化带来新的机遇和发展。

需要指出的是，自动化是一个综合性很强的领域，它不仅涉及了信息技术的全部，同时也涉及其他很多学科和技术，例如机械和电气学科、气动和液压传动技术、电源变换技术、光电转换技术等。而且，自动化技术与信息技术虽有共性，但两者的侧重点是明显不同的。自动化是综合运用信息技术，使机器、设备、生产过程、管理过程等按照预定的规律自动运行或达成预期的目标。所以，自动化技术的重点在于信息的应用，即如何利用信息去实现有目的的行为，其核心是如何进行分析、决策和控制，而信息的获取、传输和处理则是实现这一目的的手段。因此可以认为，虽然自动化在很大程度上属于信息技术，但信息技术对于自动化而言主要是作为工具，自动化是综合集成了信息技术及其他技术为自己服务。

另一方面，就信息技术本身而言，它的各个环节都涉及自动化技术，无论是信息的获取或传输，还是信息的处理或应用，例如计算机的运算过程、其内部多种硬件的控制、计算机通信网络的建模与调控、网络流量的控制、网络服务的质量控制、通信卫星的控制、各种仪器仪表的控制等，都涉及了自动化技术。所以，信息技术也离不开自动化技术的支持，自动化技术的发展同样会推动信息技术的发展。自动化技术与信息技术的关系是"你中有我"，"我中有你"，相辅相成，相互推动，同时又有各自的特色、要达成的目标以及各自要完成的任务。

1.5　自动化与信息化

"信息化（Informatization）"指的是在社会各领域普遍采用现代信息技术，更有效地开发和利用信息资源，从而大幅提高社会的工作效率、生产力和生活质量，推动经济发展和社会进步。

"信息化"一词最早起源于20世纪60年代的日本，日本社会学家梅倬忠夫在其发表的《信息产业论》中首次提出了"信息化"这个概念。他认为，信息社会是信息产业高度发达且在产业结构中占据优势的社会，信息化是由工业社会向信息社会演进的动态发展过程。到了20世纪70年代后期，随着信息技术的快速发展和广泛应用，信息化的概念才逐步为人们所接受和使用，信息产业步入了高速发展阶段。目前，信息产业已经成为全球第一大产业，同时也成为整个社会经济结构的基础产业。信息成为人类活动的基本资源，信息活动对社会发展的贡献已经居于突出的地位，信息化极大地推动着当今社会的发展，使人类社会进入了崭新的信息时代。正是由于信息技术和信息化的影响如此巨大和深远，因此不少专家学者认为，可以将当前以信息化为主要特征的社会变革描述为"第三次工业革命"。

信息化是一个动态的发展过程，其基础是信息技术和信息资源，其核心是信息资源的开发和利用。信息化的发展与信息技术的发展密切相关，也经历了计算机化或数字化、网络化、智能化和集成化几个阶段。

从信息化的定义、内涵、产生背景及发展过程可以看出，自动化与信息化虽然并不是一回事，但是两者的关系密切，相互既交叉融合，又各有特色和重点。

首先，自动化与信息化都包含了信息获取、传输、处理与应用 4 个部分，都紧密依托于计算机、通信、控制、检测等信息技术，都广泛应用于工业、农业、社会、经济、国防军事、日常生活等领域，但两者的出发点和目的不同。自动化主要针对机器设备的自动运行，重在如何运用"信息"来进行"控制"与"优化"；信息化则主要针对信息本身的获取、传输、处理、检索及安全问题，包括信息编码、传输效率、信息纠错等内容，其重点是信息资源的开发利用、信息科技的推广普及和产业化等。

其次，宏观地看，信息化与自动化两者所包含的内涵虽然有很多交叉融合的地方，但总的来讲，信息化的概念显得更为宽泛一些，可以大到一个国家及全球的信息化，也可以小到一个企业或家居的信息化。今天的自动化虽然已具有"综合化"的特征，其内涵相当丰富和宽泛，但是毕竟比"信息化"略逊一筹。因此，也可以说自动化在很大程度上是信息化的重要组成部分，但不能认为其完全属于信息化，因为自动化有很多独特的地方，是信息化所不具备的。

最后，需要说明的是，自动化与信息化既交叉融合，又互为依托、相互促进。实现信息化的基础是信息技术，而信息技术的发展离不开自动化技术，所以自动化技术也是信息化的基础，自动化的发展会推动信息化的进程。反过来看，自动化的重点是根据所获取的信息进行分析、决策和控制，信息化做得好，就可以快速准确地得到所需要的信息，为进一步的分析、决策和控制提供依据。因此，信息化在很大程度上也是实现自动化的基础，信息化的发展同样会促进自动化。今天，无论是一个城市的"信息化系统"，还是一个企业的综合自动化系统、或是正在推广普及的家庭自动化系统，都无一例外地同时包含了信息化和自动化的内容，而且两者常常是融为一体的，很难将其截然分开。如今一些流行的提法，如信息家电、智能家居、智能建筑、智能交通、电子商务、数字电力、数字城市、数字地球等，实际上它们都需要信息化与自动化的有机结合，只不过有的偏重于信息化，有的偏重于自动化而已。

21 世纪是数字化和信息化的时代，同时也是自动化进入新的发展高潮的时代。自动化是信息化的重要组成部分，也是实现信息化必不可少的载体。没有自动化，就没有信息化，也不可能有现代化。如今，国家正致力于通过信息化带动和推进工业化，以提高企业的市场竞争力和整体实力。根据我国 2006 年发布的《2006—2020 年国家信息化发展战略》，中国信息化发展战略可概括为：以信息化促进工业化，以工业化带动信息化，走出中国特色的信息化道路，并明确提出了发展重点之一是"利用信息技术改造和提升传统产业。促进信息技术在能源、交通运输、冶金、机械和化工等行业的普及应用，推进设计研发信息化、生产装备数字化、生产过程智能化和经营管理网络化。充分运用信息技术推动高能耗、高物耗和高污染行业的改造。"随着自动化与信息化的不断深入融合与发展，自动化应该、也必将会在这个过程中发挥重要作用。

第 2 章

自动化的核心——自动控制

"控制"一词大家都比较熟悉，人们常常说"要控制自己的行为"、"控制玩电脑游戏的时间"、"政府控制物价"、"企业进行成本控制"等，其含义是很清楚的，指的是通过某些措施，使人们做事情的过程或事物变化的过程符合规范或预期，最终能达到或实现预定目标。那么，加上"自动"二字的"自动控制"又是什么意思呢？

简单来讲，自动控制就是在没有人直接参与或尽量少参与的情况下，通过控制装置去自动操纵机器、设备、生产过程等，使其按照预定的规律运行，实现预定的目标。之所以说"没有人的直接参与或尽量少参与"，是因为人不可能完全不参与，例如向控制系统输入指令并启动系统，或出现意外情况时要进行干预等。只是在实施自动控制的过程中人一般不会介入。

自动控制与自动化的定义很相似，二者都含有"自动"一词，都是利用信息去自动地完成要求的任务，但两者同时又有所区别。笼统地说，自动化强调的是代替人完成任务，而自动控制强调的是控制，通过控制使某些变量（如温度、速度、压力、位置、液位等）按要求变化。因此，自动化的含义要宽泛一些，其包容量更大、内涵更丰富、覆盖面更广，例如办公自动化、设计过程自动化以及生产管理自动化等都属于自动化的范畴，但它们涉及的主要是信息的获取和处理技术，而不是自动控制技术。当然，办公、设计和管理过程中所采用的很多设备都包含自动控制技术，但毕竟不是这些过程的主体，而是属于设备的设计、制造及维护的范畴。尽管如此，实现一个自动化系统在绝大部分情况下必须依靠自动控制技术，因此可以认为，自动控制是自动化的核心和重要组成部分。

自动化涉及众多学科领域，特别是自动控制、计算机、通信、检测等信息科学与技术，是典型的综合性交叉学科，自动化系统的实现形式和方法也可谓多种多样，但是万变不离其宗，信息始终是实现自动化的基础，而自动控制则始终是自动化的核心和灵魂。正因如此，自动控制的实际应用也和自动化系统一样包罗万象，无处不在。在人们的家里，全自动洗衣机会自动控制洗衣机的水位、洗衣强度和洗衣时间等；电冰箱、空调、电饭煲等会自动控制温度来满足人们的要求。在大楼里，电梯依靠自动控制平稳地加减速和高速升降；无论楼层高低和用水量大小，恒压供水控制系统都会自动保持水压基本恒定；通风控制系统会根据人多人少和空气质量自动调节通风量等。在工厂里，数控机床、数控加工中心以及机器人会按照人的要求自动加工出各种产品，自动小车会自动运送加工用的原材料和加工好的产品，自动化仓库会自动控制材料和产品的存取。在航空航天领域，飞机可以通过自动驾驶仪自动地按照一定高度、方位和速度飞行，宇宙飞船、人造卫星、航天飞机等可以通过自动控制装置按要求的轨迹飞行。在核电站，为了保证反应堆的安全运行，可以通过控制铀棒在反应炉中的位置来实现核反应过程的自动控制。在国防上，雷达对目标的跟踪，火炮的瞄准和射击，导弹的发射及其飞行方向、姿态、高度和速度的制导，以及最终击中目标等更是离不开自动控制。

　　自动控制的应用非常广泛，涉及各行各业，现代社会和人们的生活已离不开自动控制，那么自动控制是如何实施的呢？其基本思路、基本原理和基本方法是什么？最常用的控制策略是什么？最热门的控制方法有哪些？自动控制将如何发展？所有这些，就是本章要给予解答的问题。

2.1　自动控制系统的基本控制方式

　　自动控制系统的任务是利用控制装置（简称为控制器），使需要控制的机器、设备、生产过程等（称为控制对象或受控对象、受控系统）自动按照预先设定的规律运行。一个系统一般都有输入量和输出量，输出量受输入量的影响。对于控制对象而言，它的输出量一般对应人们想控制的变量（称为被控量或受控变量），而输入量则可分为两类：一类是通过控制器可以进行操纵或任意改变，从而使被控量按要求变化的输入量，又被称为控制输入或控制量；另一类输入属于干扰或扰动，它会使被控量偏离期望值，是人们不希望有而又普遍存在的，一般被称为扰动输入，或简称扰动。为了更为直观、简洁地表达系统的输入/输出关系，通常采用方框图来描述一个系统，图 2-1 所示即为控制对象的方框图，图中带箭头的线条代表某个信号变量，箭头表示信号的传递方向，方框则代表具有一定功能的环节或系统。

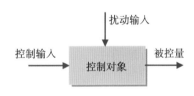

图 2-1　受控系统的输入/输出方框图

　　自动控制系统的控制目标就是在受到各种扰动影响的情况下，通过改变控制输入来影响被控量，使其按照预定规律变化。尽管自动控制系统的种类繁多，但其基本的控制方式可以归结为 3 类：开环控制、闭环控制（又称为反馈控制）以及将这两者相结合的复合控制。

2.1.1　最简单的控制——开环控制

　　什么是开环控制呢？下面先来看工业上应用较多的一个简单例子。图 2-2 为一个加热炉温度开环控制系统，控制的目标是使炉温达到期望值，并基本保持不变。如何进行控制呢？首先分析一下加热炉自身的工作过程。如果在电热丝两端施加一个电压，加热炉内部的温度就会开始上升；加热炉与外部有热交换，刚开始升温时，加热炉内外温差小，热交换量小，因而升温快；随着加热炉内部温度的上升，内外温差增大，热交换量也随之增大，升温速度下降；当电热丝产生的热量和加热炉散发的热量达到平衡时，炉温就会恒定。因此，改变电热丝两端的电压，达到平衡时的炉温就会改变；也就是说，当加热炉所处环境的温度不变时，电热丝两端的电压取值与达到平衡时的炉温高低是一一对应的。

电热丝两端的电压和电流较大，可以是几百伏、上千伏和几十安培、几百安培乃至上千安培，属于强电，直接对该电压进行操作既不安全，也不方便，而且即使能制造这样的操作装置，其成本和能耗也会很高。因此需要通过功率放大器将属于弱电范畴的电压和电流

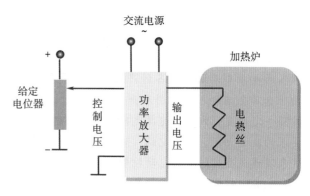

图 2-2　加热炉温度开环控制系统

（一般在几伏和几十毫安以内）转换为强电，这样一来，人的操作只要在弱电范围内进行即可。这种"以弱控强"的方式是大部分电气类控制系统都具有的一个共同特征。功率放大器的输入信号（控制电压）与输出电压之间近似为比例关系，增大或减小控制电压，输出电压也会随之增大或减小，从而改变加热炉的温度。要调节炉温，只需要给出一个炉温期望值的指令（即通过调节给定电位器，对控制电压进行相应的设定），就可以使炉温基本达到期望值。

功率放大器的内部结构和工作原理涉及较多内容，这里只作简要说明。功率放大器是利用大功率电子开关器件（电力电子开关器件）对交流电源电压进行斩波，即在电源电压的一个正弦周期内频繁地开通和关断，改变开通和关断的相对比例（占空比）就会改变输出电压的平均值。功率放大器里面还有一个控制电路（驱动电路），用于控制斩波过程；控制电压则作用于驱动电路，改变控制电压就会改变斩波的占空比，从而改变功率放大器的输出电压。

利用方框图可以直观、清楚地表达出系统中的各组成部分及其之间的相互关系，加热炉温度开环控制系统的方框图如图 2-3 所示，其中的加热炉为控制对象，功率放大器相当于控制装置，给定电位器为产生指令信号的给定装置，扰动通常代表某些不确定性因素引起的对系统的干扰，例如交流电源的电压波动、环境温度的变化等。

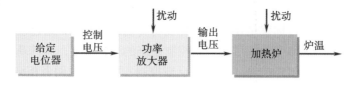

图 2-3　加热炉温度开环控制系统的方框图

图 2-2 和图 2-3 所示系统的控制方式属于开环控制，之所以这样称呼，是因为没有检测输出变量炉温，炉温信号没有反馈到输入端，输入信号（控制电压）只单向传递到输出信号（炉温）就终止了，信号的传输没有形成闭合回路。开环控制有时又被称为前馈控制或顺馈控制。

这样的控制方式效果如何呢？假定系统内部和外部的条件完全不变，而且操作人员对整个系统的输入/输出特性以及对应关系了解得很准确，那么只要设定好控制电压，炉温经过

一个动态变化过程后就会达到期望值并且恒定不变。但事情不会这么理想化，实际系统总是存在这样或那样的扰动和不确定性，这些因素都会影响炉温，造成炉温波动或偏离期望值。举例来说，在设定值（控制电压）不变的情况下，交流电源的电压波动会造成输出电压波动，从而导致炉温波动；环境温度变化会引起加热炉与外界的热交换速度发生改变，炉温也会随之改变；加热炉中被加热物体的质量和体积不同时，加热炉的热惯性也不同，炉温的变化规律就会不一样；打开和关闭加热炉、取出和放入被加热物体、系统中各种器件的老化和特性改变等因素都会引起炉温变化。总而言之，各种类型的扰动，无论是内部的还是外部的，都会导致炉温改变，如果人不干预的话，炉温就会偏离期望值。如果人要进行干预，首先就需要一个温度检测装置，通过该装置随时观察炉温，并根据炉温与期望值之间的误差大小随时调整控制电压，从而保证炉温的误差不超出允许范围，但这样做人就太辛苦了，也不是自动控制了，而成了有人参与的反馈控制。

根据上面的叙述可以看出，没有反馈的开环控制系统存在一个较大的缺陷，即抗扰动能力差（包括内部和外部的扰动），但它同时也具有较多的优点，主要是结构简单、工作可靠、调整方便、成本低廉，因此可以用于对控制精度要求不高、扰动影响较小的场合。实际生活中可以见到很多开环控制的例子，例如家里使用的电灯、电风扇、电烤箱、电取暖器、半自动洗衣机，交通系统中定时切换（称为时基控制）的红绿信号灯，五颜六色、不断闪烁的霓虹灯以及造型千变万化、五彩缤纷的音乐喷泉等。

2.1.2　自动控制的精髓——反馈控制

上一节讨论的加热炉开环控制系统由于没有检测炉温，没有形成反馈，因而在受到扰动影响时，炉温会偏离期望值，但系统自身是无法获知这一信息的，因此不会自动地对炉温进行调节，所以通常会产生较大的误差，控制效果不好。反之，如果能够获取炉温的信息，并根据炉温的信息及时调整控制电压，炉温就有可能重新回到期望值。这样做实际上就形成了所谓的反馈控制。

1. 反馈控制的基本思想和基本原理

如果设想人介入控制过程的话，那么在前面开环控制系统的基础上，会如何进行反馈调节呢？有人参与的加热炉温度反馈控制系统如图 2-4 所示，首先需要利用一个温度检测仪来检测加热炉的温度，获取当前炉温的信息（通过眼睛），然后将其与炉温的期望值进行比较（在头脑里）。若炉温低于期望值，则增大控制电压（手动调整给定电位器）；若炉温高于期望值，则减小控制电压。炉温较期望值低得越多，控制电压的增幅越大；反之，则控制电压的增幅越小。这样不断地观测炉温，不断地调整控制电压，就能在即使存在各种扰动的情况下使炉温基本恒定，不会产生明显的偏差。在这里，人相当于一个控制装置，起到了提取反馈信息、进行比较和判断、计算所需控制电压并实施控制的作用。

如果用相应的自动化装置来取代人，就可以构成有反馈的加热炉温度自动控制系统，如图 2-5 所示。图中的温度传感器用来检测炉温，传感器检测到的信号通常比较微弱，需要用温度变送器将其变换为在标准范围内变化的电压（约几伏），得到的反馈电压被称为反馈信号，一般与炉温大致成比例关系；给定电压代表期望值，被称为给定信号（或参考信号、指令信号），给定电压与反馈电压进行比较（相减）就得到误差信号；控制器就是根据误差信号来进行控制的，若误差为正，则表示炉温低于期望值，控制器就会增大控制电压，反

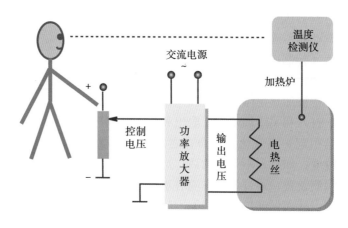

图2-4 有人参与的加热炉温度反馈控制系统

之，则减小控制电压，这个过程与人参与的控制类似。给定电压应如何设置呢？举例来说，如果希望炉温为500℃，炉温500℃时反馈电压是5V，那么给定电压也应设为5V，这样当反馈电压不为5V时，就意味着炉温没有达到500℃，会产生误差，所以给定电压与反馈电压之间的误差反映了实际炉温的误差。

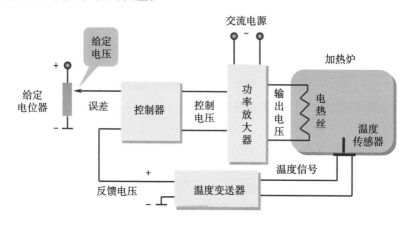

图2-5 有反馈的加热炉温度自动控制系统

反馈控制系统控制效果的好坏与很多因素有关，但关键在于控制器，控制器好比人的大脑，其作用是根据获取的反馈信息进行分析、判断和决策，并给出所需要的控制量（控制电压），例如，炉温控制系统检测到的炉温为300℃（假设对应反馈电压为3V），炉温的期望值为500℃（对应给定电压应为5V），也就是说，误差信号为2V，那么控制器应当在得到误差信息后增大控制电压，但到底增大多少最合适呢？这就需要运用控制理论来进行分析了。因此，控制器的任务就是根据误差信号进行计算，从而确定并输出最适宜的控制量来进行控制，而控制器采用什么控制策略或控制方法、通过怎样的规律计算出控制量则是设计控制器的核心问题。控制策略和方法的种类繁多，内涵非常丰富，属于自动控制理论的研究范畴，本章的后半部分将主要从思路上适当介绍一些最简单和最常用的方法。

控制策略和方法属于控制器的"软件"，而控制器的硬件实现则通常有两类：模拟控制器和数字控制器。前者较典型的是采用电阻、电容、放大器等模拟器件构成，而后者现在最常见的是采用计算机。随着计算机技术的迅猛发展和普及，模拟控制器的使用越来越少，而计算机控制系统的应用则越来越普遍。

与前面一样，可以利用方框图来直观地表示加热炉温度反馈控制系统各组成部分之间的关系，如图 2-6 所示。图中的符号"⊗"称为相加点（或综合点），其引出的信号是各送入信号之和。由于给定电压与反馈电压是抵消的关系，反馈电压是以负的形式加上去的，因此这样的反馈系统称为负反馈控制系统。又由于系统中的信号传递是沿着箭头方向经控制器、功率放大器、加热炉、炉温检测环节后形成了闭合回路，所以反馈控制系统又被称为闭环控制系统。

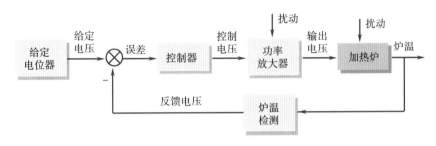

图 2-6　加热炉温度反馈控制系统的方框图

负反馈控制系统的主要特点是能够根据反馈信息自动进行调节，因此相比于开环控制系统具有明显的优越性，最主要的是抗扰能力强，控制精度高。例如，在炉温反馈系统中，任何扰动，不管是内部的还是外部的，只要影响到了炉温，控制器就会根据反馈信息进行调节，从而抑制扰动的影响，保证炉温的精度。然而这里有两种扰动是例外，即由于检测信号（反馈信号）和给定信号不准确引起的炉温误差，反馈控制是无法抑制的。原因其实很简单，直观地看，检测信号不准确代表了获取的信息不准确，给定信号不准确代表了给出的指令不准确，控制基于不准确的信息和指令，当然会使执行结果出现偏差。这就好比某人接到指令朝正南方向走，他手里拿着指南针辨别方向（获取反馈信息），如果指南针有误差，他就不可能走准确了；如果所接到的指令出现了偏差，变成了正南偏西 20 度，他当然就会偏离正南。因此，一个反馈控制系统的控制精度在很大程度上是由检测元件和给定装置的精度决定的，特别是检测元件，因为给定装置的精度目前在技术上很容易得到保证。

2. 正反馈现象及其特点

反馈方式除了负反馈外，还有正反馈，但在控制系统的实际应用中很少采用正反馈，因为正反馈的反馈信号是以正值的形式与给定信号相加的，其作用是加强给定信号，容易引起系统振荡和发散（即相关变量越来越大，使系统失控），这种情况被称为系统不稳定。以加热炉系统为例，若炉温偏高，本来应该减小控制电压来降低炉温，但正反馈起的作用恰恰相反，炉温越高，反馈电压越大，误差信号以及控制电压也越大，从而使炉温进一步升高，这样就形成了恶性循环，最终有可能导致系统失控和损坏。生活中一个常见的正反馈例子是当人们利用扩音设备讲话或唱歌时，若扩音系统的放大倍数太大或话筒离扬声器太近，扬声器就会产生刺耳的啸叫声，这是因为话筒送出的声音信号经扩音系统放大后送至扬声器，扬声器放出来的声音有一部分又回到了话筒，形成了较强的正反馈（见图 2-7），从而引起了信号振荡所致。

图 2-7　扩音系统的正反馈作用

正反馈并非只有负面作用，它也有积极的一面，关键在于怎么运用它。正反馈的强度要达到一定程度才会引起振荡，强度较小时只起放大作用，巧妙地利用这一特性就可以使其"为我所用"。这方面的例子有曾经出现过的再生式收音机，它的原理就是利用正反馈来适当加强从天线接收到的微弱信号，改善收听效果；在视听设备、石英钟表等装置中的振荡电路也是利用了正反馈产生振荡的特性。

虽然自动控制系统中很少采用正反馈，但正反馈现象在自然界和人类的活动中并不少见，例如，自然界的物种繁衍大致保持着生态平衡，一旦某个物种的天敌大量减少或消失（例如由于人类捕杀所致），这个物种就会大量繁殖，导致失控，如大量捕杀青蛙导致害虫泛滥，猫头鹰减少导致鼠害成灾等。这是因为物种的繁衍是一个正反馈过程，繁殖得越多，数量就越大，数量越大反过来导致繁殖得越多。人口增长也是这样，所以应当进行控制或保持原有的制约机制。又如，教师水平高，讲课效果好，来听讲的学生就会多，听得也很认真，这样老师就会情绪高昂，发挥得更好，备课也会更加认真，讲课效果会更好，从而吸引更多的学生来听讲，且听得更加认真，形成良性循环；反之，则可能引起恶性循环。另外，在管理领域，有意识地组织竞赛或形成竞争实际上也是为了形成一种正反馈，大家你追我赶，相互促进。股市中股价的涨跌、商品销量的增减、商品价格的升降、企业的发展与衰退等过程中经常也会出现类似情况。

3. 负反馈控制原理的应用举例

由于负反馈控制能够抑制除检测信号和给定信号不准确以外的扰动，保证控制精度，所以负反馈控制得到了最广泛的应用。在各行各业，在国防上，在家庭中，这样的例子比比皆是，而且反馈控制的思想和方法具有普遍适用性，不仅在工程领域，而且在社会、经济、管理等领域，甚至在人们的日常生活中都有很多应用。正如美国数学家维纳（Wiener）在其著名的《控制论》一书中所指出的，反馈控制机制普遍存在于各类工程系统与生物机体的控制过程中，包括人类的行为。也正如全球众多自动控制领域的知名专家学者在 2003 年的一篇调查报告 "信息爆炸时代的控制（*Future Directions in Control in an Information-Rich World*）" 中所强调的，"反馈机制随处可见！反馈控制无处不在！" 下面就举一些实际例子来进行说明。

最简单直观的莫过于卫生间的抽水马桶。它的水箱在每次冲水后都能自动恢复到设定水位，怎么做到的呢？实际上就是采用了反馈控制。水箱水位的反馈控制如图 2-8 所示，它是通过一个浮子来检测水位，水位的变化引起浮子位移，浮子的位移再通过一个杠杆装置控制进水阀门的打开和关闭。马桶冲水后，浮子降到最低点，进水阀门就会打开，随着水位的升高，阀门开度越来越小，最后完全关闭，水位就恒定了。很多高楼楼顶的水箱也是利用这种原理来控制水位的。

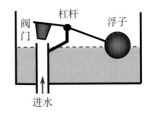

图 2-8　水箱水位的反馈控制

电冰箱为什么能够保持温度基本不变呢？也是因为采用了反馈控制。电冰箱的反馈控制系统如图 2-9 所示，它里面有一个温度传感器，随时检测温度，在温度降到低位设定点（零下十几度）以前，冰箱的压缩机（一种交流电动机）会一直运行，进行制冷；一旦温度降到了设定点，压缩机就会停止运行，而当温度回升到高位设定点（由用户设定，一般只有几度）后，压缩机又开始运行。具有高、低位两个设定点是为了防止压缩机频繁起动。这种控制方式属于开关式反馈控制，温度并不保持恒定，而是在两个设定点之间不断变化。上述控制方式所采用的压缩机在运行时转速是恒定的，即压缩机工作时的制冷量是不变的，所以只能采用开关控制方式。如果可以控制压缩机转速，使其根据需要随时变化，温度偏高就提高转速，增大制冷量，反之，则降低转速，减小制冷量，那就没有必要设置两个设定点、采用开关控制方式了。因此，更先进的控制方式是保持压缩机连续运行，并根据反馈的温度信息不断调节转速，从而实现真正的恒温控制。这样做需要一个调节压缩机转速的装置，通常采用变频调速器（交流电动机的转速正比于电源频率，改变电源频率就可以改变转速），但成本要高一些，这也是变频冰箱比普通开关式冰箱价格昂贵的原因。各种空调和冰柜的工作原理与上述情况类似。

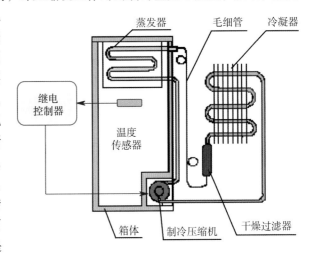

图 2-9　电冰箱的反馈控制系统示意图

很多家庭都使用的燃气热水器如图 2-10 所示，有一个进气口、一个进水口和一个出水口，改变进气量或进水量都会改变出水口的水温。若靠手动调温，则属于开环控制，效果并不理想，因为淋浴头是通过一段热水管连接到热水器出水口的，热水器水温的改变到淋浴头水温的改变存在时间延迟，而且热水管越长，时间延迟越大，当用手检测到淋浴头出水水温过高或过低时，就要调整火力（进气量）或进水量，但需要等一下才能感觉到淋浴头水温的变化，不合适还得调，往往要反复几次才能调好，比较麻烦，而且好不容易调好了，在使用期间，其他用户用水量或用气量的变化会影响水压或气压（属于扰动），从而又会影响到水温，因此又需要调整。相比之下，现在高档的全自动热水器则采用了一个温度传感器检测出水口的水温，并将检测值与设定值进行比较，根据误差自动调节火力大小，使水温保持恒定。全自动热水器能够明显改善水温调节性能的关键在于水温反馈信号取自热水器的出水口，而不是淋浴头，因而几乎没有时间延迟，调节速度很快，一旦设定好所需温度，反馈控制器会迅速地将水温调至设定值，而且只要控制器参数设置合理，则各种扰动，如水压变化、气压变化、用水流量变化等对水温影响不会很明显。

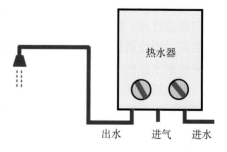

图 2-10　燃气热水器示意图

在交通控制系统中，前面提到了时基控制的红绿信号灯属于开环控制，这种控制方式的效果并不理想，不能根据车流量大小自动调节切换时间，故常常会出现这样的情况：一个方向的车辆已经通行完了，绿灯还亮着，另一个方向的车辆尽管排起了长队也只能等待。解决办法是增加反馈信息，实施反馈控制。利用设置在道路上和路口的传感器监测车流量、车速以及路口的车辆等候状况，并根据这些信息自动调整信号灯的切换时间，从而最大限度地提高路口的通行能力，减少车辆等候时间。这样的智能型交通反馈控制系统在国内外城市中已有较多应用，并正在逐步完善和推广。

对于高楼的供水，传统的做法是在楼顶建造水箱，某个楼层以下的用户全部由自来水管网直接供水，某个楼层以上的用户全部由楼顶水箱供水。这种方式必然会造成水压不均衡，楼层越高、用水量越大，则水压越低。而且楼顶水箱加大了楼房的载荷，增加建设和维护成本，还存在用水的二次污染问题。如何克服这些缺陷呢？可以将楼顶水箱供水方式改为能自动调节转速的水泵供水，并利用反馈控制来自动调节供水水压。采用反馈控制的楼宇恒压供水系统如图 2-11 所示，系统配有水压和流量检测装置，调速控制器根据水压和流量的大小自动调节水泵转速，从而维持水压基本恒定。现在新建的高楼基本上都采用了这种恒压供水系统。需要补充说明的是，该系统实际上采用了开环和闭环相结合的复合控制方式，基于水压检测的调节属于反馈控制，而基于流量检测的调节则属于开环控制，因为流量并不属于被控量，流量变化对水压而言是一种扰动，基于这一信息进行的调节属于下一节将讨论的补偿控制方式，信息传递并不会形成闭环。

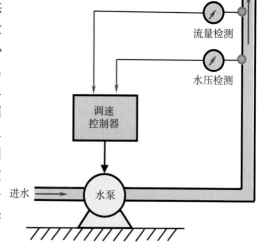

图 2-11　采用反馈控制的楼宇恒压供水系统

轮船在海上的航行过程中常常使用自动驾驶仪，如果控制装置只是完全按照预先设定好的程序调整船舵的偏转角，这就是开环控制，受到风浪、海流等扰动影响时就会偏离航向，而且控制装置由于自身的精度限制存在控制误差，也会导致轮船偏离航向；如果引入反馈机制，通过陀螺仪或卫星定位系统等获取轮船的位置及方位信息，并根据这些反馈信息，由控制装置自动调整船舵，就构成了闭环控制，从而可以保证轮船沿着期望轨迹前进。

工程系统中应用反馈控制的例子不胜枚举，例如，电梯为了保证舒适性，要求即使有负载变化、电源电压波动等扰动，也应平稳地加速、运行和减速，这就需要检测运行速度以及速度的变化率，构成闭环控制；高速旋转的计算机硬盘需要通过转速反馈控制来保证硬盘的平稳运行，而硬盘数据的读/写则通过磁头位置的反馈控制来实现高精度定位；自动门利用红外线传感器检测是否有人走近或离开，由此决定是否开门或关门；家用的压力锅利用一个简单的重锤式安全阀，就实现了恒压反馈控制，工业锅炉的压力保护安全阀也是这个道理；数控机床通过对加工轨迹的反馈控制来实现高精度的工件加工；雷达火炮系统通过雷达不断地检测飞行目标的位置、速度和方位，并指挥火炮系统自动进行瞄准和射击；导弹在飞行过程要通过某种手段，例如红外线、无线电、激光或全球卫星定位系统等获取周围环境、自身状态和打击目标的信息，并根据这些信息调整飞行的方位、高度和速度，直至击中目标。

　　社会、经济、生物等系统的控制机制和控制过程非常类似于前面提到的工程系统的反馈控制。例如，人口控制需要首先获取每年的人口统计数据，并对这些数据进行分析处理，建立人口增长的模型，然后制定出控制人口增长的政策，制定的政策还要根据实施效果和情况的变化随时进行调整，整个过程就是反馈控制的过程。实际上，从控制论的观点来看，任何部门、任何单位，不管是在国家层面上、地区层面上、还是在一个企业层面上，其政策的制定或计划的制订、实施和修改都属于或应当属于反馈控制过程，而实施效果的好坏主要取决于获取信息的准确性和完整性、决策程序、决策者的分析能力、决策能力和决策水平。

　　经济系统的控制，从宏观角度讲，就是要根据大量反馈信息，通过各种调控手段，包括行政的、法律的和经济的，确保经济系统平稳有序地运行和发展。例如，在市场需求过旺时，就应该采取限制需求的政策，如压缩基本投资、增税、提高利息率等；在出现通货膨胀、货币贬值时，就应该控制货币发行量、国债发行规模、工资增长幅度等。

　　管理工作中的控制与工程系统的控制在概念上非常相似，都包括了 3 个基本环节，即确立标准（控制目标）、衡量成效（反馈与比较）和纠正偏差（反馈调节）。例如，产品的质量管理涉及产品生产的全过程，包括设计过程、制造过程和使用过程，每个过程都需要进行反馈控制。设计过程需要进行调查、规划、设计、试制和鉴定，它是保证产品质量的起点，产品质量问题的 20% ~ 50% 是由于设计不良引起的，应严格按照规范和要求进行设计；在制造过程中，要对各个环节及其产品进行质量检查和分析，找出影响产品质量的原因；使用过程包括产品流通和售后服务两个环节，该过程的反馈信息反映了对产品质量的真正评价。

　　农作物的栽种要考虑市场需求，要根据市场反馈信息进行需求分析来决定播种量。最常见的市场自然调节现象是，农户一看见需求量大、卖价高，就增大栽种量；反之，则减少栽种量。这种反馈调节方式虽然简单易行，但常常导致价格波动，因为栽种量过大会导致供大于求，使价格下跌，反过来又导致农户减少栽种量，造成供不应求，价格上涨。造成价格波动的主要原因是农产品上市相对于反馈信息有较大的时间延迟，农户对未来的市场需求缺乏全面的分析、准确的预测，对总的播种量也无法控制，因而决策出现偏差。如何解决这个问题？应当通过地区性、全国性乃至全球性的专业化组织来获取大范围的反馈信息，尽可能准确地分析和预测市场需求，并根据分析结果向农户下达播种订单，从而最大限度地实现农产品的供需平衡和价格稳定。事实上，大部分商品的生产和销售过程也都包含了这个道理。

　　上述分析说明，要控制好具有很大时间延迟的系统，必须采用包含了预测或预估机制的控制方式，从控制论的角度来看，这实际上是唯一的选择。在人才培养中运用反馈控制的道理与上述农作物栽种的情况非常相似，因为人才培养问题也存在较大的时间延迟，也需要分析和预测市场需求，并根据未来的需求情况制定人才培养计划并予以实施，在实施过程中还要根据情况的变化不断地进行调整。

　　在教学过程中，要追求最好的教学效果，教师应当自觉地运用反馈控制的原理，通过提问、讨论、批改作业、辅导答疑、观察学生的听讲情况等手段获取反馈信息，并在分析这些信息的基础上调整讲课的快慢、深度、方式和内容。

生物系统，包括人和动物，都是性能优良的反馈控制系统，例如，人身体中拥有性能优良的体温控制系统，无论环境温度高低以及运动与否，体温都能够恒定在37℃左右；人的呼吸和心跳快慢能够根据运动量的大小自动进行调节，以保证必要的新陈代谢；人在行走、骑车和驾车时要不断地观察环境状况，并作出相应的反应。实际上，人做绝大部分事情的过程都包含了反馈控制机制，例如拿取杯子时，要通过不断地观察和比较手与杯子的位置，控制手朝着杯子的方向移动，最终才能拿到杯子，动物捕食的过程与此类似。研究生物系统的控制机制对解决工程中的控制问题具有很好的启发和借鉴作用，各种机器人的控制就是一个生动的例子，但按照目前的水平，机器人的综合分析和判断能力还远不如人，因此有些事情做起来比人笨拙得多。

反馈控制的现象和反馈控制原理的应用浩若烟海，上面所举的一些例子，只是沧海一粟，目的是让读者能够有所体会而已。

2.1.3 即时纠偏——补偿控制及复合控制

下面再回到加热炉温度控制系统的例子上来，看看补偿控制是怎么一回事，以及为何需要补偿控制。先分析一下电源扰动对炉温影响的过程（原理图见前面的图2-2和图2-5），如果交流电源的电压发生波动，就会在控制电压即使完全不变的情况下，功率放大器的输出电压随之波动，加在电热丝上的电功率就会改变，从而导致炉温波动。在这个过程中，从电源电压波动到电热丝功率的改变是很快的，几乎是瞬间完成，而加热炉的炉温由于存在较大的惯性和时间延迟，因此从电热丝功率的改变到炉温发生变化就比较慢了，即使采用反馈调节，通过炉温检测和反馈控制来调节功率放大器的控制电压，可以使功率放大器的输出电压不断恢复，炉温也跟着恢复，但这个过程快不起来，因此，炉温受到电源电压波动的影响后会先偏离原值，经过一定时间调节后逐步地恢复。

1. 补偿控制的基本原理及特点

采用反馈控制来抑制电源电压波动对炉温的影响，其调节过程也比较缓慢，那么有没有更及时有效的办法呢？

由于电源电压的波动是可以检测的，因此可以像图2-12所示那样，对扰动的影响进行补偿控制。首先通过扰动检测环节检测电源电压的变化量，再通过补偿调节器改变控制电压，来抑制输出电压的变化。这个调节过程没有什么惯性或时间延迟，所以反应非常快速，

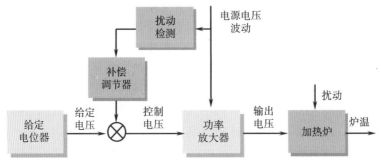

图2-12 按扰动进行补偿的加热炉温度控制系统

可以使输出电压的变化在影响到炉温之前就被抑制了。

　　补偿控制的实质是什么呢？假设电源电压上升，引起输出电压上升，补偿控制环节检测到电源电压的上升量后，立即通过补偿调节器使控制电压产生一个减小量，从而使输出电压也产生一个减小量，只要补偿调节器的参数设置合理，该减小量能够正好抵消输出电压的上升量，那么输出电压就可以几乎不变化，炉温基本上不受电源电压波动的影响。因此，补偿控制的实质是通过补偿装置产生一个控制作用来抵消扰动对系统的影响。在该例中，补偿调节器采用一个简单的放大器，把电源电压的波动量转换成控制电压的改变量，就可以达到目的。

　　由图 2-12 可以看出，补偿控制的信号传输从扰动源（电源电压波动）经扰动检测、补偿调节器、功率放大器，直至最终的炉温信号，始终是单向的，没有形成闭环，没有反馈，所以属于开环控制，检测到的扰动信号实际上只是补偿控制器的给定信号，而不是反馈信号。这一点常被一些人误解，认为检测了扰动信号，就是反馈控制了，这是不正确的。判断是否是反馈控制的简单标准就是看检测环节输出的信号最终是否会影响到被检测的变量。正因为补偿控制属于开环控制，所以补偿控制通道中各个环节的参数若不准确，将直接影响到补偿效果，也就是说，补偿精度直接依赖于检测环节、补偿调节器以及功率放大器的精度。

　　由图 2-12 还可以看出，除了电源电压波动外，其他扰动与补偿控制完全无关，所以上述炉温系统的补偿控制只能抑制电源电压波动的影响，不可能补偿任何其他扰动的影响。

2. 取长补短——复合控制

　　综上所述，补偿控制属于开环控制，仅对特定可测扰动有效。那么对其他扰动如何进行抑制呢？而且即使就特定可测扰动而言，由于补偿控制一般做不到完全补偿，所以对系统还会有些影响，这又如何克服呢？答案只有一个：采用反馈控制。除了检测与给定误差外，在反馈环内的所有扰动，无论是系统特性或参数变化，还是外部扰动，反馈控制都能对其影响进行抑制。一般情况下，自动控制系统是在反馈控制的基础上增设补偿控制的，这种将开环控制与闭环控制相结合的方式称为复合控制。图 2-13 所示就是补偿与反馈相结合的炉温复合控制系统，也就是将基于电源电压波动的补偿控制与炉温反馈控制结合起来。需要说明的是，补偿调节器既可以像图 2-13 那样，通过反馈控制器作用于控制电压，也可以不经过反馈控制器直接作用于控制电压，这要看具体系统的结构和参数，但补偿控制的总体思路是一样的。

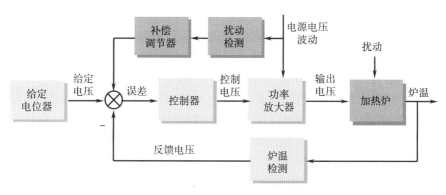

图 2-13　补偿与反馈相结合的炉温复合控制系统

在实际应用中，是否需要采用补偿控制主要看扰动幅度和扰动影响是否比较大或是否要求高精度的控制。例如，加热炉用在工业生产过程中时，对精度要求比较高，而环境温度可能变化幅度比较大，对炉温会产生较大的影响，这种情况下除了反馈控制外还可以采用针对环境温度变化的补偿控制，在加热炉外部增设温度传感器，检测环境温度的变化量，并通过一个补偿调节器来调节控制电压，以消除对炉温的影响。这样做的好处是在环境温度的变化影响到炉温之前，补偿控制就将其影响基本抵消了，残余的一点影响则由反馈控制来处理。相比之下，家用的电采暖炉、空调、电冰箱等对控制精度的要求不高，一般就没有必要去补偿环境温度变化了。

下面再来看一个常见的类似例子——水箱水位控制系统。图2-14为保持水箱水位基本恒定的反馈控制系统，水箱的水位由进水流量和出水流量决定，进水流量可以通过调节阀门开度来控制，属于控制量；出水流量则由用水情况决定，是不确定的，属于扰动量。控制目标是：无论出水流量如何变化，都应使水位尽量位于期望高度。系统用一个浮子检测水位，通过杠杆装置变换为电位器上的误差电压信号（零电压代表水位达到了期望值，

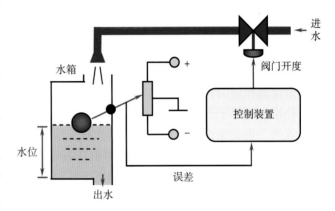

图2-14　保持水箱水位基本恒定的反馈控制系统

电压大于零对应水位过低，反之则对应水位过高），控制装置根据误差信号去调节阀门开度，使水位基本不变。当出水量变化不大时，反馈控制就能应付；但当出水量波动幅度很大时，就应该增设补偿控制了。补偿控制的思路是用流量检测装置检测水箱的出水流量，并根据出水流量的变化及时调整阀门开度，出水流量增加，则阀门开度也跟着增加，使进水量尽可能地和出水量相等，水位就可以不怎么变化。显然，补偿控制对扰动的反应更迅速，出水流量一改变就开始调节，而反馈控制则要等水位改变了才进行调节。

对于上一节所讨论的采用反馈控制的楼宇恒压供水系统（见图2-11），用水流量变化是由用户的用水情况决定的，是随机改变的。用水流量变化会影响到水压，属于一种扰动，而且是最主要的一种扰动，若不对其进行补偿，就只能通过基于水压检测的反馈控制来进行调节，控制效果有限；若进一步利用流量检测来进行补偿控制，则系统一旦检测到流量变化，立即就会通过自动调整水泵转速来补偿可能对水压造成的影响，水压就基本上不会变化。

综上所述，复合控制的主要特点如下：

1）对变化幅度较大的主要可测扰动，补偿控制能够更快、更好地进行抑制和补偿。

2）对一般扰动的影响，必须通过反馈控制才能有效地进行抑制。

3）复合控制可以全面改善系统的抗扰性能，提高控制精度。

4）缺点是系统结构较复杂，分析、设计及实现都要困难一些，实施成本也要高一些。

最后想说明一点，补偿控制并不仅仅用在工程系统中，在其他领域，大家也在自觉或不自觉地运用补偿控制的思路和方法。例如，某作家与出版社签订了协议，计划在一周内完成一篇稿件，但中间因其他事情（扰动）影响了写作的进度，作家为了按时完成任务，不得

不调整写作时间，增加每天的写作量，以补偿损失的时间。在管理工作中，如果一个公司在销售产品时，得知由于对手的竞争，其销售额会受到影响，可能完不成计划（获取到扰动信息），在这样的情况下，该公司就会采取一些措施来保证预期销售计划的完成，如制订新的广告宣传计划、增加销售人员和销售网点、改进产品等。又如，果农的水果生产是根据市场需求来安排的，如果国家实行了零关税，国外水果就可能大量涌入，冲击国内市场（扰动），果农组织一旦获取了这方面的信息，就会立即改变栽种计划，调整产量，或想其他办法。这些做法都在一定程度上体现了补偿控制的思想。

　　前面讨论了开环、闭环和复合控制 3 类基本的控制方式，单就控制性能而言，闭环控制肯定优于开环控制，复合控制肯定优于闭环控制，但需要指出的是，设计控制装置的一个重要基本原则是：只要能够满足要求，越简单越好。开环控制能满足要求，就没有必要采用闭环控制；闭环控制能满足要求，就没有必要采用复合控制。在确定了基本的控制方式之后，具体采用什么控制策略或算法也是这个道理，如果用最简单的比例调节（只采用放大器）就能满足要求，就没有必要采用更高级、更复杂的调节方式。

2.2　最基本的控制方法——PID 控制

　　上一节说到，自动控制的精髓是反馈控制，一个反馈控制系统的构成一般如图 2-15 所示，除了受控对象外，还包括检测装置、比较环节、控制器和执行机构几个部分。如果把基于传感器的检测装置比喻成人的感觉器官，那么控制器就相当于人的大脑，它根据反馈信息进行分析和决策；而执行机构的作用则相当于人的四肢，它接受控制器输出的控制信号，并按照控制信号的大小来改变受控对象的操纵变量，使受控对象按预定要求运行；相当于大脑的控制器在整个控制系统中是决定系统运行性能的最关键部分，其任务是根据得到的误差信息计算出所需要的控制量。那么控制器是如何利用误差信息进行分析、计算和决策的呢？这属于控制器的设计问题，也是自动控制理论的重要内容。可供选择的方案和方法种类繁多，有经典的、现代的、追求最优性能的等。本节以及下一节的介绍并不追求"面面俱到"，而是把重点放在了最具代表性的两类控制方法上，即最基本和最常用的控制方法和最具发展潜力和当前最引人注目的控制方法。

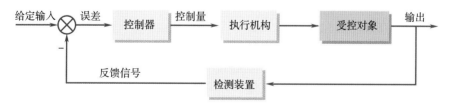

图 2-15　反馈控制系统的构成

　　在所有反馈控制方式中，最简单的应当是"开关式（On-Off）"控制方式，例如，要控制温度基本不变，可以围绕期望的温度值设定一个上限和一个下限，当检测到的温度值达到上限时，控制器和执行机构就停止工作；当温度下降到下限时，则启动运行。空调、电冰箱、电热饮水机、电熨斗等通常就采用这种方式，但这种断续调节方式并不能使温度真正保持恒定，而是不断地在上、下限之间变化，因而只能用于要求不高的场合。

如果能够把间隔一段时间才调节一次的"开关式"控制方式改为不间断的连续调节方式，那么控制效果显然应当更好。例如，就空调机用于取暖而言，若采用连续调节方式，就无须设定温度的上、下限，只需设置一个期望的温度值，空调控制器根据反馈的室温信息不断调节压缩机转速，室温过低，则增大压缩机转速，使温度上升，反之，则降低压缩机转速，使温度下降，以此保持房间温度基本恒定。连续调节方式虽然思路上更先进、控制效果也比"开关式"更好，但如何进行调节、如何确定调节规律及相关的控制参数却比"开关式"复杂得多，往往需要借助于自动控制理论才能完成控制器的设计和调试。

在非开关式的连续调节方式中，"PID控制"是最基本和最常用的，其原理和作用也是最简单直观的。PID是英语Proportional-Integral-Derivative的缩写，即比例、积分、微分的意思。PID控制器的结构如图2-16所示，其工作过程是对误差信号分别按比例放大、进行积分和微分，然后再合成为控制量。如果用$e(t)$表示误差，用$u(t)$表示控制量，则PID控制规律可以表达为

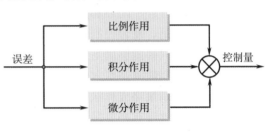

图2-16 PID控制器的结构

$$u(t) = K_{\mathrm{p}}e(t) + K_{\mathrm{i}}\int e(t)\,\mathrm{d}t + K_{\mathrm{d}}\frac{\mathrm{d}e(t)}{\mathrm{d}t}$$

其中，K_{p}、K_{i}、K_{d}分别为比例系数、积分系数和微分系数，它们的大小代表了3种作用的强弱，改变这些系数就可以改变控制效果。

PID控制的历史悠久，最早的自动控制系统通常采用简单的比例控制，后来针对其存在的问题逐步引入了积分和微分作用，并于20世纪初正式提出了PID控制的概念，先后有机械式、液动式、气动式、电子式、数字式等多种实现方式，并广泛应用于各种场合。PID控制的结构和原理都比较简单和直观，适应面广，可靠性好，生命力强，至今仍为工程应用的主流，80%以上的控制系统都采用了PID控制方式。那么，古老的PID控制为何有如此大的魅力呢？下面就来看看PID控制是如何工作的。

以很多家庭都在使用的全自动燃气热水器为例进行说明（其基本原理及控制思想可参见2.1.2节的图2-10及其相关说明）。燃气热水器控制系统的构成如图2-17所示，先通过温度传感器检测出水口的水温，并将其与水温设定值进行比较，得到误差，然后再将误差输入PID

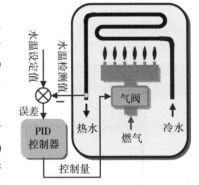

图2-17 燃气热水器控制系统的构成

控制器，PID控制器就根据误差的大小计算出所需要的控制量，并通过执行机构调节火力大小，从而可使水温基本保持恒定。控制量的大小实际上对应着气阀调整量，正值对应开大气阀，负值对应关小气阀；而且控制量无论正负，其幅值越大，对应的气阀调整量也越大。

那么，在燃气热水器控制系统中，PID控制器的比例、积分和微分3个环节分别起着怎样的作用、相互之间有何联系、如何配合、控制参数的取值会如何影响控制效果呢？

2.2.1   比例控制作用

设想一下手动调节热水器水温的一个基本动作过程。与期望的水温相比，实际水温如果偏低，就应增大气阀的开度来增大火力。水温低得越多，气阀就应开得越大；反之，水温如果偏高，就应减小气阀的开度来减小火力，水温高得越多，气阀就应关得越小。换言之，调节的强度，也就是控制量的大小大致与误差成比例，这就好比是比例控制了。

比例控制的结构最简单，只有一个参数，就是比例系数，这个参数应该如何设置呢？如果设置得过大，就会调节过头，误差的一点点变化会对应产生很大的控制作用，容易引起系统输出上下波动，即发生振荡；反之，如果比例系数过小，则调节作用太弱，系统变化过于缓慢，调节过程会比较长。

例如，想把水温控制在40℃左右，当比例系数设置得过大时，如果水温受到水压、气压、用水流量变化等扰动的影响降低了一点，控制器就会使控制量过度增大，造成水温上升过头，超过40℃；这时误差变负，控制器又会反过来进行调节，使控制量减小，但又可能减小过头，造成水温下降过多。因此，过大的比例系数会使水温上下波动，这种波动的幅度如果不随时间而减小，反而越来越大或持续不变，这种情况就称之为"不稳定"了。反过来看，当比例系数设置过小时，水温即使远远地偏离了设定值，控制量的变化幅度也不大，造成水温的调节过程很缓慢。因此，比例系数应当有一个合适的取值，过大或过小都不好。至于多大的值才算合适，则可以借助控制理论将其计算出来，也可以根据经验进行设定，最后再实际调整一下就可以了。

前面谈到，实际系统总会受到各种各样的扰动影响，包括系统内部的参数变化、外部环境的改变等都有可能使系统的输出偏离目标值，反馈控制的主要目的就是尽可能地减小这些不确定因素的影响。以热水器系统为例，由于多种原因，水压和气压会产生波动，用水流量和环境温度等也会变化，这些因素都会影响到出水口的水温，但有了基于温度反馈的比例控制，只要水温一改变，误差就变了，控制量也相应地产生一个改变量，使水温朝着恢复的方向变化，因而可以使水温基本恒定。

比例控制是最简单、也是最基本的控制手段，但是单纯的比例控制并不能保证水温完全达到期望的温度值，原因正是由于比例控制是与误差成比例的。如果没有误差，控制量就为零，不会产生调节量，也就没有调节作用了，所以当调节过程结束了，水温恒定了，仍然会存在误差（称为稳态误差），这样才能维持改变后的控制量。因此，比例控制属于有差调节方式。

就动态调节过程而言，无论多好的控制策略也不可能完全消除水温误差。例如，刚开始启动系统或系统受到扰动影响时，水温肯定会产生误差，恰当的反馈调节虽然可以使误差减小，但调节过程中的误差是不可避免的。唯一能够做、也应当做的事情是看有没有办法使稳态误差最终完全消除，也就是在调节过程结束、水温达到稳态后能否使误差为零。

2.2.2   积分控制作用

要消除热水器的水温误差，使水温完全达到设定值，通常会怎么做呢？如果水温有较大的误差，假设低于期望值，人操作时就会先以类似比例控制作用的方式较大幅度地增大控制量，然后检测水温是否达到目标值，如果没有，就再增大一点，如果还没有，就继续增大一点；这样一点一点地调节，直到水温合适为止；水温若高于期望值，则会反过来将控制量一点一点地调小。这种只要误差不消失就不断调节的控制方式就相当于积分控制。

对误差的积分是误差在时间上的累积，正的误差（水温低于期望值）累积的结果是控制量不断增大，负的误差（水温高于期望值）累积的结果是控制量不断减小，因此积分控制的特点是只要误差不为零，误差就会不断累积，从而使控制量不断增大或减小，直到误差为零为止；也只有当误差为零了，控制量才不再变化。所以说，积分控制作用可以最终消除稳态误差（也叫静差、残差或余差），这也是引入积分控制作用的主要目的。

积分控制作用一般和比例作用配合组成 PI 调节器，并不单独使用，原因是积分控制作用总是按部就班地逐渐增强，直到误差消失，控制效果比较缓慢。设想一下，热水器出水口的水温很低，也就是误差很大，本应该大幅度增大控制量，使水温尽快上升，但若只有积分控制，输入量是逐渐增大的，则水温的上升会比较缓慢。当积分控制与比例控制组合在一起时，情况就会好很多，比例控制是误差越大，控制作用越强，所以说比例控制是最基本的、不可缺少的控制作用，积分控制只是配合比例控制起作用。

积分作用的强弱可以通过改变积分系数来调整，积分系数与比例系数一样，过大或过小都不好，过大容易引起输出信号的波动或振荡，过小则误差的消除需要较长的时间，调节较慢。另外，积分系数的调整还应和比例系数相互配合，一般来讲，比例系数较大时，积分系数就应当小一些；比例系统较小时，积分系数就应当大一些。但有时积分系数随着比例系数增大或减小效果会更好，具体要视受控对象的特性而定。

2.2.3 微分控制作用

大部分情况下，比例控制加积分控制已经可以获得比较满意的控制性能了，那么，还能不能进一步改进呢？如果不仅知道热水器水温误差的大小，而且还知道误差是在增大还是减小以及增大或减小的快慢，即误差的变化率，那么如何利用这一信息来进一步改善系统性能呢？

假设热水器受到扰动的影响，水温开始升高，显然应该在一出现升高趋势、还没有真正升上来时就及时地降低控制量，且升温速度越快，控制量就应降低得越多；反之，若水温要降低，则应该及时地增大控制量，且降温速度越快，控制量就应增大得越多。也就是说，控制量的调节幅度大致与误差的变化率（即水温的变化率乘上一个负号）成比例，这就是所谓的微分控制作用。

微分控制作用的优点是很明显的，前面谈到的比例和积分控制都是要等到误差真正产生了才会开始调节，而微分控制是基于误差的变化率，水温还没有变，刚有变化的趋势，调节作用就开始了，所以微分控制具有"超前"或"预测"的性质，可以及时地抑制水温的变化。

由于微分控制作用反映的是误差变化率，系统达到稳态后，误差变化率为零，微分作用对控制量不再产生影响，所以微分控制只在系统的动态变化过程中起作用，不能单独使用。一般是和比例、积分作用一起构成完整的 PID 调节器，有时也只和比例作用配合组成 PD 调节器。

微分系数的设置同样需要合理和适中，系数过大会过分抑制输出量的变化，从而造成调节过程缓慢；在受控对象特性较复杂、响应有较大时间延迟的情况下，微分作用太强还可能使系统变得"不稳定"。另外，微分系数、积分系数和比例系数之间也有相互配合的问题，调整起来难度要大一些，通常需要借助于经验或控制理论。

控制器引入微分控制作用还会带来一些实际问题，例如测量到的反馈信号中通常包含一些高频成分，即变化很快的一些扰动信号，而微分控制作用与变化率成正比，因而会将这些高频扰动信号放大很多，且频率越高，放大得越厉害，有可能使有效的控制作用"淹没"在扰动信号中，这样一来，控制效果就大打折扣了。因此，微分控制作用一般都需要配置一个能够过滤高频扰动信号的滤波器。

2.2.4　PID 控制的优点、缺点和改进思路

上面大致讲述了 PID 控制的基本原理和各项控制作用的特点，现在再回过头来谈谈为何 PID 控制历经百年仍能受到工程界的广泛欢迎，保持很高的普及率和应用率。

首先，要归功于 PID 控制简单明了。比例、积分和微分控制作用的调节机制简单，物理意义清楚，专门研究自动控制的专家能理解，一般的现场工程师也很容易理解。其次，设计和调节参数少，最多也就 3 个，而且 3 个参数如何起作用、遇到性能不好时该如何调整，这些都是明确的。从工程应用的角度看，控制系统的工作环境和工作状况一般都比较复杂，存在很多不确定和无法预料的因素，如各种各样的扰动、对系统特性的认识有偏差、系统中有些参数随时间和工作状态而改变（时变参数）等，因此实际系统在完成理论设计后，都要在实际运行中进行调整，这就需要保留有用于调整的控制参数，而且调整方针应当明确，操作人员才知道该如何调，控制参数的数量还不能多，否则调整起来就费神费力了。PID 控制正好具有了所有这些特点，因此很好用。懂控制理论的人可以用，不懂控制理论的人也可以用，大致调整一下 3 个参数，就可能基本满足要求，或者根据经验公式先估算出 3 个参数的初始值，再实际调试一下即可。当然，从控制理论的角度进行分析和设计更容易找到 3 个参数的最佳组合，而且遇到问题也知道应当如何进行处理和改进。另外，PID 控制的好用性还表现在它的普遍适用性上，热水器的温度控制可以用，电梯的速度控制也可以用，家用电器、食品加工业、石油化工业、钢铁生产过程、机械制造过程等都可以用。

从 20 世纪上半叶开始，控制理论一直在不断地发展，产生了多种理论体系和多种控制方法，如自适应控制、最优控制、模糊控制、专家控制、学习控制、预测控制、变结构控制等。这些先进的控制方法在控制性能上虽然比传统的 PID 控制更优越，但一直没有能够取代 PID 控制在实际应用中的统治地位，原因正是 PID 控制所具有的简单实用性。不需要深厚的数学功底，也不需要高深的控制理论，使用者只要具备工科的数学基础和经典控制理论的基本知识，就能够对 PID 控制系统进行分析和设计，所以 PID 控制深受生产一线工程师们的欢迎。

自提出 PID 控制以来，已历时约 100 年。在这么长的时间里，PID 控制当然不会一成不变，它自身也在不断地改进和完善。例如，为了减少手工调整 3 个控制参数的麻烦，产生了能够自动完成设计和计算的参数自整定 PID 控制；为了进一步改善控制性能，研究出了能够根据系统的工作状况实时调整 PID 参数的自适应或智能型 PID 控制方式；为了避免积分控制作用对动态性能的负面影响，同时又充分利用其能够消除稳态误差的优点，产生了"积分分离"的 PID 控制，即误差较大时去掉积分，误差小到一定程度才投入积分；引入微分控制作用主要是为了反映被控量的变化趋势，因此可以不对误差、而只对被控量进行微分，从

而提出了所谓的"微分先行"PID控制方式。

最后想说的是，PID控制尽管通用性强、应用广泛，但并不是万能的，它也有其固有的缺点和局限性。首先，PID控制的基本思想是以简单的控制结构来获得相对满意的控制效果，由于结构受到限制，因此控制效果一般不会达到最佳状态。要真正取得最佳效果，就应当在不限制控制结构的前提下，根据对控制性能的某个评判标准进行分析和设计，计算出最优的控制结构和控制参数（这属于最优控制的范畴）。其次，需要控制的机器、设备、生产过程等实际系统有可能比较复杂，控制难度大，如包含时变参数、较大的时间延迟、控制量或输出量可能不止一个（多输入/多输出系统），且改变一个控制量常常会同时影响到多个输出量或改变不同的控制量会影响到同一个输出量（这种现象称为有"耦合"，消除这种"耦合"关系则称为"解耦"）等，对于这样的系统，PID控制的效果是很有限的，有时甚至完全无法正常工作。PID控制的上述两方面缺陷也是人们寻求更好、更先进的控制方法的主要原因。

2.3 最热门的控制方法——智能控制

科学技术发展到今天，社会和人们的生活似乎已进入了"智能化"时代。"智能手机"、"智能空调"、"智能洗衣机"、"智能相机"、"智能交通"、"智能建筑"、"智能小区"、"智能汽车"、"智能机器人"等词汇可谓铺天盖地、童叟皆知了。这当中有些是真正具备了人类的智能特征，有些却不过是概念炒作而已。那么到底什么是"智能"？什么是"智能控制"？

2.3.1 智能控制的基本概念

"智能"一词虽然没有明确的定义，但有明显的含义和所指。人类是具有"智能"的生物，人的智能表现在其所具有的记忆能力、学习能力、模仿能力、适应能力、联想能力、语言表达能力、文字识别能力、逻辑推理能力、归纳总结能力、综合分析与决策能力等方面。因此，当采用的自动控制方式明显地具有这些智能特征时，就可以将其称为"智能控制"。

人本身就是一个非常完美的智能控制系统，人脑及神经系统相当于智能控制器，对通过感官获取的各种信息进行综合分析、处理和决策，并利用手和脚等执行机构做出相应的反应，能适应各种复杂的控制环境，完成难度很大的任务。尽管已经研制出了能够战胜国际象棋大师的智能计算机系统，但综合评价的话，在人的面前，人类迄今为止所研制出来的绝大部分"智能机器人"都会相形见绌。

回顾一下自动控制的发展历程可以看出，自动控制的一个主要目标就是要取代人去完成任务，所以广义地讲，虽然几乎所有自动控制系统都在一定程度上模仿了人的控制方式，或多或少地具有"智能"，但是今天所讲的"智能控制"仍然有别于传统的自动控制方式，两者虽无明确的界限，但存在明显的区别。

一般地讲，传统的自动控制在设计控制器时首先需要建立描述受控对象运动规律的数学方程（数学模型），然后在成熟而系统的自动控制理论体系中选择一种最合适的设计方法，通过分析计算得到控制器的表达式，并用相应的物理器件去予以实现。所以，传统的自动控制是基于数学模型、以定量分析为主的控制方法；而智能控制则更多地基于知识，有的利用专家经验实施控制，有的通过学习不断改进和完善控制性能，有的利用逻辑推理进行控制，有的模仿生物的遗传和进化机制，有的综合运用多种方式，总的来讲，智能控制是以定性分析为主、定量与定性相结合的控制方式。因此，智能控制系统在更大程度上体现了人的控制策略和控制思想，拥有受控对象及环境的相关知识以及运用这些知识的能力，具有很强的自适应、自学习、自组织和自协调能力，能在复杂环境下进行综合分析、判断和决策，即使存在各种干扰和不确定性因素，也能取得很好的控制效果。

综上所述，智能控制属于典型的交叉学科，与人工智能和自动控制的关系最为密切，有时还需要结合系统论、信息论等的思想和方法。在智能控制系统的实现上则必须依托计算机技术、检测技术、通信技术等现代信息技术。尽管至今对智能控制还无法给出准确的定义，但笼统地讲，智能控制就是综合运用自动控制、人工智能、系统科学等理论和方法，以信息技术为依托，最大程度地仿效人的智能，实现对复杂系统的控制。

在理论层面上，常规控制系统的分析和设计已有成熟且较完善的理论体系可供利用，而智能控制系统则尚未建立系统的理论体系，而用于常规控制系统的理论和方法又难以直接利用和推广，即使是最基本的稳定性分析，至今也没有系统的结果。究其原因，主要是智能控制与常规控制在控制思想、控制过程、实施方式等很多方面都存在本质的区别，而且智能控制的方法和形式都灵活多变，所以大部分智能控制都停留在“方法”层面上，还没有上升到“理论”层面，因此控制规则的制定更多的是基于人的直觉和经验，而不是某个理论体系，但这一点并没有对其实际应用造成明显影响。选择采用智能控制的主要理由是在很多情况下它确实行之有效，具有常规控制无法比拟的优越性，特别是受控系统及所处环境都比较复杂时。

智能控制产生于上个世纪 60 年代，1967 年，“智能控制”一词首次被使用、人工智能初步被尝试性地应用于自动控制，这标志着智能控制的萌芽。20 世纪 70 年代是智能控制的形成时期，对智能控制的概念、方法及应用都进行了一些探索。进入 80 年代以后，智能控制的发展加快了速度，并开始应用于机器人控制、工业生产过程、家用电器等领域。90 年代以后，智能控制的研究成为热潮，其应用面迅速扩大到军事、交通、电力、汽车、建筑等多个领域，至今仍在快速的发展过程中。现在常用的智能控制方法主要有专家控制、模糊控制、神经网络控制、学习控制、遗传算法、进化控制、基于规则的仿人智能控制、多级递阶智能控制等。下面就对前 3 种方法作一个简单介绍。这几种方法同时也提出较早、研究较深入和应用较广，在智能控制方法中最具代表性。

2.3.2 专家控制

很多人可能都听说过专家系统（Expert System），如用于医学诊断及咨询的专家系统、用于指导合理使用化肥或农药的专家系统、用于服装设计的专家系统、用于汽车故障诊断及维护的专家系统等。所谓“专家”，指的是具有某一领域专门知识或丰富实践经验的人，而专家系统则是一个计算机系统，该系统存有专家的知识和经验，并可用推理的方式针对问题给出结论。专家系统是人工智能的重要内容之一，这一概念早在 1965 年就在美国斯坦福大学被提出，但将其引入自动控制领域则是 20 世纪 80 年代的事，著名的自动控制专家、瑞典的 Åström 于 1983 年首次将专家系统用于常规控制器参数的自动整定，并于 1984 年正式提出了专家控制（Expert Control）的概念。

简单地讲，专家控制就是将专家或现场操作人员的知识和经验总结成知识库，形成很多条规则，并利用计算机，通过推理来实施控制。设计合理时，专家控制系统应接近或相当于专家在现场进行控制。

上一节讨论了燃气热水器的 PID 控制问题（见图 2-17），从讨论过程可以看出，PID 控制实际上或多或少地体现了人的控制思想和控制方式，其参数的调整和确定往往也需要专家或操作人员的经验，但真正的专家控制会比 PID 控制灵活得多，其包含的知识和内涵也丰富得多，因此采用专家控制一般会比 PID 控制的效果更好。为了便于理解，下面只就最简单的情况进行说明。

同样考虑燃气热水器的水温控制问题，若采用专家控制，可以把人的操作经验总结为很多条规则来进行控制。例如，根据常识和经验，水温显著偏离期望值时，无论其变化率大小，调整策略都应当是"与期望的温度比较，若水温很低，则将控制量调至最大（气阀开度最大）；若水温很高，则将控制量调至最小（气阀开度最小）。"当水温偏离期望值不多时，则调整时还应考虑其变化率大小，对应水温较低时的调整策略有可能是"若水温比较低，且没有上升或正在下降，则较大幅度调大控制量；若水温比较低，且在缓慢上升，则中等幅度调大控制量；若水温比较低，但上升较快，则适当调大控制量。"

要利用计算机来实现专家的控制思想和策略，就需要把专家的操作经验转换为计算机可以执行的规则，从而构成调节热水器水温的专家控制系统，其方框图如图 2-18 所示。其中，用误差 e 表示水温设定值与水温检测值之差，水温检测值与实际温度值大致成比例关系，水温设定值代表了期望温度，也满足同样的比例关系。图 2-18 中，用误差 e 表示水温设定值与水温检测值之差，例如，假设水温检测值 $= 0.05 \times$ 实际温度值（V），则当期望温度是40℃时，温度设定值应取为 $0.05 \times 40 = 2V$，两者均为电压值；这样当实际温度为40℃时，反馈信号也是2V，没有误差；而当实际温度偏离40℃时就会有误差，控制器就应当进行调节。也就是说，误差 e 间接地反映了期望温度与实际温度之差。

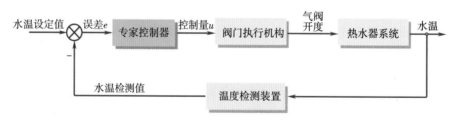

图 2-18　调节燃气热水器水温的专家控制系统

设 e 的变化范围为 $-3 \sim +3$，再用 Δe 表示误差变化率，即当前采样时刻误差减去上一采样时刻误差（计算机不能处理连续时间信号，所以计算机控制系统只能按一定的时间间隔采集误差信号，也就是将连续时间信号先变换为离散时间信号后再送入计算机进行处理）；用 u 表示专家控制器输出的控制量，并假设其最大值为 10（对应最大气阀开度），最小值为 2（对应最小气阀开度），则相应的控制规则可能是如下形式：

if $e > 2$，then $u = 10$；（若水温很低，则控制量最大）

if $e < -2$，then $u = 2$；（若水温很高，则控制量最小）

if $1 < e \leq 2$ and $\Delta e \geq 0$，then $u = 8$；（若水温较低且没有上升，则控制量较大）

if $1 < e \leq 2$ and $-1 < \Delta e < 0$，then $u = 6$；（若水温较低且缓慢上升，则控制量中等）

if $1 < e \leqslant 2$ and $-2 < \Delta e \leqslant -1$, then $u = 4$ ；（若水温较低且较快上升，则控制量较小）
……

上述控制规则的基本思想实际上是把误差 e 和误差变化率 Δe 进行了分段，并根据其位于哪一段来决定相应的控制量，属于最简单且最直观的分段智能控制方法。专家的知识和经验一方面体现在如何对 e 和 Δe 进行分段上，另一方面（也是更重要的）还体现在如何根据每一段的 e 和 Δe 来确定控制量 u 的具体取值上。

对上面讨论的热水器水温控制例子，也可以换一种方式来构成专家控制系统。例如，将常规的 PID 控制与专家系统相结合，把专家设计和调试 PID 参数的知识和经验总结成一些规则，根据系统的运行状态自动调整控制器的相关参数。这就是所谓的"基于规则的参数自整定 PID 控制"，属于智能型 PID 控制的范畴。

人工智能领域的专家系统主要由知识库、数据库、推理机构、解释机制和知识获取 5 个部分组成，其主要任务是完成咨询工作，对分析、计算和推理的实时性要求不高。而专家控制则要求不断地根据反馈信息迅速作出决策，对实时性要求很高，因此专家控制器的结构一般比专家系统简单，其核心是知识库和推理机构。知识库主要存放相关领域的专门知识、控制专家及操作人员的经验、控制规则、控制算法等，推理机构则根据获取的反馈信息，在搜索知识库的基础上，利用相关知识和控制规则进行推理，给出所需要的控制量。专家控制系统的知识库规模都比较小，因此推理机构的搜索空间也相当有限，推理机制也就相应地简单得多。

与常规控制方法相比，专家控制的主要特点是：控制过程的核心是处理知识信息，而不是数值信息；它依据知识的表达和基于知识的推理来进行问题的求解，而不是基于数学描述方法建立处理对象的计算模型，在固定计算模式下通过执行指令完成求解任务；而且专家控制系统所存储的知识既可以是定性的知识，也可以是定量的知识，并可以利用知识获取系统随时对知识进行补充、修改和更新。因此，专家控制比常规控制更加灵活，运行更为方便可靠，对复杂环境的适应能力更强。

专家控制已成功应用于机器人控制、飞机的操纵控制、故障诊断、各种工业过程控制等领域，但同时也有一些问题有待进一步研究探讨。首先是专家经验和知识的获取问题，如何简便有效地获取专家知识、如何构建通用的满足控制要求的专家开发工具成为研制专家控制系统的主要"瓶颈"；其次是知识的动态获取和更新问题，专家控制系统不同于一般的专家系统，是随时间不断变化的动态系统，如何在控制过程中自动修改、更新和扩充知识，并满足实时控制的快速性需求是非常关键的。

2.3.3　模糊控制

如果有兴趣到电器商场转一圈，就会发现，洗衣机、空调、吸尘器、电冰箱、电饭煲、微波炉、照相机等很多家用电器都宣称采用了"模糊控制（Fuzzy Control）"，由此可见模糊控制的普及程度。模糊控制的基础是"模糊集合"和"模糊推理（模糊逻辑）"，而"模糊集合"的概念则是美国的扎德（L. A. Zadeh）教授于 1965 年首先提出的，并在此基础上建立了"模糊数学"理论。1974 年，英国的 Mamdani 首次将模糊理论应用于蒸汽机控制，1985 年，AT&T 贝尔实验室研制出第一个模糊逻辑芯片。大约在 1990 年之前，模糊控制的发展一直比较缓慢，研究和应用都相当有限，控制界对"模糊理论"的严密性一直存在争议、对模糊控制的有效性一直心存疑虑。然而，在20世纪80年代末，当日本将模糊控制广泛应用于家用电器并取得成功后，更多的人加入到了模糊控制的研究和应用行列中。1990年以后，对模糊逻辑及其应用的研究形成高潮，应用范围迅速扩大到包括工业控制、地铁、电梯、交通、汽车、空间飞行器、机器人、核反应堆、图像识别、故障诊断、污水处理、计算机数据压缩、移动通信、财政金融等领域，模糊逻辑和模糊控制取得了巨大的成功，知名度不断提高，几乎是家喻户晓。

那么，模糊逻辑技术为何如此受欢迎？它的优越性到底体现在哪里？一言以蔽之，因为它简单、直观、有效、可靠。

1. 模糊控制的基础——模糊集合与隶属度函数

经典数学讲究"精确"，经典集合都有准确的定义，例如所有正整数可以构成一个集合，1、2、3、…属于正整数集合，但 -1、-2、1.2 等不属于正整数集合；正整数中的所有偶数也可以构成一个集合，2、4、6、…属于偶数集合，但1、2、3、…不属于偶数集合。这就是经典集合的概念，它只能表达"属于"或"不属于"，"是"或"不是"，也就是"非黑即白"，没有中间状态，但在人采用的语言描述中，很多事情或概念比较模糊、并非如此"是非分明"，因此无法用经典集合来描述。例如，人的身高可以分为"高"、"矮"、"中等"，但"高"的程度不一样，"矮"的程度也不一样，"中等"同样有程度区分，而且有的人可能介于"高"和"中等"之间，也可能是"中等"和"矮"之间，这些情况都无法用经典集合来描述。同样，气温也有"高"、"低"之分，但"高"到什么程度、"低"到什么程度，也是无法用经典集合描述的。

模糊集合的提出正是为了克服这样的缺陷，其关键是引入了一个"隶属度函数（Membership Function）"的概念，用来表达某个元素属于某个集合的程度，隶属度函数的取值在0～1，取0表示完全"不属于"，取1表示完全"属于"，介于两者之间时，则取值越大表示"属于"的程度越高，反之亦然。

例如，如果要描述气温的高低，可以用 μ 代表隶属度函数，作为纵坐标，以气温 T 作为横坐标，则气温的"冷"、"热"、"适中"3个模糊集合可以直观而形象地表示为图2-19所示的3条隶属度函数曲线。这和人的感觉基本一致，"冷"、"热"、"适中"之间并没有明确的界限，只有程度的不同。就"冷"而言，一般认为0℃以下肯定属于"冷"，对应模糊集合"冷"的隶属度函数取值为1；0℃以上则随着气温的升高，"冷"的程度逐渐降低，对应的隶属度函数取值也逐渐减小。"适中"及"热"的情况与此类似，20℃左右为"适中"，隶属度函数取1，在此基础上气温升高或降低都会使"适中"的程度逐渐降低；约37℃以上肯定属于"热"，在此以下则"热"的程度越来越低。

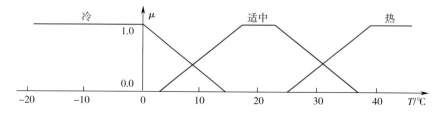

图2-19　表达气温"冷"、"热"、"适中"3个模糊集合的隶属度函数曲线

由此可见，模糊集合实际上并不"模糊"，而是更准确、更客观地表达了人的感觉或人的语言描述。冠以"模糊"二字是因为它表达了人类语言的模糊概念，其实质是将模糊的语言描述进行"量化"或"精确化"。模糊集合是对经典集合概念的一种扩展，当隶属度函数只取 0 和 1 时就相当于经典集合，所以经典集合只是模糊集合的一种特殊情况。

按理讲，隶属度函数的曲线形状应当是平滑过渡的，这样更符合实际情况，但常用的主要是梯形和三角形，原因是这类形状的数学描述在计算上最简单，因此进行逻辑推理时的计算量也相应地较小。

2. 模糊控制的基本思想和基本方法

下面以水箱水位控制系统为例来进行说明。

水位或液位控制在建筑物、发电厂、食品加工过程、工业生产过程等很多地方都有应用，图 2-20 为结构简单而直观的一种水箱水位控制系统的原理图。前面讨论过针对这种系统的反馈控制和复合控制问题，其基本工作原理可参见 2.1.3 节及图 2-14。图 2-20 中的 y 表示实际水位高度，通过一个浮子-杠杆-电位器机构将水箱的期望水位与实际水位之差转化为电位器上的误差电压 e，模糊控制器则根据误差 e 进行决策，计算出所需要的控制量 u，并通过执行电动机去改变阀门开度，调节进水流量，从而调节水位。该系统的进水口的供水压力一般不恒定，出水量也可能是随机变化的，这是两种主要的

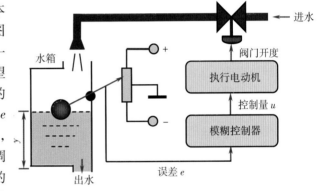

图 2-20　水箱水位控制系统的原理图

扰动作用，控制的目标就是在系统受到各种扰动作用的情况下，通过调节进水流量来使水箱水位基本保持恒定。

图 2-21 为采用模糊控制的水箱水位控制系统的方框图，图中的给定输入 r 及经检测环节得到的反馈信号在图 2-20 中并没有明确表示出来，是隐含在浮子-杠杆-电位器机构中的，图 2-20 的原理图只是直接表示出了误差信号。

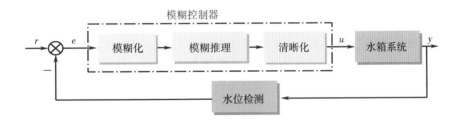

图 2-21　采用模糊控制的水箱水位控制系统的方框图

模糊控制是基于模糊集合和模糊逻辑推理来完成任务的，模糊控制器的输入 e 是精确的数值量，而模糊推理是要模仿人的思维方式，主要是定性的，因此首先要将输入的数值量转化为用隶属度函数表达的模糊量，这个过程称为"模糊化"；在"模糊化"的基础上根据事

先确定好的推理规则进行模糊推理，模糊推理的结果也产生一个用隶属度函数表达的模糊控制量，但作为受控对象的水箱系统并不认识"模糊量"，因此需要把模糊控制量再转化为用具体数值表达的控制量 u ，这个过程就称为"清晰化"或"解模糊化"。下面就来看看模糊控制器是如何进行模糊化、模糊推理和清晰化的。

设误差和控制量的取值范围分别为 $-1 \leqslant e \leqslant 4$ 和 $0 \leqslant u \leqslant 5$ ， e 的上下限分别对应水位变化的最低点和最高点，u 的上下限分别对应阀门的全开和全关。

为使叙述简洁，假设对 e 和 u 的语言描述只有"大"、"中"、"小"3种情况，那么对其模糊化的结果可能

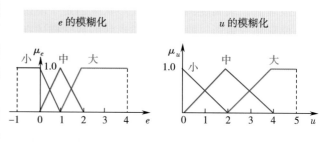

图 2-22　误差 e 和控制量 u 的模糊化

是图 2-22 所示的情况，图中"大"、"中"、"小"3 个模糊变量的隶属度函数曲线应尽可能地设置合理，因为会直接影响到后面的推理结果及控制效果。

模糊推理一般是同时根据误差和误差变化率来决定控制量的，这里为了简单起见，只根据误差来进行推理。模糊推理规则的确定一般依据经验和知识，此处可以制定如下：

1）若 e 大，则 u 大。

2）若 e 中，则 u 中。

3）若 e 小，则 u 小。

由于 e 、 u 分别都只设了3级，且只考虑了误差，没有考虑误差变化率，因此只有3条规则。要控制得更精细一点，语言描述以"大"为例，还可以细分为"非常大"、"很大"、"比较大"、"有些大"等情况。显然，语言变量的级数越多，规则数就越多，若还考虑了误差变化率，则总的规则数应为（误差的级数）×（误差变化率的级数）。

当模糊控制器采集到误差信号 e 当前的一个具体数值时，模糊推理的任务就是在对误差变量 e 和控制量 u 模糊化的基础上，根据上述推理规则，利用某种推理方法得到控制量 u 的模糊量。推理方法有很多种，最常用的是 Mamdani 方法，是英国的 Mamdani 在首次将模糊理论应用于蒸汽机控制时提出来的，下面就按这种方法进行推理。

以误差 $e = 1.8$ 为例，其对应的模糊推理过程和推理结果如图 2-23 所示，$e = 1.8$ 与"中"、"大"两个模糊变量有交点，分别为 0.2 和 0.8 ，表示属于"中"的程度是 20% ，属于"大"的程度是 80% 。由于 $e = 1.8$ 同时属于"中"和"大"两个模糊变量，因此推理要用到 2）和 3）两条规则。根据规则 2），$e = 1.8$ 属于"中"的程度是 20% ，所以控制量属于"中"的程度也应该是大约 20% ，因此将控制量为"中"的模糊变量在 0.2 以上的部分去掉，剩下的部分就是规则 2）产生的推理结果。同样道理，规则 3）产生的推理结果则是将控制量为"大"的模糊变量在 0.8 以上的部分去掉。Mamdani 方法也被形象地称为"削顶法"。最后对两个推理结果进行合并，合并后沿外围的隶属度函数曲线就代表模糊控制器在 $e = 1.8$ 时应当输出的模糊控制量。

通过模糊推理所得到的模糊控制量需要转化为一个具体的数值（清晰化），才能作用于受控对象。清晰化的方法也有多种，最常用的是所谓的"重心法"。按照该方法，对于上面的推理结果，如图 2-24 所示，模糊控制量隶属度函数曲线所占面积的重心所对应的横坐标

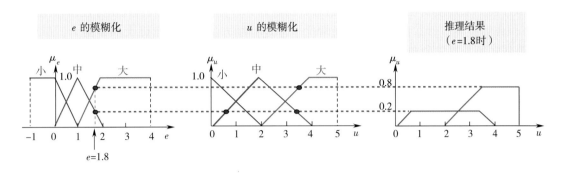

图 2-23　误差 $e = 1.8$ 时的模糊推理过程和推理结果

值，也就是 3.51，即为当前时刻所需要的控制量 u，该控制量对应阀门的开度为最大开度的 70.2%，该控制量作用于执行机构，从而使阀门开度达到要求。

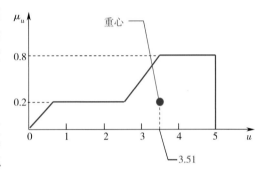

图 2-24　误差 $e = 1.8$ 时推理结果的清晰化

关于模糊控制的几点补充说明：

1）模糊控制系统的设计主要依据操作人员的经验和操作数据，不需要建立精确的数学模型，模糊控制性能的好坏取决于如何确定模糊化所对应的隶属度函数、如何制定模糊推理规则以及采用什么样的推理方法和清晰化方法，每一个环节都有多种选择，都涉及人的知识和经验，因此模糊控制本质上属于一种特殊的专家控制，也可以建立相应的知识库并在此基础上进行模糊化、模糊推理及清晰化。

2）为了减小计算量，模糊控制的各个环节在实施时都采用"离散"方式。首先是误差输入环节，e 在其取值范围内按连续函数看有无穷多个数值，需要将其压缩为有限个，只按一定间隔取值，这个过程称为"量化"，如 e 按间距 0.1 离散化后有 -1，-0.9，-0.8，…,0.5，0.6，0.7，…等，则输入值为 $e = 0.53$ 时，按四舍五入应量化为 0.5。其次是所采用的隶属度函数和重心法等清晰化方法也不是按连续曲线来进行计算的，而是采用按一定间隔取值的"离散"方式，"离散"重心法又称为"加权平均法"。

3）模糊控制器的输入量一般是同时取误差 e 和误差变化率 Δe，在对 e、Δe 以及控制量 u 都进行量化后，有限个数据使 e、Δe 与 u 的对应关系就变成了只有有限种，因此模糊化、模糊推理和清晰化可以都采用离线的方式事先计算好，最终形成一个 e、Δe 与 u 的对应关系表（称为"查询表"），实时控制时只需要简单地采用查表方式即可，这样在线计算量会很小，控制器对不同的误差情况可以做出快速反应，而且硬件实现的成本也相当地低，一个廉价的单片机（集成在单个芯片上的计算机）就能满足要求。

4）上面所举的模糊控制例子只采用了误差 e 作为输入，对于每一个具体的 e，通过推理，都对应产生一个控制量 u，因此本质上等价于一个比例调节器（P 控制），只是比例系数并不固定，所以属于变参数的比例调节器。一般情况下，模糊控制器的输入为 e 和 Δe，这就等价于变参数的比例微分调节器（PD 控制）。由于没有积分环节，因此会产生稳态误差，即达到稳态后受控变量与期望值之间有误差，所以模糊控制常常和 PID 控制相结合，动态调节过程中采用模糊控制，而接近稳态时切换到 PID 控制方式或只引入积分控制作用。

5）模糊控制虽然在控制性能上通常优于常规控制方法，展现出强大的生命力，但要从理论分析和数学推导的角度来加以证明却异常困难。另外，模糊控制系统的分析和设计尚缺乏系统性，设计过程更多地基于直觉、经验、试凑等手段，常规的控制理论很难直接应用。

2.3.4 神经网络控制

专家控制和模糊控制都是在宏观的外在功能上模仿人类大脑的分析和决策作用，而神经网络控制（Neural Network Control）则是基于人脑神经组织的内部结构来模拟人脑的生理作用。人工神经网络是由很多人工神经元以某种方式相互连接而成的，就单个神经元而言，其结构和功能都很简单，但大量简单的神经元结合在一起却可以变得功能非常强大，能做很复杂的事情、完成高难度的任务。这好比人类，一个人的力量是微弱的，但很多人组织起来共同做一件事情，就会形成合力。计算机实际上也属于这种情况，其基本的元器件基于二进制、功能都很简单，但大量这样的元器件组合在一起，其功能就可以变得非常强大。

研究人工神经元及神经网络的初衷是模拟人脑神经系统的作用机理，但时至今日，已经在很大程度上背离了原来的目标，甚至有些"面目全非"了。现在使用人工神经网络的主要目的是利用其所具有的强大学习能力，可以通过学习来逐步逼近任意复杂的输入/输出特性，因此可以应用于故障诊断、容错技术、信号处理、模式识别、文字识别、专家系统等诸多领域，并不限于自动控制领域。

人工神经元及神经网络的产生和发展可以追溯到很久以前，值得一提的主要有下面一些事情。神经元模型是于 1943 年提出的。1949 年，D. O. Hebb 提出了一种神经元学习规则（Hebb 学习规则）。1958 年，F. Rosenblatt 提出了基于神经网络的感知器模型，用来模拟人脑的感知和学习能力。其后很长一段时间，对神经网络的研究时冷时热，一直没有重大突破，主要的难点是缺乏简单有效的学习方法。1974 年，哈佛大学的博士生 P. Webos 曾经提出了一种称为"BP 算法"的学习方法，BP 是 Back Propagation（反向传播）的意思，但未引起注意。直到 1986 年，D. E. Rumelhart 等人又独立地提出了神经网络的反向传播学习方法（BP 算法），并证明了基于 BP 算法的神经网络能够无限逼近任意的输入/输出函数，情况由此发生转折，对神经网络的研究热情迅速高涨，进入 20 世纪 90 年代后达到高潮，理论和应用都取得了令人瞩目的进展，并成功应用于自动控制、人工智能、信息处理、机器人、机械制造等诸多领域。

下面简单介绍一下神经元、神经网络的基本概念及其在自动控制领域的一些应用。

1. 人工神经元模型

人工神经元模型有很多种，常用的如图 2-25 所示，x_1，x_2，…，x_n 为输入信号，w_1，w_2，…，w_n 为连接权系数（简称"权值"），输出信号 y 表达为

$$y = f(s), \quad s = (\sum_{i=1}^{n} w_i x_i) - \theta$$

式中，θ 为阈值，原本的意思是输入神经元的信号加权和达到一定强度时，神经元才会触发而产生输出，但在控制领域很少使用该阈值（即取为零）。$f(\cdot)$ 为输出变换函数，控制领域常用的输出变换函数通常

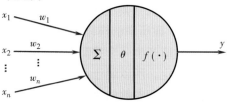

图 2-25　常用的人工神经元模型

为如图 2-26a、b 所示的 S 形状函数或双曲线函数，前者对应只有正的输出，而后者则可正可负，曲线的形状可以通过设置相关参数来加以调整。

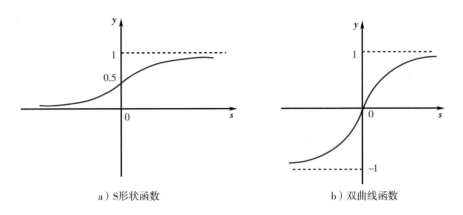

a）S 形状函数   b）双曲线函数

图 2-26 控制领域常用的输出变换函数

2. 神经元的学习方法

神经元或神经网络为什么需要进行学习呢？

人们初次做一件事情时可能做不好，通过学习，不断调整自己的行为，就会一次比一次做得好，最终达到期望的目标，这就是学习的目的和意义。具体来讲，人工神经元或神经网络进行学习的目的是要具有期望的输入/输出特性。

为简单起见，先讨论单个神经元是如何进行学习的。神经元的输出变换函数一般事先就选定了，学习过程中是不改变的，能够调整的参数只剩下权系数，因此学习的过程就是不断调整权值 w_i，使神经元逐步逼近期望的输入/输出特性，而调整权值 w_i 的依据则是神经元的实际输出与期望输出之差。这种基于误差信息的学习与调整方式实际上也是一种反馈调节。

期望的输入/输出特性是通过一些样本数据来体现的，例如只有（x_1，x_2）两个输入的情况下，希望输入为（0.1，2.3）时输出 y 为 1.2，输入为（0.2，2.8）时输出 y 为 1.6，……，这些数据就是样本数据。学习过程就是将样本输入数据施加到神经元的输入端，看对应的输出是否充分接近样本输出；若不是，则反复调整权值 w_i，直到满足要求为止。

人工神经元的学习机理如图 2-27 所示，图中的学习信号一般是与输出误差相关的函数，而权

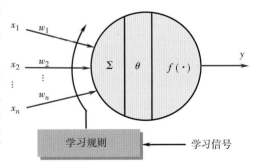

图 2-27 人工神经元的学习机理

系数的调整则根据这个学习信号，并按照相应的学习规则进行。学习规则一般采用如下形式：

$$w_i(k+1) = w_i(k) + \mu_i v_i(k), \quad i = 1,2,\cdots,n$$

式中，k 表示第 k 次学习；μ_i 是学习速率（$\mu_i > 0$）；$v_i(k)$ 是学习信号。该式的物理意义是显而易见的，即每一次学习都是在上一次学习所得权值的基础上增加一个修正量，而修正量的

幅度与学习速率的取值有关。学习速率取值越大，则权系数的改变量越大，学习的速度越快，但过快容易引起振荡，即权值忽大忽小，可能越来越偏离目标值，即使能收敛到目标值，时间也会变得很长；学习速率取值过小，则权系数的改变量过小，收敛速度也会很慢，因此，合理设置学习速率至关重要。一种效果很好的方法是自适应调整学习速率，当输出偏离目标值较远时，应取较大的学习速率值；而当输出比较接近目标值时，应取较小的学习速率值。这样做既能使学习过程收敛快，又能避免产生振荡。

上面式子中决定权值修正量的另外一个关键因素是学习信号，那么学习信号是如何得到的？起何作用呢？具体的学习过程又是如何进行的呢？

调整权值的目的是要使神经元的实际输出尽量接近样本输出，因此调整权值的效果怎么样当然是看实际输出与样本输出的误差，所以学习信号应当取自误差信息。学习过程是先给所有权系数任意设一个初值，然后从样本数据中取一组输入数据加到神经元的输入端，按神经元模型的算式经计算后产生一个输出值，将该输出值与样本数据中的标准输出值进行比较，一般有误差，学习信号通常就是对这个误差进行处理后得到的，其目标是权值的修正应当使输出误差尽快减小。最常用的学习方法是所谓的"梯度下降法"，这有点像下山的过程，沿什么方向下降在每一个位置都有很多选择，但可以始终都选择沿最快下降的方向；"梯度下降法"实际上就是每次学习都保证沿误差最快减小的方向来修改权值。学习的次数取决于要求的精度，当输出误差减小到允许范围时，学习就停止了。对样本数据中的每一组数据都要重复上述过程，而且把所有数据都处理一遍后，后面的精度满足了要求，前面的误差可能又变大了，因此有可能要反复很多遍才能对所有样本数据来讲，精度都满足要求。由此可见，样本数据较多的情况下，学习是很花时间的。

不言而喻，单个神经元的学习能力是相当有限的，只能实现简单的输入/输出特性，而且样本数据稍多一点就可能达不到要求的精度，在控制领域比较常见的是用单个神经元来实现可变参数的 PID 控制。

3. 神经网络

多个神经元按一定方式连接起来就构成了神经网络，神经网络的常用结构有前馈网和反馈网，前馈网比反馈网更常见。图 2-28 所示就是人工神经元构成的三层前馈网络，图中的每一个圆圈均代表一个神经元，第一层为输入层，中间一层为隐含层，最后一层为输出层，其特点是信号只由输入层向输出层方向一层一层地前向传递，同层神经元之间没有任何信息交互。

神经网络的学习能力就比单个神经元强多了，通过学习可以实现几乎任意复杂的输入/输出模式。采用 BP 算法进行学习的前馈网称为"BP 网络"，其名气很大，应用也很广泛。更重要的是，已经从理论上证明了 BP 网络可以无限逼近任意的输入/输出关系，也就是说，对于任意给定的输入/输出样本数据，BP 网络通过学习都可以实现与样本数据一致的输入/输出特性，并满足要求的精度。

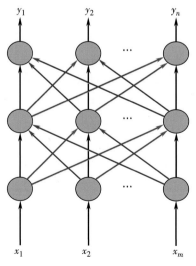

图 2-28　人工神经元构成的三层前馈网络

BP 网络的核心是 BP 算法，那么 BP 算法又是怎么一回事呢？

前面提到过，BP 的意思是 Back Propagation（反向传播），所以 BP 算法是由输出层向输入层依次反向计算每一层连接权值的，且每一层的计算都采用梯度下降法。

BP 算法的进行方式如下：

1）由给定的输入样本计算神经网络输出，并与样本输出值进行比较，得到输出误差。

2）由输出误差依次反向计算和调整每一层的权值。

3）重复 1）、2），直至输出误差满足要求为止。

4）对每组输入/输出样本数据都按 1）～3）进行学习。

5）重复 1）～4），直至所有输出误差都达到要求的精度。

神经网络经样本数据训练后，所有的权系数就确定了，以后同样的输入作用于系统时，会产生同样的输出，这就相当于具有了记忆作用。应当说明的是，样本数据是有限的，不可能涵盖所有实际可能产生的数据，当实际输入不属于样本集时，会发生什么情况呢？这时神经网络也能产生合理的输出，例如样本输入为 4.9 时，输出为 12；样本输入为 5 时，输出为14；则当输入为不属于样本集的 4.95 时，输出可能为 13；而当输入为非样本集的 5.2 时，输出可能为 14.5。实际数据介于样本数据之间或在其外面时，神经网络也能给出介于样本输出之间或在其外面的合理输出，即具有内插和外推能力，这种能力也称为归纳或泛化能力。具有这种能力是神经网络的主要优点之一，也是其能够很好地应用于实际的主要原因。

神经网络的另一个优点是经过学习训练后，相关的有用信息是分布存储在所有权系数中的，因此即使部分神经元受到损坏，神经网络依靠剩下的部分也能大致正常地工作，也就是说，神经网络具有很好的容错能力。这一点和人的大脑比较类似，人获取的信息也是分布存储在很多神经细胞中的，即使部分神经细胞损伤了也可能影响不大。

神经网络的物理实现一般有两种方式：一种是采用基于集成电路的神经元芯片，主要好处是计算过程可以充分体现神经网络具有并行结构这一优点，即由输入信号产生输出信号的过程是采用并行计算方式，因此计算速度很快；另一种方式是利用计算机编写相关软件来实现，计算速度取决于计算机本身的性能。近年来，数字信号处理器（Digital Signal Processor，DSP，相当于一种特殊的计算机）发展很快，其功能越来越强大，价格却越来越低廉，因此现在更常见的是利用 DSP 来实现各种神经网络。

神经网络的主要缺点为：首先，学习过程收敛较慢，比较费时，特别是在样本数据较多时。若是离线进行学习，这并不构成大的问题，但要实时进行控制和权值调整，这就比较困难了。其次，神经网络的学习过程实际上是一种优化，即对误差函数进行最小化，但采用BP 算法等学习方法不能保证误差函数趋向真正的最优值（即逼近零），有可能收敛于某一局部的不为零的极值，因此后来又提出了多种改进方法，但各有优缺点。最后是如何确定神经网络的层数及每一层的神经元个数至今尚无明确的方法，常常是依靠经验或"试凑"。

4. 神经网络在自动控制领域的应用

神经网络可以应用于很多领域，包括自动控制领域，基本上都是利用其所具有的优良的学习和适应能力。神经网络应用于控制领域的方式很多，下面只简单介绍 3 种较典型的情况。

（1）系统建模

建立一个系统的模型或确定其输入/输出关系是分析系统性能、预测系统行为或设计相应控制器的基础。系统建模一般有两种方式：一是根据其工作机理，运用物理、化学、电学等原理来进行分析和建模，这种方式称为"机理建模"；另一种方式是采集系统的输入/输出数据，通过分析后建立系统的输入/输出模型，这种方式又称为"系统辨识"。由于很多实际系统比较复杂，难以进行机理建模，因此系统辨识的方法更为常用。利用神经网络建模也属于系统辨识的范畴。

图 2-29 是利用神经网络来建立系统的输入至输出的模型（称为"正模型"），也就是对系统正模型的辨识，图中的输入信号 u 同时作用于待建模系统和神经网络，神经网络的输出 y_N 与系统输出 y 进行比较后产生误差 e，神经网络就根据该误差信号来不断调整其权值，直到误差减小到要求的精度，即 y_N 通过学习不断趋向 y，这样神经网络的输入/输出特性就和系统一样了，可以用来代表系统的输入/输出模型。神经网络建模的好处是无论系统有多复杂、也不管是单输入/单输出还是多输入/多输出，建模过程都比传统的系统辨识方法简便得多，只需要学习训练就能完成任务。

在控制上有时还用到系统的逆模型，即输出至输入的模型。图 2-30 所示就是利用神经网络来进行系统逆模型的辨识，神经网络的输入信号是系统输出 y，输出信号 u_N 与系统输入 u 进行比较，神经网络就根据误差 e 调整权值，使误差不断减小，直到符合要求。

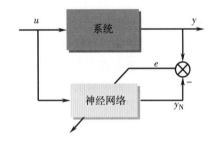

图 2-29　系统正模型的辨识

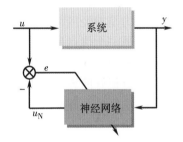

图 2-30　系统逆模型的辨识

（2）基于神经网络的专家控制

在专家或操作人员能够很好地进行控制的情况下，如果希望把人解放出来，可以用一个自动控制器去模仿人的控制行为。当人的控制行为可以总结为一些知识或规则时，可以采用前面介绍过的专家控制或模糊控制，但当控制行为难以表达为知识时，采用神经网络，通过学习和训练来进行模仿就是很好的选择了。

（3）模型参考自适应控制

基于神经网络的模型参考自适应控制如图 2-31 所示，参考模型相当于比较的标准，在给定输入 r 的作用下，它产生的输出 y_m 就是系统期望的输出。自适应控制的意思是系统能自动调整控制器的结构和参数来适应受控系统及所处环境的变化。神经网络作为自适应控制器，其控制目标是使受控系统的输出 y 趋向参考模型的输出 y_m，而实现该目标的手段则是根据误差 e、通过学习来调整神经网络的权值。

神经网络的学习过程需要先将输出误差 e 转换为控制量 u 的误差，而使用自适应控制的主要目的是要对付各种不确定因素，所以受控系统一般包含有不确定或未知的结构和参数，这样由误差 e 就无法直接计算出控制量 u 的误差，也就缺少了调整神经网络权系数的依据。

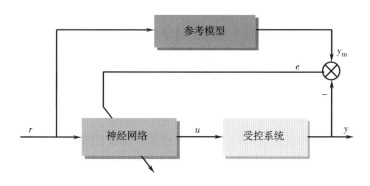

图 2-31   基于神经网络的模型参考自适应控制

为了解决这一问题，一般再增加一个神经网络，通过学习来建立受控系统的正模型，通过正模型就可以把误差 e 转换为控制量 u 的误差，这样就能正常进行学习和调整了。

在系统不确定性因素及扰动较多的情况下，一般应当在图 2-31 的基础上引入常规的反馈环节，这样神经网络就相当于一个自适应反馈调节器。另外，神经网络用作反馈调节器时，其权值的调整有多种方式，并不一定要采用参考模型的形式，也不一定需要连续不断地进行学习和权值调整，如采用监督控制的方式，通过一个监督机构，随时掌握系统的运行状况，只有当情况变坏时才进行干预，调整神经网络的权值。

神经网络在控制领域的应用还有很多其他方式，限于篇幅，此处不再赘述。最后想说明的是，神经网络发展到今天，已经产生了很多种网络结构和学习方法，各有优缺点和适用范围，其中好几种都和 BP 网络一样，可以通过学习和训练来实现几乎任意复杂的输入/输出特性。

2.3.5   对智能控制的一些展望

通过前面对智能控制及其几种典型方法的介绍可以看出，现有的各种智能控制方法都具有各自明显的优势和特点，但同时也都存在一定的局限性。因此智能控制的发展趋势就是将不同的方法有机结合在一起，取长补短，以获得单一方法所难以达到的效果，如神经网络与模糊控制相结合构成模糊神经网络控制、基于专家系统的专家模糊控制、基于遗传算法或进化机制的神经网络控制等。

虽然智能控制与传统的常规控制方法在很多方面存在本质区别，然而智能控制仍然属于传统控制方法的延伸和发展，是自动控制发展的高级阶段。智能控制与常规控制并不是相互排斥的，而是可以有机结合或相互融合的。例如，常规的 PID 控制可以和智能控制结合构成所谓的"智能 PID 控制"，可以利用专家系统、模糊推理或神经网络来自动调整 PID 控制器的 3 个参数。对于比较复杂的系统，反馈信息往往包含图像、声音、文字、统计数据、各种实时变量等，这种情况下控制系统通常需要综合运用多种"智能"手段、智能控制与常规控制相结合的方式来解决问题，既要用到对各种检测信息进行处理和识别的技术，也可能用到"多传感器信息融合"技术，还可能必须采用多层控制结构，在高层（决策、协调层）利用人工智能和智能控制进行综合分析、决策及协调，在底层（执行层）利用常规控制来解决"低级"的控制问题，这样优势互补才可以更好地完成比较复杂的任务。

智能控制在很多方面已进入工程化、实用化的阶段，被广泛应用于社会各个领域，解决了大量传统控制无法解决或难以奏效的实际控制问题，展现出强大的生命力和发展前景。例如，城市交通、电力系统、智能型自主机器人等复杂系统的控制，往往要依靠智能控制才能获得满意的控制效果；各种家用电器、各类生产过程等应用智能控制不仅避免了耗时费力的常规建模过程，而且控制系统的设计通常也更简便，控制效果会更好，如智能控制的空调会比常规控制更节能、温度波动更小，智能控制的洗衣机洗衣会更干净、衣物磨损更小、耗水量更少等。

智能控制尽管已经取得了大量的研究和应用成果，但在控制领域仍然属于比较"年轻"的学科，还处在一个发展时期，无论在理论上还是应用上都不够完善，虽然其应用前景广阔、应用成果丰富，但理论研究发展缓慢，在某些方面甚至停滞不前，造成了一种不平衡现象。随着基础理论的不断创新，人工智能技术和计算机技术的迅猛发展，以及实际应用领域的不断扩大，智能控制必将迎来它新的发展高潮，再创辉煌。

2.4 自动控制的发展概况

自动控制属于应用科学与技术，其应用范围几乎涉及所有领域，特别是"系统"和"反馈"的概念更是已经扩展和渗透到了社会生活的各个方面，对人们的思维、工作及生活方式都产生了重要影响。自动控制学科包含了自动控制理论和自动控制技术两个方面的内容，两者相辅相成、相得益彰，前者相当于"软件"，后者相当于"硬件"，对自动控制的发展都至关重要。自动控制理论是分析和设计自动控制系统的工具和基础，自动控制技术则着重于控制系统的硬件实现方面。下面分别从自动控制技术和自动控制理论两个方面简要介绍其发展状况和发展趋势。

2.4.1 自动控制技术的发展概况

自动控制技术的发展始终与每个阶段应用技术所能达到的水平密切相关。早期的自动控制只能依靠简单的机械装置、气动机构、液压传动装置等，后来随着电的发明，很多电气、电子元器件及设备相继问世，继电器、接触器、电阻、电容、电感、电位器、放大器等陆续应用于自动控制系统，使控制性能得到提升，但所有这些器件都属于模拟器件，所构成的控制装置只能实现模拟控制，硬件设备与所采用的控制方法和控制参数是一一对应的，一旦控制方法变了或控制参数调整了，就得更换相应的元器件，相当麻烦和不方便，而且很多复杂一点的控制方法还无法实现或实现起来很困难。

计算机出现以后，很快在自动控制领域得到应用，因而从根本上改变了自动控制的实现方式。计算机属于数字化设备，用作控制器时，控制方法和控制参数在计算机里只是一组程序（习惯上称为"控制算法"），可以很方便地进行修改，而且无论是简单还是复杂的控制算法，都一样可以实现，因此计算机在控制领域迅速得以推广和普及。目前实际运行的自动控制系统绝大部分都是数字化的，包括很多家用电器以及汽车的控制装置。

常用的数字化控制装置包括工业控制计算机（简称"工控机"，见图2-32）、可编程逻辑控制器（Programmable Logic Controller，PLC，见图2-33）、单片机（在一块芯片上集成了微处理器、存储器及接口电路等，见图2-34）、数字信号处理器（Digital Signal Processor，DSP，见图2-35）等。

图 2-32 工业控制计算机

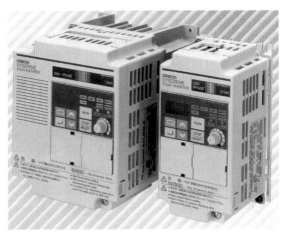

图 2-33 可编程逻辑控制器（PLC）

图 2-34 单片机芯片

图 2-35 数字信号处理器（DSP）芯片

　　工控机的工作原理与普通的微型计算机大同小异，主要是配备了一些专门用于工业控制的输入/输出接口，提高了工作的可靠性、并特别加强了针对工业环境的抗干扰措施。单片机在计算机家族里体积最小、价格最便宜、应用非常普遍，在一辆普通轿车里常常也有几十个单片机在工作。DSP 的计算和处理功能相当强大，早期主要用于信号处理领域，价格也比较昂贵，但随着计算机技术的发展，其价格不断降低，近年来在控制领域的应用也越来越多。PLC 包含了逻辑运算、顺序控制、算术运算及定时和计数等功能，是专为工业应用而设计的，早期主要在工业生产中用于逻辑及顺序控制，以取代传统的继电器控制方式，但后来又增加了 PID 控制、电动机调速控制等新的功能模块，可以进行不间断的反馈调节，应用范围越来越广，而且现在的产品几乎都已具备联网和通信功能，可与其他计算机构成网络化的控制系统。除了计算机技术的影响之外，检测技术、信息处理技术、网络技术等相关领域的高速发展当然也对自动控制起到了有力的支撑和推动作用。

　　早期的计算机价格比较昂贵、体积也比较庞大，因此用于控制领域时一般采用“集中控制”方式，即用一台计算机同时控制多台机器或设备，检测装置轮流采集每台机器或设备的相关信息，传送给计算机，计算机按事先确定好的方式和规律（即控制算法）计算出所需要的控制量，并轮流输出给每台机器或设备。“集中控制”方式的主要缺点是可靠性差，计算机一旦出现问题，所有机器设备都将无法正常工作。后来由于计算机价格的不断下降、体积也不断缩小，因此出现了一台计算机只控制一台机器或设备的"单机控制"方式，这种方式在今天也很常见，如冰箱、空调等通常用一个单片机就能完成控制任务。"单机控制"方式主要用于较简单的情况，能实现的功能也比较单一，系统与系统之间缺乏信息交换，属于"自动化孤岛"。

网络技术的发展给自动控制提供了新的契机，通过网络把各个系统连接起来，可以实现管理与控制功能的一体化，可以对各个系统的相关参数进行统一调整，使所有系统都能够平稳协调地工作，实现整体的优化运行。较具代表性的有主要用于机械制造行业的计算机集成制造系统（Computer Integrated Manufacturing System，CIMS）、用于石油、化工、钢铁等生产过程的集散控制系统（Distributed Control System，DCS）和计算机集成过程系统（Computer Integrated Process System，CIPS），以及将控制彻底分散化的现场总线控制系统（Fieldbus Control System，FCS）等。一个生产企业往往可能同时采用了好几种网络化的控制系统，并与管理系统连为一体，实现无缝衔接。

图2-36为比较典型的工厂自动化系统的一种层次结构，总体结构可以分为3层。最底层是以过程控制系统（PCS）为代表的基础自动化层，主要包括集散控制系统（DCS）、现场总线控制系统（FCS）以及各种先进控制软件、传感检测装置与数据采集、实时数据库、基于高速以太网和无线通信技术的现场控制设备等。第二层是以制造执行系统（MES）为代表的生产过程运行优化层，主要包括先进建模技术（Advanced Modeling Technologies，AMT）、先进计划与调度技术（Advanced Planning and Scheduling，APS）、实时优化技术

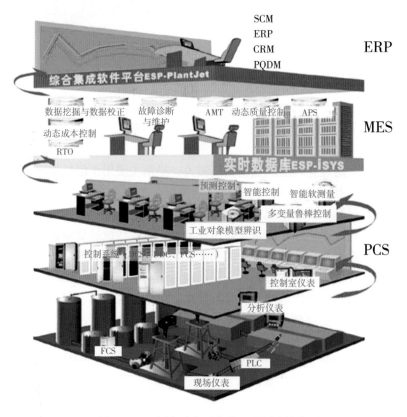

图2-36　工厂自动化系统的一种层次结构图

（Real-time Optimization，RTO）、故障诊断与维护技术、数据挖掘与数据校正技术、动态质量控制、动态成本控制等。最高层是以企业资源管理（ERP）为代表的企业生产经营优化层，主要包括企业资源规划（ERP）、供应链管理（SCM）、客户关系管理（CRM）、产品质量数据管理（PQDM）、数据仓库技术、设备资源管理、企业电子商务平台等。这种综合自动化系统不仅可以实现在线成本的预测、控制和反馈校正，还可以实现生产全过程的优化调度和统一指挥，而且还能对生产过程进行全程质量跟踪和安全监控，从而实现整个生产过程的综合最优。

2.4.2　自动控制理论的发展概况

自动控制理论的发展一直受到实际需求的驱动，特别是一些重大的实际需求。20 世纪前半叶，工业生产对广泛应用各种自动控制装置的需求以及"二战"期间对改进武器系统性能的需求（如雷达跟踪、火炮控制、舰船控制、飞机导航等）推动了第一代控制理论——经典控制理论的成熟与发展；20 世纪 60 年代，航空航天领域对运载火箭、人造卫星、导弹、飞机等各类飞行器进行精确控制的需求催生了被称为"现代控制理论"的第二代控制理论；20 世纪 70 年代以来，控制系统的规模越来越大、结构和特性越来越复杂、对控制性能的要求却越来越高，从而导致了第三代控制理论的研究和发展。所谓的"第三代控制理论"至今并没有明确的定义和范围，一般泛指第二代控制理论之后产生和发展起来的各种先进的新型控制理论与方法，较具代表性的有智能控制、大系统控制、鲁棒控制、预测控制、自适应控制、多变量频域控制、非线性系统控制等。这些新型控制理论与方法都有一个共同的特征，就是都针对控制难度较大的一些复杂系统，因此可以认为第三代控制理论的主要特征是"复杂系统控制"。

下面具体讲述这 3 个时期的控制理论具体所包含的内容、它们之间的区别、各自的特征和优缺点以及未来的前景。

首先对几个常用术语简单解释一下。

线性系统与非线性系统：当系统可以用线性方程来描述其运动规律时，就称其为线性系统（Linear System），否则就是非线性系统（Nonlinear System）。线性系统有两个重要的物理特征：一个是当输入信号按一定比例放大或缩小时，对应的输出（又称为"响应"）也放大或缩小同样比例，这个性质称为"均匀性"；另一个特征是多个输入同时作用于系统所产生的输出等于这些输入分别作用于系统所产生的输出之和，这个性质称为"叠加性"。这里所说的"同时作用"既可以是多个输入相加后作用于系统，也可以是多个输入在不同的位置作用于系统，如同时有给定输入和扰动输入的情况、系统本身就是多输入多输出系统（又称为多变量系统）等。"均匀性"和"叠加性"合起来称为"叠加原理"。满足"叠加原理"的系统一定是线性系统，非线性系统不满足"叠加原理"。

正是由于线性系统具有这样的特性，才使得线性系统的研究变得非常方便。例如有了"均匀性"，要研究输入为某个频率的正弦信号时系统的响应特性，只需输入单位幅值的正弦信号即可，其他幅值输入下的响应曲线形状不会变，只是等比例放大或缩小而已；有了"叠加性"，就可以分别独立地研究不同输入作用下系统的响应，每一个响应搞清楚了，总的响应也就清楚了。因此，研究线性系统的控制问题远比研究非线性系统容易，到目前为止，在自动控制理论方面，线性系统理论是发展最为成熟、研究最为透彻、成果最为丰富、体系最为完整、应用也最为广泛的部分，构成了控制理论体系的核心和基础。

非线性系统则由于不满足"叠加原理"，研究起来就要麻烦得多。在某一个幅值的输入下，系统响应性能良好，但幅值稍微变化一点，响应性能可能就变得完全无法接受了；单独看给定输入或扰动输入作用下的响应，可能一切正常，但同时作用时，情况就可能完全变了。这就是研究非线性系统的困难所在，因此针对非线性系统的控制理论研究远没有形成理论体系，多数情况下是"就事论事"、具体问题具体讨论，尚处于发展阶段。

严格地讲，实际系统都多多少少带有非线性。这就好比画一条直线，无论使用多么精确的工具，都多少有些弯曲的地方，但大部分系统的非线性不严重，因此可以近似看作线性系统来处理，这就是研究线性系统的意义之所在。

定常系统与时变系统：定常系统（Time-invariant System）的意思是系统的所有参数是固定的，不随时间而改变。时变系统（Time-varying System）则正好相反，有随时间而改变的参数。世间万物没有永恒不变的，所以严格地讲，实际系统都属于时变系统，但当参数变化较慢且变化幅度不大时，就可以近似看作定常系统，这样做的好处是研究起来更容易。

单变量系统与多变量系统：单变量系统（Scalar System）是说系统只有一个输入和一个输出，又称为单输入单输出系统（SISO System），SISO 是 Single-input and Single-output 的缩写。多变量系统（Multivariable System）则指输入或输出不止一个，也叫多输入多输出系统（MIMO System），MIMO 是 Multiple Input and Multiple Output 的缩写。

连续时间系统与离散时间系统：连续时间系统（Continuous-time System）是指系统中的所有变量均为时间的连续函数（连续信号）。离散时间系统（Discrete-time System）则主要指包含计算机等数字设备的系统，计算机是按一定时间间隔输入/输出数据的，所以对连续的信号要先进行采样，即按离散的时间点采集信号数据（离散信号），经处理后也按离散方式输出信号，但计算机操纵的机器或设备（受控对象）一般属于连续时间系统，所以需要把计算机输出的离散信号再恢复为连续信号才能对受控对象起作用，因此离散时间系统中的变量并非全都是离散的。

1. 第一代控制理论——经典控制理论

经典控制理论是最简单的一类工程控制方法，其分析和设计主要通过作图，直观简便，物理概念清楚，控制器的结构一般很简单（PID 控制就是其典型代表），需要设置和调整的参数很少，是以简单的控制结构来获取相对满意的控制性能，这在当时也是不得已的事情，因为当时具体实施控制的硬件只有像电阻、电容、放大器这样的简单装置。然而到了已普遍利用计算机来作为控制器的今天，以 PID 控制为代表的经典控制方法仍然是工程应用的主流，究其原因则要归功于经典控制的好用性了，详见前面 2.2 节。

经典控制理论所讨论的对象是最简单的一类线性系统，即单输入单输出线性定常系统。对于这类系统，一般并不直接针对描述其运动规律的时间方程来进行分析和设计，而是常常采用所谓的"频率特性法"。频率特性是系统对不同频率正弦信号的响应特性，"频率特性法"就是根据频率特性图来分析反馈控制系统的性能或设计所需要的控制装置，是经典控制理论最具代表性、也是实际应用最多的方法，因而常常将经典控制方法称为"频域法"。采用频率特性法所得到的分析结果与系统的时间响应特性之间一般没有准确的对应关系，只能靠估计，所以分析和设计往往带有"试凑"的性质，需要多次反复才能找到相对满意的结果。

经典控制理论的主要缺陷在于它只能用于 SISO 线性定常系统，设计过程需要多次反复"试凑"，绘制很多频率特性图，设计结果不具有最优性等，但它简单好用，不需要深奥的数学工具，容易为现场的工程技术人员所理解和掌握，因此至今仍为实际应用最多的控制方法。

经典控制理论的数学基础主要是以微积分为主要内容的高等数学以及面向工程应用的复变函数与积分变换。

2. 第二代控制理论——状态空间方法

状态空间方法是以状态变量和状态方程为基础的，那么什么是状态变量？什么是状态方程？所谓状态变量，就是能够完整地描述系统运动状态的最小一组变量，能同时反映系统内部和外部的状态，而状态方程则是利用状态变量来描述系统运动规律的一组一阶微分方程。为什么是"一组"而不是"一个"呢？这正是状态方程的特色所在。经典控制理论对系统的数学描述一般是一个高阶微分方程，难以直接求解，从而导致不得不通过频率特性或变换为其他表达形式来进行分析；而状态方程实际上是把一个高阶微分方程转化为一组一阶微分方程，这样就可以通过直接求解来进行分析，所以状态空间方法属于"时域法"，即直接在时间域进行分析，无须变换。

经典控制理论把系统当作"黑箱"，不反映黑箱内系统的内部结构和内部变量，看重的是系统外部输入和输出变量之间的关系；而状态空间法则属于"白箱"方法，系统内部是"透明"的，所以单从系统描述看，状态空间法更为全面和深刻，而且既可以用于单输入单输出系统，也可用于多输入多输出系统，还可以同时适用于定常系统和时变系统。

状态空间法有两个重要的核心概念：一个是能控性；另一个是能观测性。能控性反映了能否通过改变系统输入（即控制量）来任意改变系统的状态变量，而不仅仅是改变输出变量。实际的控制系统一般只检测输出变量。能观测性的意思则是能否通过已知的输入变量和检测到的输出变量来获知系统的所有状态变量信息。

对于一个具体的系统，能控性回答了是否能对系统进行有效控制的问题，能观测性则反映了是否能够充分地获取系统信息，对分析和设计控制系统具有指导性意义，同时也是状态空间法的重要基础。

另一个问题是为什么需要"观测"状态变量呢？这就涉及状态空间法与经典控制理论在反馈及控制方式上的一个根本区别。经典控制理论所利用的反馈信息一般只是输出变量，而状态空间法的反馈信号则可以是反映系统全部信息的状态变量。从控制论的角度看，获取的反馈信息越充分，系统所能达到的控制效果就会越好，因此在这一点上，状态空间法比经典控制理论更为优越。另一方面，在如何利用反馈信息、也就是系统的控制器设计上，经典控制理论是以简单结构、通过多次试凑来获取相对满意的控制性能，并不追求最优控制效果；而状态空间法则并不限制控制结构，一般寻求某种性能指标下的最优解，如最少能量控制、最短时间控制等。因此，在所有状态变量的信息都能及时获取的前提下，利用状态空间法设计出的控制系统应当比经典控制方法在性能上更为优越。

状态空间法由于其在理论上的优越性和系统性，在当时被冠以"现代控制理论"的称号，并一直沿用至今，尽管现在已经不再"现代"了。状态空间法在解决航空航天领域的控制问题，如宇宙飞船的姿态控制、导弹的飞行控制等方面确实贡献突出，在其他领域也有一些应用，但总体上讲远不如经典控制理论普遍，特别是在工业控制领域。究其原因，主要是大部分实际系统都存在很多不确定性，因此分析和设计所依据的数学模型只是对实际系统的一种近似，不考虑这一点则往往会"事与愿违"，而状态空间法的分析、设计和优化都建立在精确数学模型基础上，一旦由于某种原因，系统参数发生变化而使数学模型不能准确地反映实际情况，就无法达到期望的控制性能。另外，状态空间法基于状态反馈，需要状态变量的信息（一般都无法直接获取），只能通过构建所谓的"状态观测器"，根据检测到的输出信号计算出状态变量，但这样一来，系统结构变得比较复杂，而且计算结果总是滞后于实际状态的变化，控制性能也会相应降低。

状态空间法的数学基础除了高等数学外，主要还有线性代数、矩阵理论、泛函分析等。

3. 第三代控制理论——各种新型控制理论及方法

由于经典控制理论和状态空间理论都有各自的局限性，在实际应用上都存在一些问题，而且由于需要控制的系统越来越复杂、规模越来越大，对控制性能的要求又越来越高，因此迫切需要研究更先进的控制方法。在上述需求的推动下，自20世纪70年代以来，不断研究和发展出了多种新型控制理论及方法，前面已经介绍过的智能控制就是其中的优秀代表。下面再概要地介绍另外几种较具代表性的方法。

（1）现代频域控制理论

经典控制理论属于"频域方法"，在设计时就留有余地，可以用于系统模型不准确的情况，而且由于其控制器的调节参数少，调整方针明确，即使系统模型存在较大误差或有外部扰动，通过适当调整控制参数也能使系统很好地适应这些不确定性，但它只能用于单输入单输出线性系统，而且所设计的控制器不具备最优性。状态空间法虽然可以用于多输入多输出系统，并能实现最优控制性能，但其适应系统各种不确定性的能力较差，在应用于工业控制等包含较多不确定性的场合时情况不太理想，因此20世纪70年代英国的一些学者就率先提出了"多变量频域方法"，被称为"频域法的复归"。多变量频域法实际上只是经典频域法的一种扩展，继承和保留了经典控制方法的很多特点，也包括一些缺陷，如设计过程需要大量作图、反复试凑，比较繁琐，控制器的结构同样受到限制，无法实现最优性能等。

从20世纪70年代末开始，以美国和加拿大为首的一些学者又提出了一种全新的频域控制理论，其主要特点是不限制控制器的结构，首先将保证反馈系统稳定的所有控制器表达为一个自由参数的函数，然后在此基础上对控制性能进行优化，属于频域的最优控制，而且无论是SISO还是MIMO系统，也无论是连续时间系统还是离散时间系统，分析与设计方法是统一的。其主要缺点是：最优化以后缺乏有效的调整参数，如果实际性能不尽如人意，还要调整相关指标，重新设计。

（2）鲁棒控制

所谓"鲁棒"二字，源于英语的"Robust"，意思是"强健的"，"鲁棒"是音译与意译相结合的一种翻译。说系统具有"鲁棒性（Robustness）"，是指系统在存在模型误差或受到扰动等各种不确定性因素影响的情况下仍能保持良好的性能，而"鲁棒控制（Robust Control）"则是使系统具有良好鲁棒性的控制。鲁棒控制的概念实际上并不新鲜，在经典控制理论里就有所体现，只是没有专门研究这个问题。一直到1976年，"鲁棒控制"一词才首次被正式使用，1980年以后，针对鲁棒控制的研究进入了高速发展期，直到今天仍然是研究热点之一。鲁棒控制是专门针对实际系统的不确定性提出来的，其目标主要是解决以下3个基本问题：

1）鲁棒稳定性（Robust Stability）。稳定性是对系统最基本的要求，对于不稳定的系统，其输出或其他变量就会产生不希望的振荡或变得越来越大（发散），从而造成系统失控和设备损坏，无法正常工作。鲁棒稳定性则指系统在存在模型误差的情况下，控制器也能保证闭环系统是稳定的。

2）鲁棒跟踪（Robust Tracking）。鲁棒跟踪属于控制系统的稳态性能，意思是系统即使存在模型误差和外部扰动，控制器也能使系统的输出信号跟踪期望信号，并最终与期望信号完全一致。

3）鲁棒性能（Robust Performance）。鲁棒性能属于控制系统的动态性能，即达到稳态之前的调节性能。设计控制系统通常是根据受控对象的模型来设计控制器，在模型准确且不考虑扰动的情况下，系统能够实现的理想性能称为"标称性能（Nominal Performance）"或"名义性能"，"鲁棒性能"则指即使模型不准确且存在扰动影响，设计的控制器也能使系统的实际性能尽可能地接近标称性能。设计过程实际上包含了优化，也属于最优控制。

鲁棒控制是一个总的称呼，研究和实现鲁棒控制的途径很多，既可以采用时域的状态空间方法，也可以利用经典及现代频域理论或其他方法。前面介绍的智能控制由于基于知识和经验，以学习、推理及定性分析为主，对系统的参数变化等不确定性不敏感，往往也具有很好的鲁棒性。另外，控制器结构及参数随系统运行状况的变化而自动改变的变结构控制和自适应控制也包含了鲁棒控制的概念。

（3）自适应控制

顾名思义，"自适应控制"就是自动适应各种情况的变化，包括受控系统特性的变化、工况的变化、所处环境的变化、扰动信号的变化等。如何来自动适应这些变化呢？首先，需要获取相关变化的信息；其次，根据这些信息去调整控制结构和控制参数，以保证系统始终处于良好的工作状态。图 2-37 为自适应控制的基本结构，一般是在常规反馈控制系统的基础上增设自适应机构，其作用有 3 点：①能够辨识对象参数及环境的变化；②能自动判断和评价系统性能好坏；③能自动调整控制策略或控制器参数。

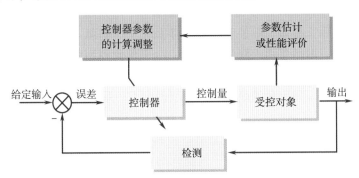

图 2-37　自适应控制的基本结构

自适应控制的概念早在 20 世纪 50 年代就提出来了，严格来讲并不"新型"，但其控制思想属于"以变应变"，理念是很先进的。自适应控制对于实施的硬件要求比经典 PID 控制高得多，通常要借助于计算机，所以初期的发展受到限制，20 世纪 70 年代以后才进入其发展的高潮期，至今已产生了多种方法，但常用的主要有以下 3 种：

最简单的一种是增益预调控制（Gain Scheduling Control），其基本思路是找出系统各种工作状态与控制器参数之间的对应关系，事先就计算好，并做成一个查询表，存入计算机，控制的时候要不断检测系统的工作状态，并按查询表相应地改变控制器参数。之所以叫"增益预调控制"，是其早期只调控制器的增益，但显而易见的是，该方法可以扩展为调整控制器的所有相关参数。增益预调控制的优点是自适应结构简单、调节迅速，最早用于飞行控制，以适应高度和速度的变化。

第二种是自校正控制（Self-Tuning Control），其自适应机构实际上是由参数估计和控制器设计及调整两个部分组成的。参数估计是采集受控系统的输入/输出数据，并根据这些数据不断修正受控系统的模型参数，使其始终跟随实际系统的变化；控制器是依据系统模型设计出来的，系统模型变了，控制器当然也应随之改变，因此要重新计算出控制器的参数并相应地调整控制器。这种方法的优点是不需要新的理论和技术，只需将现成的参数估计方法（即系统辨识）与任何一种成熟的控制器设计方法组合起来即可，分析、设计及实现都比较容易，其主要缺点是参数估计比较费时，因此自适应速度较慢，当受控系统的参数变化较快时，参数估计可能跟不上，会产生较大误差。在各种自适应控制方法中，自校正控制是目前推广应用最多的，主要应用于变化较缓慢的各类生产过程。

第三种是模型参考自适应控制（Model Reference Adaptive Control）。"2.3.4 神经网络控制"一节中介绍过基于神经网络的模型参考自适应控制，一般情况与此类似。在给定输入的作用下，参考模型产生的输出就是期望输出，与期望输出进行比较后产生的误差就是进行自适应调整的依据，而调整目标是尽可能地减小该误差，这样实际输出就能趋近于期望输出。模型参考自适应控制的优点是无须计算量较大的参数辨识，也不需要重新设计控制器，因此自适应速度较快，可应用于飞机的自动驾驶等变化较快的随动系统，缺点主要是自适应机构的设计比较复杂，而且缺乏统一的方法，性能分析也比较困难。

（4）预测控制

很多控制方法都是由研究控制理论的人提出来的，但预测控制不同，它直接来源于工业过程的控制实践，是由工程第一线的两位工程师（美国和法国）在1980年前后分别独立提出来的，属于实用性很强的一种新型计算机控制算法，也是最具代表性的先进控制方法之一，并已成功推广应用于很多工业控制领域，涉及化工、造纸、冶炼、电力、航空、汽车、食品加工等众多行业，取得了引人瞩目的业绩。由于预测控制的原理简单，控制效果良好，又具有较强的鲁棒性，因此引起了控制领域很多专家学者的关注。他们对预测控制进行了深入研究，分析其为何有如此出色的表现，并相继提出了一系列改进和扩展方案，进一步推动了预测控制的研究和应用。

图2-38为预测控制的基本结构，它包含3个部分。首先是"模型预测"，也就是基于受控系统的模型进行预测，模型代表了对受控系统的认识和了解，没有模型是不可能预测系统行为的，而所谓"预测"则是要建立受控系统的控制输入与未来的输出之间的关系式，也就是要搞清楚改变当前的控制量会如何影响系统未来的输出值。其次是"反馈校正"，由于实际系统与其模型之间总是存在误差，而且会受到各种扰动影响，因此实际输出与预测的输出不可能完全一致，单纯基于模型来预测系统行为会产生误差，为了减小预测误差，就利用检测到的实际输出值与之前预测的输出值进行比较，并依据该误差信息来修正模型预测值。所以，反馈校正的实质是利用当前及以前时刻的预测误差信息来估计未来的误差，属于对误差的预测。最后是"滚动优化"，将反馈校正后的预测输出与期望的未来输出进行比较，优化目标是使两者在各种约束条件下（如控制量、输出量不能超出某一范围等）尽可能地接

近，并由此计算出所需要的控制量；之所以称为"滚动优化"，是因为每一时刻的优化都只考虑未来有限的时间长度，而且随时间滚动向前。

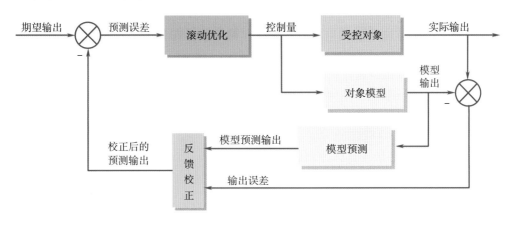

图 2-38 预测控制的基本结构

预测控制主要有以下特点：

1) 有限时域优化，即每步优化都只考虑未来有限的时间长度，计算量有限，因而可以在线实时地进行计算（一般的控制方法设计控制器实际上考虑了未来无限时间长度，所以只能事先计算好再实施）。

2) 模型预测所采用的模型可灵活选用，如阶跃响应（突加一恒值输入时系统的输出响应）、脉冲响应（脉冲输入时系统的输出响应）、基于采样时刻的输入/输出时间方程、非线性输入/输出方程、模糊语言模型、神经网络模型等。

3) 由于控制策略（反馈校正和优化计算）直接表达为算法（计算机的计算步骤）的形式，因此其选取灵活多样，既可以是线性的，也可以是非线性的，滚动优化既可以针对一些常用的性能指标，用解析的方法一次性求出最优解，也可以针对其他性能指标，利用数学规划方法，通过数值计算来寻找最优解。前者的优点是在线计算量小，而后者则可以统一考虑各种约束条件。另外还可以结合智能控制等其他方法。

4) 设计过程直观，物理意义清楚，调节参数少，调整方针明确，鲁棒性强，且可用于时间滞后很大的系统。

5) 存在的主要问题是：正因为控制策略直接表达为算法，且多种多样，常常超越了线性范畴，因此理论分析较困难，尚无全面而系统的分析结果。

（5）大系统控制和复杂系统控制

电力系统、城市交通系统、网络系统、制造系统、经济系统等很多需要控制的系统具有规模大、变量多、建模难、非线性、时滞大、关联强等特征，且相关的约束条件多，控制目标往往也不止一个，因此控制难度相当大，用一般的方法常常难以满足要求，这就需要采用新的思路、寻求新的方法。

对于规模较大的系统，通常要利用分解协调的方式来进行控制，即分解为多个子系统，再统一协调各个子系统的控制。例如，城市交通系统是一个很庞大的系统，每个路口的交通状况是相互关联的，传统的控制方式是独立控制各个路口的红绿灯，且通常采用定时切换方法，效果当然不可能好。现在更先进的控制方式是采用智能控制方法动态地切换红绿灯，以最大限度地增大道路通行量；为了解决各个路口之间的配合问题，实现"绿波控制（即一路绿灯）"，需要在控制结构的上层设置一个协调机构，对各路口的红绿灯控制进行统一协调处理，包括对交通信息的综合分析、处理及决策，对各路口的指令信号和控制参数的调整与优化等。这样的"智能型"城市交通管理及控制系统已经在国内外有了较多的应用，并在不断地扩大应用范围。

针对大系统的控制策略和方式有多种选择，一种方案是在分解为多个子系统的基础上，分别独立地控制各个子系统，称为"分散控制"方式，子系统之间可以有信息交换，也可以没有。分散控制的好处是某个子系统的控制出了问题不会影响到其他子系统，可靠性好，但缺乏统一协调。另一种更好的方案是控制执行部分分散，而管理协调功能集中，称为"集散控制"方式，既分散了具体控制部分的风险，又便于统一进行管理和协调，以实现全系统的综合最优，而不是局部最优。前面谈到的城市交通控制就属于这种模式，很多生产企业的综合自动化系统也采用这种方式。另外，还有将控制结构分为多个层次、形成一级控制一级的"分级递阶控制"，以及将大系统按功能或时间进行划分的"分段控制"等。

"复杂系统"是近年来比较流行的词汇，其内涵相当丰富，主要指系统结构复杂、规模大，有很强的时变性、非线性、不确定性以及各种无法预料的扰动。简单地讲，所有控制难度大的系统都可以看作复杂系统，包括大系统。

复杂系统的控制问题是近年来研究的热点，前面介绍的各种先进控制理论和方法实际上主要都是针对复杂系统控制的，但都有各自的局限性，只能应用于某种复杂程度的系统，而且系统性能的改善也比较有限。很多情况下，要有效地控制好复杂系统需要综合运用多种控制模式、多种控制方法和其他相关技术。各种方法和技术的综合集成应当是解决复杂系统控制问题的有效途径，是一个很有价值的研究方向，实际上也反映了当前的发展趋势。

复杂系统的控制除了要处理各种时间变量外，通常还需要处理图像、文字、语音等信息，这就要用到相关的信息处理技术；反馈信息往往来自不同的渠道、具有不同的形式，这就要用到各种信息检测与识别技术、多传感器信息融合技术等；在信息较丰富的情况下，要进行综合分析、判断及决策，传统的求解数学方程的方法可能"英雄无用武之地"，必须借助于人工智能技术和智能控制方法来解决问题，有时还应充分利用人的智慧，把人也看作智能系统中的一个环节，人机结合去完成任务，而不是追求完全的"无人化"；在控制手段上，单一的控制方法可能难以奏效，往往需要多种形式、多种方法的结合。例如，在控制结构上采用执行层的常规控制与协调及决策层的智能信息处理相结合；在具体的控制方法上采用 PID 控制、预测控制等与自适应及智能控制相结合、智能控制与其他控制方式相结合等；在控制模式上可以在一般情况下采用负反馈，需要快速反应时采用短时的正反馈，有时又不用反馈而只用前馈等。

总的来讲，复杂系统的分析与控制是一个系统工程，涉及多个学科及领域的知识和技术，需要各方面的密切配合，仅仅依靠控制理论是远远不够的。近年来，计算机科学与技术、各种传感器与检测技术、人工智能技术、模式识别技术、图形图像处理技术、文字语音识别技术、从海量数据中找出有用数据的数据挖掘技术、多传感器信息融合技术、物联网技术等相关领域的科学技术发展迅猛，从而给复杂系统控制提供了良好的机遇和条件。尽管复杂系统控制迄今尚处在发展和探讨过程中，有很多问题尚未解决，但在面临众多挑战的同时又酝酿着新的突破，因此必将迎来新的发展高潮。

第 3 章

自动化的典型应用

虽然自动化的产生和发展与工业化关系密切，但由于其包含了信息论的基础、控制论的思想和系统论的观点，因此其内涵相当丰富，外延不断拓展，应用范围非常广泛，不仅涉及工业、农业、交通、国防、航空航天等工程领域，而且还扩展到商业、医疗、家庭、服务业、社会经济等各行各业，小到分子、电子乃至粒子的检测与操控，大到气象预测、地质构造、天体运行等，几乎无孔不入、无所不包，因此不可能在仅仅一章的篇幅里面面俱到地阐述自动化的应用状况，实际上也没有必要这样做。本章的主要目的是通过介绍一些典型领域和热点领域的应用情况，使读者对自动化应用的核心内容、关键技术、发展趋势、面临的主要困难等能有大致的了解，并从中领悟一些东西、思考一些问题。

3.1 家庭自动化

在自动化应用领域里，"家庭自动化（Home Automation）"应当是最贴近人们日常生活的，与人们关系最为密切的。谈到"家庭自动化"，很多人可能都会联想到家里的空调、冰箱、洗衣机、吸尘器、微波炉、计算机、宽带网、移动通信等电器和设备，尽管这些装置确实属于"家庭自动化"的组成部分，但远远不是全部。"家庭自动化"的内涵要比这丰富得多，未来的发展空间非常广阔、发展前景极为诱人。

3.1.1 家庭自动化的基本概念和发展概况

与"家庭自动化"含义相近的说法还有"智能家居（Smart Home）"、"数字家园（Digital Family）"、"网络家居（Network Home）"、"电子家庭（Electronic Home 或 E-home）"等，而在各种媒体上使用频率最高的词汇往往是"智能家居"或"智能住宅"。每种说法的侧重点虽然有所不同，但实际意思大同小异。

随着生活水平和消费能力的提高，人们开始追求更高的生活质量和更舒适的生活环境，自动化及智能化的家居越来越受到人们的青睐。在生活与工作节奏越来越快的今天，实现家庭自动化不仅可以减少繁琐的家务，节省时间，提高效率，使生活更为惬意、轻松和安全，而且能够全面提高生活质量、改善生活品质，让人们有更多的时间去休息和休闲、去学习和提高、去做更具创造性和挑战性的事情。

那么，家庭自动化主要指什么呢？就其总体目标而言，是要给人们创造一个安全、高效、便捷、优雅、舒适、节能和环保的居住环境；就其技术手段而言，是要充分利用计算机、通信、检测、人工智能、自动控制、机器人等现代科技，通过对环境的自动监测、对信息的综合处理和对各种服务功能的优化组合来有效地管理和控制家中的各种设备，使其更好地为人们服务；而在内容上则主要分为家庭生活服务的自动化和家庭信息服务的自动化两大类型，几乎涉及家庭生活的每个细节，包括照明、采光、通风、气温调节、安全监控、医疗保健、家务劳动、家政管理、电子商务、休闲娱乐、花草及草坪浇灌等（见图3-1）。

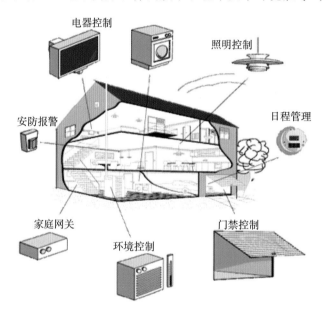

图3-1　家庭自动化系统

家庭自动化最简单、也是最容易实现的形式就是单独控制每个设备，如冰箱、空调、洗衣机、计算机及网络等。实际上，我国的大多数家庭目前都停留在这个水平上，但随着信息技术的发展、各种有线和无线网络的普及，网络技术在家庭自动化系统中得到普遍应用，网络家电/信息家电不断成熟，很多智能化和网络化的功能将不断被融入到新产品中去，从而使得单纯的家庭自动化产品越来越少，其核心地位也将被家庭网络/家庭信息系统所取代，原来功能单一的产品将作为网络化系统的一个有机组成部分在家庭自动化系统中发挥作用，网络化已成为家庭自动化的重要特征之一。

网络化不仅指家庭的电气设备可以和电话网、移动通信网、互联网、电力网等外网连接，也指各种不同的设备可以相互连接起来，构成内网，因此人们就可以方便地在家中的任意一个地方对这些设备进行设置和控制，也可在外面通过手机、电话、计算机等向家里的设备发送指令，实现远程控制。

有这样一个典型而生动的例子：2006 年年底，有一个巴西商人依靠先进的互联网科技抓获了企图洗劫他家的窃贼。这名商人名叫佩德罗，案发时，他正在德国参加贸易谈判，突然家里的红外线防盗装置通过手机告诉他家里来了"不速之客"。佩德罗马上打开随身携带的便携式计算机上网，计算机屏幕上显示家里摄像头拍下的陌生人的活动图像，他便立刻报警。警察很快就赶到了佩德罗的家，将小偷抓了个正着。

在网络化的基础上，各种数据、信息和功能可以共享，很多设备可以合并，例如一个红外探头的检测信息，既可以用来触发防盗报警装置，也可以用来控制灯光；家里的电视、空调、DVD、音响、微波炉、电饭煲等通常都各有各的开关和操作界面，而在网络化家庭中，只用一个遥控器，就可以在居室的任何地方操控所有家用电器，包括家用计算机；显示屏既可以用来看电视，也可以用于计算机，还可以用于可视电话等。基于网络化和数字化的家庭自动化系统可以融入更多的人工智能手段，使系统越来越"聪明"，自动化程度越来越高。"网络化"、"数字化"、"智能化"和"自动化"是家庭自动化系统发展的大势所趋。

家庭自动化技术的发展已有 30 多年的历史。日本的一些公司最早提出了"家庭自动化"这一概念，于 1978 年提出了家庭自动化系统的基本方案，并于 1983 年发布了住宅总线系统（Home Bus System）的第一个标准。美国于 1979 年推出了实用性很强的 X10 系统，利用每个家庭都有的电力传输线进行数据传输和设备互联，可以"即插即用"，因而得到了迅速推广，产生了较大的影响，并在其后针对住宅网络与控制制定了一系列标准。欧洲、东南亚的新加坡、我国等很多国家都相继开展了家庭自动化或智能家居的研究，推出了多种标准、技术和产品。我国家电市场已出现了可用电话遥控开机的空调器、电饭煲等网络家电产品以及完全无需人操控的全自动吸尘器等，引起了市场的关注。在很多城市还出现了智能示范小区，将智能化系统引入家庭，利用综合布线将各种设备连成网络，电话、电视、计算机三网合一并入户，一般都能够提供家庭防盗、燃气水电三表自动抄送、远程家庭医疗看护、远程监控家电和数据、图像传输等功能。据国外报道，计算机控制的"机器人厨师"也已经出现，它兼具煎、炒、煮、烧等功能，是一件非常精密的厨房高科技产品。使用时只需把所有切好的食物材料装进去，将食谱记忆卡插入，这个"厨师"就可以精确地自动烹调出一道道美味佳肴。另外，有些国家已研制出了家用机器人，它可以代替人完成端茶、值班、洗碗、扫除以及与人下棋等工作。家用机器人与一般的产业机器人不同，它应当是智能机器人，能依靠各种传感器感觉所处环境，能听懂人的命令，能识别三维物体，具有灵活的多关节手臂等，但这种机器人要真正进入家庭尚需时日。总而言之，由于家庭自动化面向千家万户，具有极大的市场发展潜力，因而竞争非常激烈，发展也异常迅猛。

目前最有代表性的智能家居是微软创始人比尔·盖茨（Bill Gates）的高科技住宅——"未来之屋"（见图 3-2）。这个耗费巨资、花费数年建造起来的湖滨别墅，堪称当今智能家居的经典之作，被誉为"世界上最聪明的家"。在这座房子里，共铺设了 83 千米的电缆，分布着长达几千米的光纤数据线。它们将房内的所有电器设备连接成一个标准的家庭网络。同时，房间内外到处都装有各种类型的传感器（检测装置）以及可以触摸、感应的开关，并由计算机统一协调地控制着房间的灯光、通风、温度、湿度以及音乐等。大部分设备都是完全自动地运行和进行调节，当然在需要时也可以进行人工干预和操作。

住宅大门外装有气象情况感知器，可以根据各项气象指标，自动控制室内的温度、湿度和通风。地板中遍布的传感器在感应到有人到来时自动打开照明系统，并根据外面光线的强

图 3-2 比尔·盖茨及其"未来之屋"

度自动调节房间内的灯光亮度，在人离去时自动关闭。

智能化程度最高的部分首推会议室，这个房间可随时高速接入互联网，24 小时为盖茨提供一切他需要的信息。盖茨可以随时召开网络视频会议，商议大事。同时，室内的计算机系统还可以通过遍布在整个建筑物内的传感器网络，自动获取和记录所有信息和发生的情况。

每一位客人在跨进盖茨家时，就会领到一个内设微芯片的胸针，这是所有访客体验这座科技豪宅都必须配备的。通过胸针与中央计算机及控制系统的信息交互，可以随时显示客人所处的位置，并根据客人的喜好自动调节室温、音响、灯光及影视系统等，而且无论客人走到哪里，设置好的一切会"如影随形"。所有这些神奇的功能都是由中央计算机系统自动控制的，不需要任何人拿起遥控器来进行设定。

在安全保障方面，门口安装有微型摄像机，除主人外，其他人欲进入门内，必须由摄像机"通知"主人，由主人向计算机下达命令，大门方可开启。当主人需要就寝时，只要按下"休息"开关，设置在房子四周的防盗报警系统便开始工作；当发生火灾等意外时，住宅的消防系统可通过通信系统自动对外报警，显示最佳避难方案，关闭有危险的电力系统，并根据火势自动进行供水分配。

除此之外，厨房内装有一套全自动烹调设备，卫生间里安装了一套用计算机进行控制、可以随时检测主人身体状况的智能马桶，如果发现主人身体有异常，计算机会立即进行提示或发出警报。房间里的大部分自动化设备都可以通过有线或无线网络进行远程控制，主人在回家途中只需通过手机就可遥控家中的一切，包括开启空调、简单烹煮、让浴池自动放水和自动调温等。

比尔·盖茨的"未来之屋"可以说是现代最新科技与家居生活的一次典型对接，尽管它对于普通家庭而言，是名副其实的"未来之屋"，但其中一些局部的功能已经开始进入普通人家，"未来之屋"对普通民众而言已不再那么遥远。

3.1.2 家庭自动化的主要功能和特点

总的来讲，家庭自动化需要利用先进的计算机技术、网络通信技术、综合布线技术、检测与控制技术等，将与家居生活有关的各种子系统有机地结合在一起，构建服务、管理和控制为一体的高效、舒适、安全、便利、环保的居住环境。

现代家庭自动化系统应当能够提供全方位的信息交换功能，并体现人与居住环境的协调，住户能够随心所欲地控制室内的居住环境以及与外界的交流和沟通。因此，家庭网络是最基本的条件，相当于住宅的"神经系统"。它不仅能够使各种设备相互连接，相互配合，协同工作，形成一个有机的整体，而且通过网关与住宅小区的局域网和外部的互联网相连接，并通过网络提供各种服务和实现各种控制功能（见图3-3）。

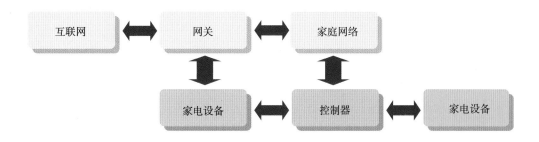

图 3-3　家庭自动化系统的基本结构

从整体上看，家庭自动化系统相当于一个中等规模、比较复杂的反馈系统，包含多个子系统，需要大量的传感检测装置来采集数据、获取信息，并传送给计算机，计算机对这些数据和信息进行分析、计算、判断和处理后，实施相应的控制动作或做出相应的反应。实现了网络化、智能化和自动化的家居将不再是一幢被动的建筑，而是主动为主人服务，帮助主人充分利用时间的智能化工具。

家庭自动化系统实现的功能可以归纳为以下 4 类：

1. 安全监控及防灾报警自动化

出于对自身及财产安全的考虑，家居的安全性是人们最基本的一项需求，而全自动的安全监控及报警装置可以使人们在家里"高枕无忧"，一种较典型的家庭安全监控系统的组成如图 3-4 所示。通过微型摄像头、红外探测、开关门磁性探测、玻璃破碎探测、燃气探测、火警探测等各种检测装置的信息采集，可以全天 24 小时自动监控是否有陌生人入侵、是否有煤气泄漏、是否有火灾发生等，一旦发生紧急情况就立即进行自动处置和自动报警，及时关闭燃气阀门，自动喷水，并向小区物管和警方报警，也可以通过手机向房主报警。房主还可以通过网络在外面任何地方随时监控该安全系统，并在需要时查看住宅内部及周围的视频信息。门禁系统可以采用智能卡或每个人特有的指纹识别、眼睛虹膜识别等手段，这样房主进出门都不必携带钥匙，其他人也不可能复制钥匙，安全性很高。

2. 家电设施自动化

家居自动化的一个显著特点就是能根据住户的要求对家电和家用电器设施灵活、方便地实现智能控制，更大程度地把住户从家务劳动中解放出来。家电设施自动化主要包含两个方面：各种家用电器与设施本身的自动化和各种设备进行相互协调、协同工作的自动化。下面举几个例子来进行说明。

真正全自动的洗衣机可以辨别洗衣量、衣服的质地及脏的程度，并根据这些信息自动确

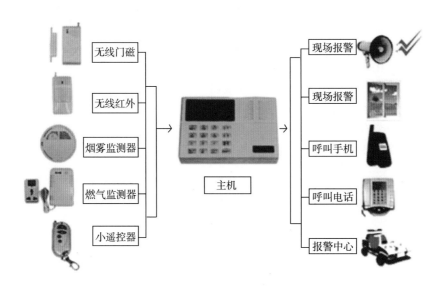

图 3-4 家庭安全监控系统的组成

定洗衣粉的用量、水位高低、水的温度、洗涤时间和洗涤强度，人们需要做的只是把衣服扔进去就什么也不用管了。另外，如果洗衣机属于可以联网的信息家电，并内置有各种传感器和监视器，还能自动进行故障诊断，发现问题并给出处理建议，也可以通过网络将信息传送给厂家的客户服务中心，对问题进行判别和处理。这样的话，洗衣机的保养维护问题基本上无需使用者操心。

自动化程度高的智能冰箱不仅能够通过调节制冷强度来自动保持温度恒定，还可以通过安装在冰箱上的条形码扫描仪、触摸屏和计算机控制系统，自动显示冰箱内的食品数量，当某种食品减少到一定程度时，就会"提醒"主人，并可通过网络向网上商店采购，主人在回家前也可以通过网络或手机查询冰箱内存储的食品是否充足，以便决定是否需要购买。

传统微波炉的输出功率是不可调节的，因此，加热过程中，所谓的火力调节只是通过电源的不断开通与关断来控制温度的平均值，而能够变频的微波炉则通过导入变频电源，可以自如地调节输出功率，实现真正的火力调节，更加接近明火烹饪，从本质上改善了微波发射的均匀性。在此基础上还可以实现"智能感应"和"智能控制"功能，不需人为设定时间和火力，炉内感应器根据食物的实际烹调状况，自动选择食物最佳的烹调时间和火力，使烹调更为简便。与网络相联的微波炉还可以进行远程控制，通过互联网或移动设备可以在任何地方向其发出开始加热的指令，也可以从互联网下载菜单，并根据菜单和食品的相关信息，决定烹饪方式、加热温度及加热时间。像这样智能化的微波炉以及其他现代化的厨房设备可以使人们轻而易举地享受"美食"。

对于网络化的家用电器和电气设施，既可以直接在住宅里进行设定和输入控制指令，也可以在外面通过电话或计算机进行远程控制和设定，还可以通过网络与生产厂家的技术支持服务器相联通，获得故障诊断、软件升级等技术服务。人们可以在前一天晚上就设定好第二天的家电工作程序和时间，也可在外面通过网络临时调整或变更已做好的安排。通过设置，网络化智能家电控制系统可以在下雨时自动关闭窗户、自动收拢晾衣架，在主人下班回家前自动开启空调，自动烹调食物等。图 3-5 是一种网络化智能家电控制系统的示意图。

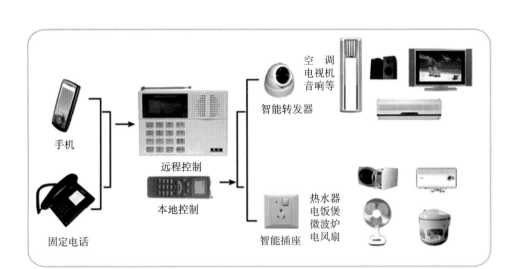

图 3-5　网络化智能家电控制系统

家电自动化系统除了上述作用外，还应当可以提供丰富的系统关联功能，使不同的系统能够协同工作。例如，当准备看电视时，一打开电视机，客厅灯光就自动调到适当的亮度，窗帘自动拉上；当有电话打入时，控制系统将电视机或音响的声音自动调小；当家中来客人时，灯光将自动调亮，音响将自动播出欢快的乐曲等。

3. 环境调节与节能自动化

自动化的家居应当能够自动监测室内的温度、湿度、亮度等环境状态值，并根据住户的需要和习惯进行调节控制，在不需要时，能源消耗装置可以自动关闭，这样做不仅能使生活空间更加舒适，又能节约能源，降低使用费用。例如，照明控制系统可以根据室内的光线强度和住户的要求自动调节灯光的亮度，并在有人时自动开灯，无人时自动关灯。对空调的控制，可以根据情况自动开启或关闭系统、自动进行预热或预冷，还可以根据室内温度和湿度情况转为低耗运行。当检测到外面温度适宜，不需要使用空调时，可以自动关闭空调，并将窗户打开到最合适的程度等。

4. 信息服务自动化

自动化家居的通信和信息处理方式更加灵活、更加智能化，其服务内容也将更加广泛。通过将住户的个人计算机和其他家电设施连入局域网和互联网，充分利用网络资源，可以实现从社区信息服务、物业管理服务、小区住户信息交流等局域网功能到访问互联网、接收证券行情、旅行订票服务、网上资料查询、网上银行服务、电子商务等各种网络服务。

人们可以不受时间和空间的限制，自由自在地在家办公、炒股、"逛街"、购物、存取款和转账，可以结合家庭影院实现在线视频点播、交互式电子游戏等。在条件具备的情况下，还可以实现远程医疗、远程看护、远程教学等功能，并可在家里与客户进行业务洽谈、处理各种事务、召开远程视频会议或进行生产调度和指挥，真正实现足不出户就完成自己要做的事情。

通过联网，可以对水、电、气、电话以及网络等的使用实现自动计量、自动抄表和自动收费，在出现异常现象或余额不足的情况下可以自动地提醒房主，给住户带来很大的便利，也减少了物业管理工作量。

3.1.3 未来的家庭自动化

从目前的科技水平和发展趋势看，家庭自动化系统会持续地高速增长，新技术、新产品会不断出现并投入应用。

可以想象一下，未来高度自动化的家居生活会是怎样一个情景。

清晨，当你还在酣睡时，家里的很多电气设备已经自动开始工作了，为你准备洗浴热水和早餐。到了起床时间，电子时钟会用一首轻快动听的乐曲唤醒你，自动窗帘缓缓拉开，暖暖的阳光照入卧室。洗漱完毕后，电动健身器材会"招呼"你去健身锻炼，你的健康指数会随时显示在健身器材上，提醒你加强身体某个部位的锻炼。当你大汗淋漓地走进浴室时，浴室的照明设备自动启动，温度适宜的热水已准备好，水温还可根据你的需要随时调节。洗浴完毕，美味可口的早餐已经在等着你了。在你用餐时，音响或影视系统会根据你的爱好自动播放音乐、天气预报或早间新闻。

出门时，语音装置会向你提示一天工作日程安排及应携带的物品。当你离开后，系统会自动关闭不需要的电源，还会自动检查水和煤气的安全性，并启动防盗报警装置。数字门锁会"忠实"地为你把守大门，它可以根据声音、长相、人体气味等识别家人，决定是否开门。当你不在家时，基于中央控制系统的"虚拟管家"会为你管理一切事务，包括安全防范、洗衣服、给花草浇水施肥、通过服务机器人自动打扫房间卫生、检查食品及日用品是否充足并通过网上订购等。

无论你在哪里办公或出差，打开手机或计算机就可以知晓家中的全部情形，可以核实空调是否已经关闭、所需物品是否已经采购、住宅内是否安全等。一旦家中有"不速之客"或发生意外事件，系统便会"全程跟踪"，并发出警报，通知主人及相关部门进行处理。下班回家的途中，你只需通过手上的移动电话或掌上电脑向家里的电器发出指令，相关的电器设备就会开始有条不紊地工作。空调器先清洁室内空气并自动把室内温度调到最佳，在天色已晚时自动窗帘会徐徐拉上，电饭煲、微波炉等厨房设备开始准备晚餐。

当你下班回家，大门会自动打开，室内照明会自动开启，亮度适宜；居室的温度、新鲜空气量和空气洁净度早已自动调到令你满意的程度，让你感到舒适温馨；家门口的自动储物箱会提醒你网上订购的蔬菜和日用品已经送到。晚餐已经准备好了，如果你还想增加点什么，只需打开智能炉灶，"告诉"它想吃什么，它马上会显示所有原料的清单及制作的方法步骤，你可以亲自下厨去做，也可以只是简单地准备一下，自动烹调设备就会很快把菜做出来。

同现在相比，未来的家庭自动化系统将发生很大变化。家庭网络将贯穿整个家居，大大小小的家用电器都是真正的信息家电，甚至每个电器、感应模块和操作终端以及其他住宅设施都有单独的网络识别地址，方便访问和记录事件。许多原来功能单一的家电产品，如电视、音响、电饭煲等都已融入到信息家电系统中，由家庭中央控制系统统一安排和处理各个应用终端。未来的电视机和计算机显示器没有区别，将只是一个显示设备，其他功能都由家庭网络中的专用模块来完成。所有功能模块都相当于家庭自动化系统中的一个零部件，相互配合、协同工作，形成了一个有机的整体。

这样构建的自动化系统将更加智能化、更具人性化，给人们带来更多的方便和舒适。人们可以只用一个带图文菜单的小巧遥控器，通过无线技术，完成对所有家电以及窗帘、浴室设施、报警监视器、照明系统等的控制。安全防范系统将防盗、防火、防有害气体泄漏等功能融为一体，实现全方位防范功能。无论你身处哪个房间，也无论你在室内还是室外，都可以尽情地享受快速、便捷的网络通信。中央处理器可以通过计算机视觉、语音识别、模式识别等技术，配合人的身体姿态、手势、语音及上下文等信息，判断出人的意图并做出合适的反应或动作，真正实现主动、高效地为主人服务。若有电话打进来，"电话管家"会代你接听，并只在你所处的位置附近通过声音或显示屏提醒你，如果你在看电视，电视会自动降低声音。当你回到家里，自动化系统在大门打开的同时会解除室内的防盗报警状态，开启照明系统、音响或电视机。

人们打电话时，通常要根据对方所在场合拨打家中、办公室或手机等不同的号码，而未来的电话，每一个人只有一个号码，无论对方身处何地，只要拨打这个号码都能找到对方。如果是外国友人打来电话，只要讲的是属于世界上最常用的几种语言，电话会自动充当翻译，你只需讲普通话，双方都能无障碍地沟通。

今后人们出门也许什么证件和钥匙都不用带，个人身份识别系统已经电子化和网络化，能根据你的声音、指纹、掌纹、虹膜、DNA、相貌特征等识别你的身份，个人身份识别终端遍布全球每个角落。社会医疗、保险、个人理财、就业、进出门、乘坐交通工具等也都基于这个识别系统。有了这个识别系统，无论你在家里还是外出，都不用担心安全问题。

家庭网络化和数字化的迅速发展，将会使在家办公的人越来越多。未来的家庭就是公司办公场所的延伸，你的小书房其实就是公司的一个办公终端。你可以在家一边照看孩子，一边工作；可以一边逗宠物，一边工作；还可以一边看电视，一边工作。你不会因此而影响同事，重要的是你的工作业绩。你的健康状况，如血压、心跳、脉搏及体温等数据，可以随时通过连接个人计算机的健康监视终端传送给医疗机构，还可以和医务人员进行视频交流。不断出现的新技术和新产品将使工作效率越来越高，例如修改稿件不用手工操作，不必敲击键盘，在你念稿子的同时，语音识别系统会自动按你的心愿把稿子修改到位。未来有可能出现的思维集成芯片会自动把你的思路按最佳方案整理并显示出来，使在家办公的你如鱼得水。

在未来的自动化家庭中，上学的孩子每人身上都将配备一只隐藏着的电子警报器，若有陌生人接触孩子，电子警报器会自动报警，并及时记录陌生人的面部图像和声音，反馈到家庭控制中心或相关部门。孩子被劫持时，电子警报器会随时定位，向家庭控制中心或相关部门指示方位，以便家长和警方可以尽快行动。

未来的智能机器人将成为家政服务的最佳人选，智能机器人不仅给主人干活，而且还具有模拟人脑的部分思维和功能，可以进行学习、记忆、分析、识别、判断等。未来的智能机器人不仅可以识别家人和陌生人，确保住宅的安全，而且可以和你下棋、做游戏；当你生气时，它还可以逗你开心，排遣心中的郁闷。

3.1.4　家庭自动化发展过程中值得注意的问题

家庭自动化技术经过数十年的发展，已初具雏形，展现出了诱人的前景，令每一个家庭都心驰神往。然而时至今日，虽然很多家庭已经实现了网络化，但离真正的智能化和全面的自动化还有较大的距离，基本上停留在单机运行状态，各个子系统尚未形成有机的整体。造成这一局面的原因很多，例如各个公司各自为政、标准不统一，开发的产品有的成本太高，有的操作不够简单、维护困难等，但最大的问题还是产品的价格和实用性。要使家庭自动化在一般的家庭真正普及起来，就必须考虑老百姓的经济承受能力，注重产品的经济实用性，不能变相为"有钱人的游戏"，人"举手之劳"就能完成的事情就没有必要自动化，应当只让真正需要自动化的事情实现自动化。除此之外，在产品设计阶段就应充分考虑人的作用，不应当将人完全置身于家庭自动化系统之外，一切事情都由自动化系统代劳，这样做必然会导致成本攀升到大部分家庭都无法接受的程度，而且也不利于人的身心健康。人应当与自动化系统融为一体，作为其中的有机组成部分去发挥自己的作用。

家是人们居住的地方，在发展家庭自动化的过程中，应当特别重视环保与健康、人与电器的和谐等。一方面要注意保持居住环境的温馨与安静，不能将家变成一个充满机器和嘈杂的地方；另一方面在充分享受电磁波带来的方便的同时，也要注意避免它的负面效应。当电磁辐射达到一定强度时，将导致头疼、失眠、记忆衰退、血压升高或下降、心脏出现异常等症状，所以应该注意防止由于电磁辐射的"叠加效应"而影响到人们的健康。

尽管在推广和普及家庭自动化方面尚存在诸多问题，但家庭自动化技术一直在不断演变和发展，推动其发展的主要动力是微电子技术、计算机技术、网络技术、人工智能技术、自动控制技术及各种传感与检测技术。这些相关领域自身的发展一直非常迅猛，产品不断更新换代，成本却不断降低，大多数家庭都切身感受到了这些变化带来的好处。所以，可以相信，未来没有实现智能化和自动化的住宅将像今天不能上网的住宅那样不合潮流，每一个普通家庭的自动化系统都会逐步升级换代，并在不远的将来全面实现网络化、智能化和自动化。

3.2 汽车中的自动化系统

在飞机、轮船、火车、汽车等诸多现代交通工具中，汽车无论在社会拥有量、使用的频繁程度或使用的方便性上，都处于极其重要的地位。随着现代科技的迅猛发展，新材料、新结构和新技术不断被运用到汽车上，特别是电子、信息和自动化技术，使汽车的动力性、安全性、经济性、舒适性、易操作性、排放性等得到全面改善和大幅度提升。据统计，20世纪80年代初，汽车上的电子设备还只占整车成本的2%左右，而目前各种电子控制装置的成本已平均占到整车成本的25%左右，高档轿车甚至会达到50%左右，而且还在继续提高，一辆中高档轿车上通常装有几十个微处理器，使汽车综合性能达到了无与伦比的境地。汽车的特征和性质已发生巨大变化，早已不再是以机械装置为主的交通工具，而是装备了大量高科技设备的机电一体化移动平台，自动化技术在汽车中扮演着举足轻重的角色，发挥着越来越重要的作用。

3.2.1 汽车自动化系统概述

1. 开发汽车自动化系统的意义

随着现代生活节奏的加快，社会的汽车拥有量快速增长，由于汽车行驶的快速性与驾驶人员处理行驶中各种各样情况的反应速度过慢的固有矛盾，道路中各种各样的情况频频发生，使得道路拥堵现象比比皆是，交通事故也时有发生，汽车碰撞、翻车等所导致的安全事故频发。如何最大限度地预防和减少交通事故的发生已经成为现代交通面临的一大难题。

除此之外，汽车的大量使用给全球石油的供应造成了极大的压力，能源危机时刻威胁着人类；同时，汽车尾气排放所造成的污染也给人类的生存环境带来了严重威胁；再加上人们对汽车性能的要求越来越高，汽车已不再仅仅是简单的交通工具，同时还是工作、生活及娱乐的工具。因此，利用信息及自动化等现代科技来全面改造和提升汽车技术是解决上述问题、满足人类生活与生存需求的必由之路。

世界各国都相继投入了大量的人力和物力从事汽车自动化装置的研制，20 世纪 60 年代就开发了晶体管点火装置，70 年代研制了基于集成电路的多种电控系统，80 年代进入了微机控制时代，90 年代及以后的发展趋势则是基于微处理器和网络化的综合自动化，控制系统由原来的单一功能控制转向各种功能的综合优化和汽车整体性能的提高，已取得了很多重要成果，开发了很多新产品，对保障汽车行驶的安全、降低肇事率、节能降耗减排等都具有重要意义。

2. 自动化技术在汽车中的应用

在现代汽车技术中，自动化技术扮演着关键的角色，其主要应用领域体现在以下几个方面：汽车发动机与底盘控制技术，汽车安全技术，汽车节能和新能源技术，汽车防污染技术，汽车乘坐舒适性技术，汽车工况信息以及道路、运营信息技术，汽车再循环技术等。已经实现的主要有以下几方面。

（1）汽车动力及传动装置自动控制

1）汽车发动机自动控制。主要包括燃油喷射装置自动控制、空燃比自动控制、怠速自动控制、点火期自动控制以及排气再循环自动控制等。

2）汽车变速器自动控制。主要包括自动变速器控制、车速自动控制、轮驱动自动控制以及牵引自动控制等。

（2）汽车车辆自动控制（或称为汽车底盘自动控制）

1）制动控制。主要包括制动防抱死系统和驱动防滑系统。

2）转向控制。主要包括动力转向自动控制和四轮转向系统。

3）悬架控制。主要包括悬架（或悬挂）系统自动控制、空气悬架、主动式悬架等。

4）巡航控制。意思是无论路况如何，都能自动保持设定的车速，无须人去控制油门。

（3）汽车车身自动控制

1）安全性。主要包括车身稳定控制、安全气囊控制系统、座位安全带自动缚紧装置等。

2）舒适性。主要包括汽车空调自动控制系统、车内噪声控制、太阳能通风装置控制、电子式仪表板、信息显示系统等。

3）方便性。主要包括电子灯光自动控制系统、无钥匙车门及车门锁定、自动刮水器、自动开闭式车窗、自动扰流器等。

（4）汽车信息传递

汽车信息传递主要有多路信息传递系统、汽车导航系统、汽车蜂窝式移动电话等。

3. 汽车自动控制系统的基本组成和运行原理

汽车中的大部分自动控制系统都属于计算机反馈控制，即根据检测到的汽车运行参数，经计算机运算后作用于执行机构，从而控制或调节汽车的运行状态。以转向、制动等的控制为例，汽车自动控制系统的基本组成结构如图 3-6 所示，主要是由传感器、控制器和执行器 3 部分组成的。传感器检测汽车发动机、变速器、制动系统、转向系统或悬挂系统等的运行状况信号，经滤波、放大等处理后，再经 A-D 转换器等转换为数字信号输送到以单片机、嵌入式系统等为核心的计算机控制器部分，将这些状态信息与给定输入进行比较判断，如果汽车实际的转向、制动等运行状况与指令的要求之间有差异，则控制器将该差异通过运算来进行控制决策，计算出应该给予执行器的控制信号并传送给执行器，从而调节汽车的转向、制动等，使执行结果与指令一致。这就是汽车自动控制系统对其运行状况进行自动调节的最基本的原理。

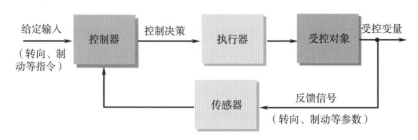

图 3-6 汽车自动控制系统的基本组成结构

4. 汽车自动控制系统设计开发的基本原则

（1）功能完备性与性能优良性

开发汽车自动控制系统的目的是为了解决汽车依靠通常的机械系统难以解决的那些难题。例如，采用制动防抱死控制系统是为了保证车辆在易滑路面上制动时的安全性；采用驱动防滑控制系统是为了保证车辆在易滑路面上行驶时的安全性；采用悬架控制系统是为了提高汽车操纵的平顺性和稳定性；采用动力转向控制系统是为了在低速驾驶或停车时增强转向力等。从功能和性能的角度说，就是要极大地提高车辆行驶时的易操纵性、平顺性、稳定性和自适应操纵能力，改善行驶能力的极限，使驾乘更加舒适。

（2）相关性与整体性

汽车上各个操作、控制环节的运行状况通常是互相关联的，如果将各个部分割裂开来设计，不考虑其相关性，可能导致预想不到的结果。例如，当利用主动悬架来减小车辆侧倾时，可能会导致四轮转向系统（4 Wheel Steering，4WS）横摆响应的减弱。同时，当利用4WS 系统来改善横摆响应时，又可能使主动悬架的侧倾收敛效果大幅度减弱。又如，在设计主动悬架时如果没有考虑到防滑制动系统可能带来的影响，则这样的系统在急刹车时将会引起车辆剧烈的上下起伏和纵向摇摆。

解决汽车自动控制系统相关性的最好办法是将汽车自动控制系统中的各个环节加以统筹兼顾，从整体的观点统一进行设计，即在各个环节的子系统上再加一级汽车车辆综合控制系统，以统一协调各个子系统，使整体性能进一步提高。

（3）层次性与协调性

将汽车自动控制系统的各个子系统按照层次进行设计，能够更好地解决整个系统的协调问题。按照这个思路，第一层次应当是人—车—环境控制系统；第二层次应当是车辆综合控制系统；第三层次的各个子系统包括动力传动装置控制系统、制动控制系统、转向控制系统和悬架控制系统等；而第四层次则是汽车前、后、左、右的 4 个悬架装置和 4 个制动装置的控制系统。

（4）随机性与适应性

汽车在行驶过程中所遇到的道路条件和气候环境有可能是大不相同的，汽车本身运行的工况也是瞬息万变的，因此，在设计汽车自动控制系统时必须充分考虑其动态性和随机性。例如，当开发悬架控制系统时，如果不考虑负荷动态变化和路面不平度发生变化时该系统的适应能力，那么该悬架控制系统就不能保证车辆达到良好的性能。

汽车自动控制系统对外界运行环境的随机变化必须要有适应能力。

（5）可靠性

汽车自动控制系统的可靠性是其生命线，没有可靠性，就没有了完备的功能和优良的性能，更谈不上什么相关性与整体性、层次性与协调性、随机性与适应性了。所以在方案探讨与具体设计中，应将可靠性列为头等重要的要素来考虑。

3.2.2　汽车中的自动控制系统

1. 发动机自动控制系统

汽车发动机自动控制系统最主要、最通用、最核心的部分即是电子控制燃油喷射系统（Electronic Fuel Injection，EFI），该装置能够实现起动喷油量控制、暖车工况喷油量控制和伺服喷油量控制。若在该系统中再增加相应的装置，则同时还能完成空燃比反馈控制（Air-fuel Ratio Control）、怠速控制（Idle Speed Control，ISC）、点火期控制（Electronic Spark Advance，ESA）和排气再循环控制（Exhaust Gas Recirculation，EGR）以及二次空气供给控制等功能。更先进的汽车发动机自动控制系统还具备智能控制、自适应控制及故障自诊断等智能功能。

电控燃油喷射系统由电子计算机，即电子控制单元（Electronic Control Unit，ECU）、进气歧管内压力传感器或节气门之前进气通道内的空气流量传感器、转速传感器以及水温传感器和电磁喷油器、冷起动喷油器等部分组成。这里的电子控制单元（ECU）相当于该系统的"大脑"，将按照发动机不同工况，综合各种影响因素，准确地计算发动机所需的燃油量，以确保发动机混合气的空燃比在各种工况下都控制在恰当的范围内。具体一些讲，ECU综合各个相关传感器馈送来的信号，即根据进气歧管内压力传感器所测得的进气管负压或在节气门之前的进气通道上测得的空气流量，再根据由分电器测得的发动机转速，以及水温传感器测得的发动机温度等参数，计算出汽车在不同工况下发动机所需要的燃油量，再控制电磁喷油器或冷起动喷油器的喷嘴以一定的油压控制喷油量，将燃料喷射到发动机的进气歧管里与吸入的空气混合，然后进入发动机气缸燃烧，提供给发动机以合适的动力。

目前，世界各国普遍将传统的化油器改用为电控喷射后，汽车燃油经济性与动力性能均有相当的提高，且明显改善了发动机的排放性能。

2. 变速器自动控制系统

汽车变速器自动控制系统的主要作用是自动变速，除此之外，还包括或可以扩展为自动巡航功能、手动变速功能、上坡辅助功能、自动诊断功能、支撑功能以及显示功能等。

汽车变速器自动控制系统通过分布于汽车上各个部分的各种传感器，分别检测汽车运行过程中有关汽车车速、发动机转速、发动机水温、节气门开度、自动变速器液压油油温等参数，将其输入控制系统的计算机。计算机根据这些参数确定汽车运行的状态，并与预先设定的换挡规律相比较，经过计算、分析、决策，向换挡电磁阀发出控制信号，再经油压或气动或电动伺服阀等控制换挡机构实施相应动作，完成自动换挡的功能，以适应汽车运行过程中不断变化的状况。也就是说，变速器自动控制系统可以自动地获得最佳的挡次和最佳的换挡时间。应用于货车的电控系统还能够自动地适应瞬时工况的变化，使发动机以尽可能适当的"巡航"转速工作。除了以控制车速为主以外，该系统还能综合兼顾处理驱动力矩、道路坡度和汽车荷载量等。该系统最主要的目的是使节约能源达到最佳的程度，而且使汽车行驶的动力性和安全性达到最佳状态，同时还明显简化、方便了汽车的换挡操作。

汽车变速器自动控制系统由换挡控制器、换挡范围与换挡规律选择决策器、控制参数信号变换器、换挡执行机构、起步换挡控制器、换挡品质判别装置和系统能源等几部分组成。

3. 制动防抱死自动控制系统

制动功能的好坏是衡量汽车安全性能的主要指标之一。由于制动故障所造成的车祸在交通事故中占有相当大的比例，因此，近年来很多汽车生产厂商花大力气开发了在制动方面有极大功效的制动防抱死系统（Anti-lock Braking System，ABS），该系统目前已成为绝大部分汽车的标准配置，其机械部分的构成如图3-7所示。

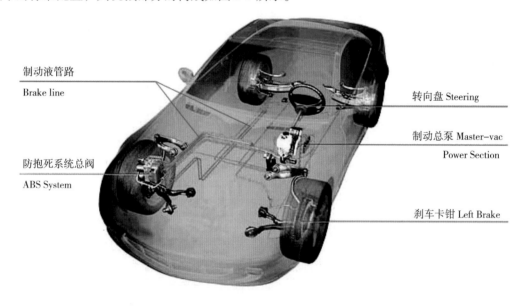

图 3-7　汽车制动及防抱死系统的机械部分

汽车紧急制动时，由于制动力矩很大，车轮有可能完全停止转动（即常说的"抱死"现象）。在这种情况下，如果地面摩擦系数较小（如雨天路滑），车轮将在地面上滑移，有可能使汽车以很大的惯性向前冲，而且在车轮抱死滑移的情况下，车轮与路面之间的侧向附着力有可能完全消失。这就有可能造成即使在侧向受到很小的干扰力，汽车也将失去转向能力，同时发生侧滑、甩尾、甚至在路面上旋转的现象。这种现象通常后果是很危险的，动辄会造成严重的交通事故。

装有防抱死制动系统的汽车在路面上制动时，将自动调节制动力矩及作用时间来防止车轮被完全抱死，满足制动过程中对制动的要求，保持轮胎与地面间的附着力，最终避免车辆发生侧滑、跑偏或甩尾，增强汽车行驶的稳定性。

汽车制动防抱死自动控制系统的组成如图3-8所示，由检测车轮转速的转速传感器、电子控制单元（ECU）以及由压力调节器、高速电磁阀和汽车原有的液压或气压的制动系统组成的执行机构共同组成。

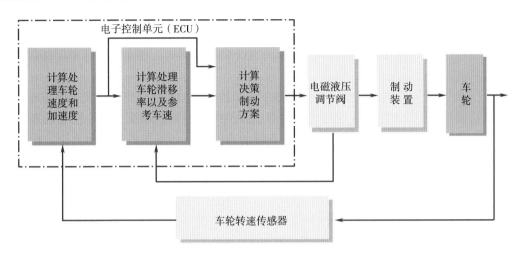

图 3-8 汽车制动防抱死自动控制系统的组成

汽车制动防抱死自动控制系统通过轮速传感器检测车轮转速，同时又检测汽车液压或气压制动装置的工作状况，由此准确判断出路面的各种不同状况以及汽车制动机构的车轮当量转动惯量和滞后量，在此基础上电子控制单元（ECU）采用合适的模式通过相应的计算、决策，给出适宜的调节量调节电磁调节阀，从而实现对制动力进行带有自适应性的自动调节，以达到通过调节车轮制动状况来改变车轮与地面滑移状况、附着状况的目的，由此极大地提高了制动减速度，缩短了制动距离，同时使车轮滑移率保持在 20% 的最佳状况，有效防止了侧滑，提高了汽车制动时的方向稳定性，大大地增强了汽车的行驶安全性。

4. 汽车驱动防滑自动控制系统

现代具备大功率高速行驶性能的汽车，如果在附着系数相对较小的路面（例如雨、雪潮湿路面或冰凌路面）上行驶，常常会发生因车轮不规则旋转（如猛踩油门突然加速或又快速制动等）而造成打滑空转，从而大大降低车轮与地面之间的附着力，最终导致失去方向控制能力。这种现象是很危险的，极易造成严重车祸。因此，为了确保汽车在低附着系数的道路上行驶时的安全性，应采取自动调节的措施防止汽车驱动轮空转打滑的现象发生。

汽车驱动防滑自动控制（Acceleration Slip Regulation，ASR）系统即是为解决这一难题应运而生的。ASR 系统能够最大限度地避免汽车在不规则加速、减速过程中打滑、空转现象的发生，从而使汽车失控现象最大程度地减小，由此提高汽车行驶中的方向稳定性和平顺性。ASR 系统与 ABS 系统类似，都是以控制车轮和路面的滑移率为着眼点，但两个系统在控制车轮滑移方面方向刚好是相反的，且二者分别是解决运行稳定性与制动稳定性的。由于二者有许多共同点，所以很多汽车将这两个系统做在一起，以进一步增强汽车的安全性能，同时还可共用许多共通的系统部件。可以说，ASR 系统是 ABS 系统的进一步完善和补充。

ASR 系统主要是由车轮转速传感器、ECU、制动压力调节器、差速制动阀、发动机控制阀及发动机控制缸等组成。从上一节关于 ABS 系统的组成介绍已经知道，这里的车轮转速传感器、ECU 和制动压力调节器在 ABS 系统里面都有，因此，当 ASR 系统在具有 ABS 系统的汽车上组装时，只要增加差速制动阀、发动机控制阀及发动机控制缸 3 种装置即可。

由上面的阐述已经知道，要保证大功率汽车在低附着系数道路上加速行驶时的安全性，关键的措施是防止驱动车轮空转。这里采用的控制方式大多为两种：制动控制方式和发动机控制方式。制动控制方式即是对经检测发现将要空转的驱动车轮施以制动力的控制方式。而发动机控制方式即是适度调整发动机加载到车轮上的驱动转矩，使车轮滑移率保持在最佳范围内以预先防止打滑的控制方式。

驱动轮制动控制方式的工作原理大致如下：当检测机构检测到驱动轮发生空转或将要发生空转时，由 ECU 发出命令，通过气压或液压调节阀控制制动系统对发生空转的车轮实施制动，在此期间，ASR 系统始终平稳地调节制动力的大小，缓慢提高制动力矩，使制动过程平滑稳定。

发动机控制方式的基本思路是，根据汽车车轮转速和加速度变化状况，由 ECU 及时判断车轮是否有空转或即将空转的现象发生，而适时地由 ECU 发出命令，采用改变喷油量、点火时间、节气门开度等手段来调节汽车发动机输出扭矩，使驱动车轮与路面的附着力达到最佳状态，进而有效避免车轮空转打滑的情况发生。

5. 动力转向自动控制系统

汽车转向所需力矩与行驶速度和路况等因素有关，如低速时转向力矩大，而高速时转向力矩小。为了使驾驶人员的转向操作无论在什么情况下都能够轻松自如，就需要借助于辅助的力矩控制装置（通常又简称助力装置）。汽车动力转向自控系统（Power Steering Control System）自问世以来，由于其具有灵活、轻便、稳定、可靠等一系列优点，得到用户的长久青睐。

电控转向系统通常是在传统的液压助力转向系统基础上增加电控装置构成的，主要由机械和电控两个部分组成，工作时由计算机通过力矩的计算来控制电机实施转向。图 3-9 所示为汽车液压式动力转向系统的机械结构部分示意图。当驾驶员转动转向盘 1 时，转向摇臂 9 摆动，通过转向直拉杆 11、横拉杆 8、转向节臂 7，使转向轮偏转，从而改变汽车的行驶方向。与此同时，电子控制装置使转向器内部的转向控制阀转动，使转向动力缸产生液压作用力，帮助驾驶员完成转向操纵。

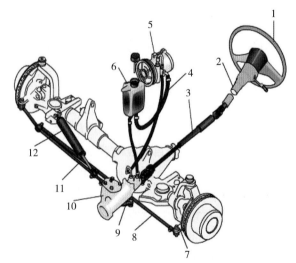

图 3-9　汽车液压式动力转向系统的机械结构部分
1—转向盘　2—转向轴　3—转向中间轴　4—转向油管
5—转向液压泵　6—转向油罐　7—转向节臂
8—转向横拉杆　9—转向摇臂　10—整体式转向器
11—转向直拉杆　12—转向减振器

自动化程度更高的转向控制方式是基于复合控制方式的汽车动力转向预测控制系统。这种系统成为了汽车主动防撞系统和汽车高速公路自动驾驶（巡航）系统中的关键部分。所谓复合控制方式，是采用汽车相对于路面的偏向角的前馈检测信息，再加上前视野摄像机针对横向角的反馈信息，综合进行控制决策的一种转向控制方式。

电子控制转向系统具有车速检测功能、控制决策功能和转向动力助力功能。汽车动力转向自控系统的组成方式很多，多数是由车速传感器、转向器转矩传感器、控制元件、电动或气动或液动装置和减速机构等组成。系统在工作过程中不断检测汽车行驶的车速、转向器转矩等，馈送给电子控制装置或计算机，控制器采用预测等控制算法，计算出调节转向助力的调节量，输送给执行电机或液压、气压驱动装置，调节驱动转向器转向。

6. 悬架自动控制系统

汽车悬架自动控制系统（Suspension Control System）是根据汽车行驶状况自动地调节汽车悬架的刚度与振动阻尼的自动控制系统，有的车型还能够自动调整车身高度。该控制系统能让汽车在路面起伏较大的行驶过程中有效地、柔和地吸收路面引起的振动，以减小纵向振动加速度峰值，避免车身发生过大的上下"浮动"，保证汽车行驶中的平顺性和舒适性。尤其是在汽车过度转向的状态下，也能较好地减小车辆的侧滑率，极力保持车身的正常姿态。同时在汽车紧急制动时有利于改善减振效果。对于能够根据车速自动调节悬架以调节车身高度的汽车，还能够很好地降低风阻系数，降低能耗。

汽车悬架分为气压悬架和油压悬架，其自动控制系统本身差异不大，通常由车身悬架位移与加速度传感器、转向和加速度传感器、制动压力传感器、微机控制中心、高性能的带连通阀的气压或液压组件等组成。

汽车自调式悬架控制系统由装在悬架内的位移传感器检测悬架的运动，车速表提供车速信号，安装在转向轴上的光学传感器则检测出转向的信号以及制动部分给出制动状况信号。这些信号都传输给微机进行分析、运算，给出对汽车悬架的控制决策和各种控制量，驱动电动泵调节悬架减振油的油压，提供抵消引起车辆严重振动的干扰所需的能量，使得悬架振动显著降低。同时，还有效控制了车辆的姿态。

7. 防撞避撞自动控制系统

随着汽车拥有量迅速增加，随之而来的是车祸数量也大增，其中尤以汽车与汽车、汽车与行人、汽车与路边构筑物的碰撞最为突出，成了当代社会的一大隐忧。因此，突破汽车防撞技术的瓶颈，已经成为各国在汽车领域里技术攻关的首选任务。

目前全世界解决汽车防撞避撞的技术不外乎分为被动防治与主动防治两大方法。所谓被动防治方法，主要是通过对汽车结构、构成材料、减震措施的改进，以降低在碰撞发生时对汽车及驾乘人员的危害程度。以下主要讨论主动防治方法。

所谓主动防治方法，是要求预先预见到碰撞发生的可能性，从而采取措施加以预防或紧急处理的更加积极主动的方法。汽车防撞系统的基本工作原理是通过测量主车与需避让物之间的相对距离、相对速度以及相对方位角等信息，并将其传送给系统的控制单元，以控制汽车按照需求运行、减速或制动。已经开发成功并在使用中的有车轮的防抱死制动系统 ABS、计算机控制的行驶平稳系统（Electronic Stability Program，ESP）、驱动防滑控制系统 ASR、电子循迹控制系统（Electronic Traction System，ETS）等，但是这些系统还没有直接的防撞避撞的技术概念在里边。

防撞避撞的关键技术有两点：一是对碰撞可能性的预测，二是在碰撞可能发生时的紧急处理（即减速、制动或转向）。目前全球普遍着力开发的主动防撞避撞系统称为前向主动避撞系统（Forward Collision Avoidance Systems，FCAS）。也有厂家开发了更高级的主动防撞避撞系统，称为自适应巡航控制系统（Adaptive Cruise Control System，ACCS），该系统能够根据周围的车况自动调整车速，规避危险，这种系统在一些较高级的轿车上已有应用。

主动防撞避撞系统首先要解决的是对可能发生碰撞状况的预测，是当前国际汽车安全领域研究的热点之一。

（1）防撞避撞检测技术

目前常采用的防撞避撞检测技术有两种：前方障碍物（包括人、车和障碍物等）扫描方法和前方障碍物测距、测速、测方位方法。前者只能够在一定范围内简单检测前方障碍物是否存在，不能够判断其对于汽车的相对运动态势，因而相对粗糙、简单，效果不很理想。后者由于能够判断相对距离、相对速度、相对方位等，因而效果相对好得多。

目前全球采用的测距、测速、测方位技术按测量介质不同，主要有红外线、超声波、激光、微波等几种检测技术。红外、超声波因其探测距离相对较短，目前，主要应用于汽车倒车控制系统上，当然也可以作为前向或侧向探测的辅助参考。激光和微波因其具有测量距离远、精度高等优点，在车辆主动安全控制系统中被广泛应用。

由于激光雷达装置结构相对简单，还具有高方向性、相干性也好、测量精度又高、探测距离远等优点，因此受到技术界的广泛欢迎。但因为其在雨、雪、雾等天气情况下，测量性能会受到较大影响，加之其只能传递相对距离信息等缺陷，所以制约了激光雷达的广泛应用。

微波雷达探测距离远，测量性能受天气等外界因素的影响较小，运行可靠，可以方便地检测到主车与障碍物间距离、相对速度，甚至相对方位角和相对加速度等信息，受到业界极大的青睐，但其价格相对较贵。

（2）防撞避撞控制技术

汽车防撞避撞系统能向司机预先发出即将发生撞车危险的视听告警信号，促使司机采取应急措施来应付特殊险情，避免损失。更进一步的控制功能是具备自动化识别、判断、处理和控制的功能，能够根据具体情况准确地使汽车在即将撞车的紧急情况下自动地执行减速、避撞、制动等操作。

（3）防撞避撞技术存在的问题

1）车用雷达首先要解决的技术难题就是减少雷达的误报。由于车辆在道路中行驶的状况十分复杂，并线、移线、转弯、上下坡以及道路两旁的静态护栏、绿篱、标志牌等的干扰，以及恶劣天气的影响等，使得雷达对主目标的识别十分困难，误报率很高。尽管某些雷达具有二维，甚至三维的目标探测能力，但迄今为止，没有任何一个传感器能保证在任何时刻提供完全可靠的信息。较有效的解决办法是在主车不同位置立体配置多套车用雷达，以多传感器数据融合的方式来克服误判，提高检测的准确性，但这样处理的结果是费用又极大地提高。

2）雷达由于其主要材料的价格一直居高不下，成为车用雷达推广应用的一大难题。

3）雷达的电磁兼容性（Electric Magnetic Compatibility，EMC）问题也成为应用中的一大瓶颈。行驶车辆打火线圈的电磁干扰、车用雷达之间的电磁干扰等都会构成严重的干扰。

4）目前解决测距、测速、测角等问题的算法还相对比较落后，快速性、准确性较差。

（4）防撞避撞技术的发展趋势

1）解决雷达误报问题较好的方法是采用多传感器信息融合技术。目前问世的汽车防撞系统多采用激光雷达、微波雷达和机器视觉等多种传感器的信息融合，实现了信息分析、综合和平衡，利用数据间的冗余和互补特性进行容错处理，克服了单一传感器可靠性低、有效探测范围小等缺点，有效地降低了雷达的误报率。采用机器视觉的识别技术为主，辅之以激光雷达、微波雷达以至超声波、红外雷达等识别技术，再综合运用信息融合技术可能是彻底解决准确识别问题的出路。

2）专用集成电路的最新发展，使固态收发模块在雷达中的应用达到实用阶段。可以预见，随着新材料、新工艺在雷达中的不断应用，价格低、性能高的车用雷达的应用和普及不久将成为现实。

3）利用毫米波雷达的衰减特性，可以比较好地解决车用雷达相互干扰的问题。这里，还有一个对车载雷达规定统一专用频带的问题需要加以解决。

4）在测距、测速、测角等算法上，还应当进一步全面采用信息融合技术；在避撞处理的控制策略上，还应当进一步研究自适应方法和智能控制方法。

3.2.3　汽车导航信息系统

当驾驶员驾驶汽车行进在陌生地区或不熟悉的城市的复杂街道时，经常会被迷路所困扰。即使是在非常熟悉的地带行驶，如果遇上夜间或是在雨、雪、大雾等恶劣气候环境下难以看清道路标志和周围景况的时候，有时照样会迷失方向。无论哪种情况的出现，都使得人们在驾驶汽车的时候迫切需要汽车导航系统来定位和引导。汽车导航信息系统主要提供的是电子地图和相关导航信息。这里的电子地图应包括汽车公路干线、支线和城市交通图，以及地区、道路以及各种设施的比较广泛的信息，除了显示本车地理位置和行驶方向外，导航信息还应反映已行驶轨迹、当前位置到目的地的方向和所余行程的路线、距离及沿途服务设施等诸多内容。

现代的汽车导航信息系统，大多由无线导航、定位系统、前进方向传感器、车速传感器等检测装置、微处理器、存储大量电子地图信息的 RAM 或 CD-ROM 等形式的大容量存储器和输入相关信息、参数及输出显示导航信息的人-机对话装置等部分组成。以数据库形式存储地图信息的存储器应当能够随时方便地更新地图信息。这里最为重要的部分是地理位置定位及导航系统，现在流行的是车载卫星导航和定位系统无线接收机。

现代导航装置主要采用卫星导航、定位系统和地面无线电固定导航台导航、定位系统两类技术。卫星导航、定位系统能够通过测方位、测距、定时的方法告知每一辆装有车载卫星导航、定位系统无线接收机的汽车现在的地理位置和行驶方向等信息。地面无线电固定导航台导航、定位系统的作用与此相似。

汽车行驶方向的检测有的采用基于地磁矢量的传感器，有的则使用电子陀螺仪检测系统。通过实时检测汽车的偏转率，结合汽车速度传感器求取汽车速度，计算机就可以计算出汽车行进的方位和相对位置。

导航过程是在行车之前或行驶途中，驾驶员在人机界面上把要去的地区或地点输入导航计算机；车载无线接收机先向卫星导航、定位系统或地面无线电导航台发出请求信号，然后接收其发回的本车的地理位置信息并传送给导航计算机；计算机结合存储的电子地图，在地图上精确显示出汽车当前时刻的位置，然后再结合车内相应传感器提供的汽车行驶数据确定汽车的行进方向，并给出到达目标地点的最佳行车路线建议。

3.2.4 汽车先进控制系统研究现状简介

汽车先进控制系统（Advanced Vehicle Control System，AVCS）又称为先进车辆控制系统或汽车综合控制系统。该系统旨在保障交通的正常、快捷运行，保证驾乘人员的安全和舒适以及发生交通意外事故时能够进行有效的援助。

AVCS 采用先进、前沿的传感、检测技术、通信技术和自动控制技术，为车辆和驾乘人员提供多种形式的防撞、避撞等安全保障功能以及更现代的自动驾驶功能和巡航功能。系统具有对其他车辆、道路障碍物准确的自动识别能力，具备自动转向、自动制动以及与前车、来车、道路障碍物等保持安全间距等防撞、避撞功能。

AVCS 一般包括以下子系统：行车安全预警报警系统、各种防撞避撞系统、乘员安全保护系统、自动驾驶系统、自动公路信息系统等。

目前 AVCS 还处在研究开发和摸索试验的阶段，很多方面还不成熟。从当前技术的研发情况看，大致体现在以下两个层次。

第一层次是车辆安全技术与辅助驾驶技术。该部分技术的研究和发展大致在以下几个内容上展开：一是部件的研发，如车载传感器（含激光雷达、微波雷达、摄像机图像处理、其他类型传感器）、车载计算机和控制执行机构等；二是涉及安全行驶的技术和驾驶辅助技术，如采用传感器信息融合技术将汽车在行驶过程中与前车、来车、周围车辆以及道路设施的相对距离、相对速度以及相对方位等检测出来，通过微处理器进行计算、分析、判断与决策，必要时给出报警，或在情况较紧急时自动控制系统采取强制减速或制动措施。

第二层次是智能型的自动驾驶系统。该部分技术的研究和发展是在第一层次上的升级，该层次的技术与第一层次技术的最显著区别在于自动化技术在这里不再是辅助驾驶员解决一些紧急状况中的部分操作问题，而是较全面地替代了人的大部分工作。另一点显著差别就是在检测汽车行驶中的状况、对驾驶操作的决策、尤其是对紧急状况的判别等方面，该层次的技术中更突出智能检测、智能决策和智能控制，将智能信息处理放在了首位。采用了这种技术装备的汽车也称为智能汽车或无人驾驶汽车，其行驶时能完全做到自动导航、自动转向、自动检测和回避障碍物、自动操纵驾驶。尤其是在装备有智能信息系统的智能公路上，能够以较高的速度自动行驶，并充分保证与前车、来车、周围车辆以及道路设施之间的安全距离，防止碰撞的发生。

无人驾驶智能汽车近年来发展很快，新的成果如雨后春笋一般不断涌现，已经研制出了多款试验样车，并进行了大量道路试验和竞赛。这类汽车竞赛一般要求车辆必须完全自主行驶，无遥控，且能自动避障，包括避让其他车辆。在指定道路及里程内用时最短的车辆获胜。

在美国国防部高级研究计划局（DARPA）2005 年组织的 Grand Challenge 无人驾驶汽车挑战赛中，Stanford 大学参赛团队名为"Stanley"的自动驾驶车（见图 3-10）赢得了冠军。

2007 年，DARPA 又组织了名为 Urban Challenge 的无人驾驶汽车挑战赛，要求参赛车辆在复杂的城区路况中完成包括并线、拐弯、超车以及在指定区域停车等动作，并必须遵守交通规则，用时最短的车辆获胜。这次挑战赛在考验自主驾驶车辆对于路况的自适应能力方面明显难于 Grand Challenge 挑战赛。卡内基·梅隆大学和通用汽车公司联合组建的赛车小组名为"Boss"的赛车赢得了冠军。"Boss"车上装备有摄像头、激光雷达等 10 余种信息采集设备（见图 3-11），以一台高性能计算机实时处理采集的车况和路况信息，获得行驶操作的最佳方案，在比赛中最高车速达到 50km/h，比第二名领先了 20 余分钟到达终点。

图 3-10　无人驾驶汽车"Stanley"　　　　　　图 3-11　无人驾驶汽车"Boss"

　　2010 年，意大利 Parma 大学 VisLab 实验室以他们所研制的自动驾驶汽车进行了一次名为"The VisLab Intercontinental Autonomous Challenge"的"新丝绸之路"之旅活动（见图 3-12）。活动历时 3 个月，历程 13000km，从意大利 Parma 行进至中国上海参加世博会，途中没有任何一位司机驾驶。2013 年 7 月，VisLab 实验室一辆最先进的自动驾驶汽车在 Parma 城区和城郊狭窄的单向双车道道路上自动行驶，其间遇行人横穿马路，交通灯不断变换，某些路段还存在急转弯路口，试验中还人工设置了凸起路面。在上述这种恶劣的路况下，该车首次全程无人工干预自主行驶，顺利通过了测试路段。

图 3-12　意大利 Parma 大学无人驾驶汽车的"新丝绸之路"之旅

　　2011 年 9 月，德国柏林自由大学研发的"MIG"无人驾驶汽车，从柏林勃兰登堡门出发，自主行驶到柏林国际会议中心后，又安全返回出发地。其间顺利通过 46 个交通灯控制路口，并绕过两处环岛，整个行程近20km。

我国自动驾驶汽车的研发工作在近些年也取得了长足的进展。清华大学智能技术与系统国家重点实验室在国家自然科学基金重大研究计划重点项目"无人驾驶车辆人工认知关键技术与集成验证平台"的资助下，分别研发了两款无人自主车辆，即"THU-IV 1"原理性试验样车和"THU-IV 2"试验样车（见图3-13）。

图3-13 清华大学研制的无人驾驶汽车"THU-IV 1"（左）和"THU-IV 2"（右）

"THU-IV 1"以日产奇骏 X-TRAIL 为基础进行改装，研究目的在于验证各种车载设备与各项单元关键技术的可行性与有效性。"THU-IV 2"改装自美国别克昂克雷 3.6L CX1。两台无人自主车均配备了国际一流的各种车载设备，包括多核计算机、千兆网交换机、激光雷达、毫米波雷达、数字摄像机、组合导航系统、轮速编码器等。在软硬件及结构设计方面，进行了很多优化与创新，完成了主控单元、决策单元、感知单元、导航单元、规划单元、控制单元和执行单元等的设计与实现。更重要的是，还取得了若干关键技术的突破。其中，在车辆的底层改装、人工认知系统体系结构、多源异构信息融合技术、基于摄像机/激光雷达的自然环境感知技术、动态地图建构、智能决策技术、智能综合控制技术、高精度组合导航技术、各种交通标志的自动识别技术、地理信息系统（GIS）与全局路径规划等自动驾驶关键技术方面已取得了大量的阶段性成果，积累了丰富的研发经验。

尽管自动驾驶汽车要实现商品化尚需时日，但其中所包含的多项关键技术，特别是防撞、避撞等与安全有关的技术将很快实用化。与此同时，随着汽车电子与自动化技术的突飞猛进，汽车上原有的一些传统机械装置将会越来越多地被电子的、微处理器的自动化控制装置所取代，汽车性能在不断提高和完善的同时，对人的要求却会越来越低，人的操作会越来越简单、越来越容易。

3.3 智能交通

上世纪80年代以来，世界各发达国家虽然已经建成了四通八达的现代化国家道路网，但随着社会经济的发展，路网通过能力已满足不了交通量增长的需求，交通拥挤和堵塞现象日趋严重，交通污染与事故越来越引起社会的普遍关注。经过长期和广泛的研究，这些发达国家已从主要依靠修建更多的道路、扩大路网规模来解决日益增长的交通需求，逐渐转移到用高新技术来改造现有的道路运输系统及其管理体系，从而大幅度地提高路网的通行能力和服务质量。日本、美国和西欧等发达国家为了解决共同面临的交通问题，竞相投入大量资金和人力，开始大规模地进行道路交通运输智能化的研究试验。起初，这种研究被称为"智能车辆道路系统"（Intelligent Vehicle and Highway System，IVHS），主要进行道路功能和车辆智能化的研究。随着研究的不断深入，系统功能扩展到道路交通运输的全过程及其有关服务部门，成为带动整个道路交通运输现代化的"智能运输系统"。

智能交通系统（Intelligent Transportation Systems，ITS）是在较完善的道路设施基础上，运用计算机、传感器、通信、自动控制、人工智能等领域的先进技术来彻底改变目前被动式的交通局面，借助于系统的智能技术将各种交通方式的信息及道路状况进行采集、分析，并通过远程通信和信息技术，将这些信息实时地提供给出行者和交通管理者，使整个交通系统的通行能力和使用率达到最大。

交通控制系统是 ITS 研究的一个重要方面，由于交通系统具有较强的随机性、模糊性和不确定性，是一个典型的分布式系统，而且具有多种信息来源、多传感器的特点，用传统的理论与方法很难对其进行有效的控制。将智能控制、信息融合、智能信息处理等先进技术与交通工程相结合反映了目前的研究和发展趋势，具有重要的理论和应用价值。

由于 ITS 是将出行者、道路和交通运输工具三者作为一个整体系统来综合考虑，因此使交通运输基础设施得以发挥最大效能，车辆堵塞和交通拥挤得到极大缓解，出行者的安全度和舒适度得到明显改善，并通过节约能源和保护环境使全社会获得巨大的社会经济效益；同时，智能交通又开拓了个性化的移动服务，将为大数据、云计算、物联网等新一代技术提供应用环境和广阔的市场空间。由于智能运输系统加速了交通运输进入信息时代的步伐，因而是 21 世纪现代化交通运输体系的重要发展方向；而其巨大的市场容量更决定了这是一项新兴的、大规模的国家产业，而且是 21 世纪全球几项最大产业之一。

3.3.1　智能交通的主要内容

智能交通系统仍处于研究和发展阶段，其内涵、功能和规模不断发展扩大，一个 ITS 项目的基本组成部分一般应包括如下 9 个方面的内容。

1）先进交通管理系统（Advanced Traffic Management Systems，ATMS）　该系统通过先进的监测、控制和信息处理等子系统，向交通管理部门和驾驶员提供对道路交通流进行实时疏导、控制和对突发事件应急反应的功能。系统包括：城市集成交通控制系统、高速公路管理系统、应急管理系统、公共交通优先系统、不停车自动收费系统、交通公害减轻系统、需求管理系统等。其中，城市集成交通管理系统是一个综合性集成系统，它为出行者和其他道路使用者以及交通管理人员提供实时、适当的交通信息和最优路径诱导，使交通流始终处于最佳状态。

2）先进出行者信息系统（Advanced Traveler Information Systems，ATIS）　该系统的目标是为出行者提供准确实时的地铁、轻轨和公共汽车等公共交通的服务信息。系统的核心是通过电子出行指南来收集各种公共交通设施的静态和动态服务信息，并向出行者提供当前的公共交通和道路状况等，以帮助出行者选择出行方式、出行时间和出行路线。

3）先进公共运输系统（Advanced Public Transportation Systems，APTS）　该系统包括公

共车辆定位系统、客运量自动检测系统、行驶信息服务系统、自动调度系统、电子车票系统、响应需求的公交系统、公共汽车信号优先技术等。如利用全球卫星定位系统（Global Positioning System，GPS）和移动通信网络对公共车辆进行定位监控和调度、采用IC卡进行客运量检测和公交出行收费等。公共汽车信号优先技术是让公共汽车能够快速通过道路交叉口，从而提高道路的整体通行能力。

4）商用车辆运营系统（Commercial Vehicle Operation Systems，CVOS）　该系统是专为运输企业（主要是经营大型货运卡车和远程客运汽车的企业）提高盈利而开发的智能型运营管理技术，目的在于提高商业车辆的运营效率和安全性。它通过卫星、路边信号标杆、电子地图以及车辆通过数据与通信系统，利用车辆自动定位、车辆自动识别、车辆自动分类和动态称重等设备，辅助企业的车辆调度中心对运营车辆进行调度管理，及时掌握车辆的位置、货物负荷情况、移动路径等车辆的有关信息，提高车辆的使用效率，降低企业的运营成本。

5）先进车辆控制和安全系统（Advanced Vehicle Control and Safety Systems，AVCSS）该系统包括事故规避系统和监测调控系统等。它使车辆具有道路障碍自动识别与报警、自动转向与制动、自动保持车距与车速以及巡航控制功能等。在可能发生危险的情况下，随时以声、光形式向驾驶员提供车体周围的必要信息，并可自动采取措施，从而有效地防止事故的发生，详见3.2节。

6）自动化公路系统（Automated Highway Systems，AHS）　该系统又被称为车辆自动驾驶系统，它是智能车辆控制系统和智能道路系统的集成。AHS使车辆通过车载装置自动与车道上的标志、周围车辆或智能交通设施相互配合，以控制车辆的速度、方向和与其他车辆间的位置距离。AHS可以使司机更轻松地驾驶车辆，对前方的险情及早示警，从而减少驾驶危险。在将来的高速公路上，AHS甚至可以控制全部交通，实现车辆完全自动驾驶，为驾驶员提供极大的方便。

7）先进乡村运输系统（Advanced Rural Transportation Systems，ARTS）　ARTS是根据乡镇运输的特殊需要，在乡村环境下有选择地运用一些特殊技术来实现紧急呼救、事故防止、不利道路和交通环境的实时警告、高效益成本比的通信和监测等。

8）电子不停车收费系统（Electronic Toll Collection，ETC）　ETC是目前世界上最先进的路桥收费方式，通过银行及计算机联网技术完成后台结算处理，车辆经过路桥收费站不需停车就能实现路桥费的交纳，同时能够将收取的费用经后台处理环节清分给收益业主。

9）紧急救援系统（Emergency Medical Service System，EMS）　EMS是基于ATIS、ATMS和有关的救援机构，通过ATIS和ATMS将交通监控中心与职业的救援机构联成有机的整体，为道路使用者提供车辆故障现场紧急处置、拖车、现场救护、排除事故车辆等服务。

3.3.2　城市智能交通控制管理系统

随着城市车辆的增加，人、车、路3者之间关系的协调已成为交通管理部门所面临的重要问题。城市交通控制系统是面向全市的交通数据监测、交通信号灯控制与交通诱导的计算机控制系统，它是现代城市交通监控系统中重要的组成部分，主要用于城市道路交通控制与管理，对提高城市道路的通行能力、缓和城市交通拥挤起着重要作用。

城市智能交通控制管理系统能实现区域或整个城市交通监控系统的统一控制、协调和管理，整个系统的构成如图3-14所示，可分为一个指挥中心公共信息集成平台以及交通管理自动化系统、信号控制系统、视频监控系统、信息采集及传输和处理系统、GPS 车辆定位系统等多个子系统。

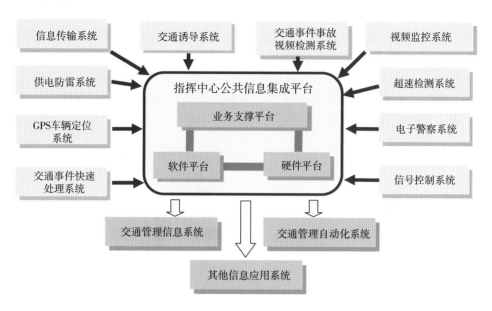

图 3-14　城市智能交通控制管理系统的构成

城市智能交通控制系统的网络架构如图 3-15 所示，系统分为 3 个部分，分别是交通管理中心、数据传输终端、现场设备（包括车辆检测器、信号控制机、电子警察等）。交通管理中心主要完成人机交互工作、信息的处理和应用；数据传输终端完成信息的上送与下发；现场设备主要完成现场交通信息的采集和信号灯的控制等。

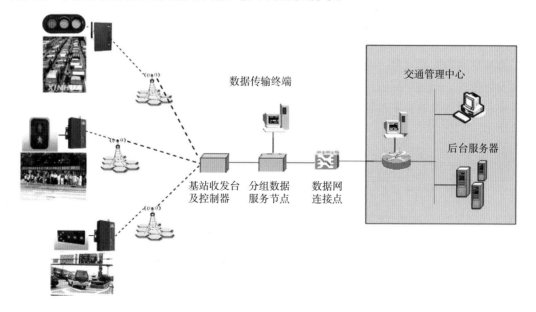

图 3-15　城市智能交通控制系统的网络架构

1. 交通信息采集

智能交通管理系统的纽带是各子系统间的信息交换，这些信息包括控制对象的原始信息和控制指令信息。智能交通管理系统包括信息检测、信息分析与处理、判断、执行等几个环节。因此，交通信息采集被认为是 ITS 的关键子系统，是发展 ITS 的基础和实现交通管理智能化的前提。无论是交通控制还是交通违章管理系统，都涉及交通动态信息的采集，于是交通动态信息采集也就成为了交通管理智能化的首要任务。交通信息采集常用的技术有环形线圈、微波、视频、超声波等几种检测技术，其安装方式可以分为埋设式和悬挂式。图 3-16 所示为一种车辆智能监测系统的示意图。

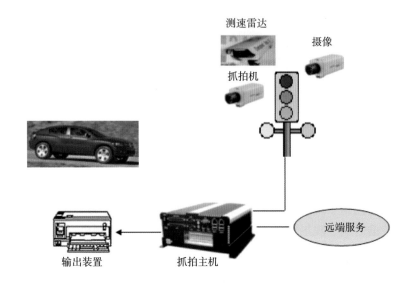

图 3-16　车辆智能监测系统示意图

（1）微波交通检测器

微波交通检测器（Microwave Traffic Detector，MTD）是利用雷达线性调频技术原理，对路面发射微波。通过对回波信号进行高速实时的数字化处理分析，检测车流量、速度、车道占有率和车型等交通流基本信息的非接触式交通检测器。MTD 双向 8 车道检测示意图如图 3-17 所示。

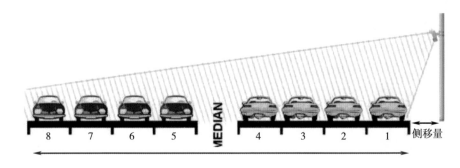

图 3-17　MTD 双向 8 车道检测示意图

MTD 主要应用于高速公路、城市快速路、普通公路交通流量调查站和桥梁的交通参数采集，提供车流量、速度、车道占有率和车型等实时信息。此信息可用隔离接触器连接到现行的控制器或通过串行通信线路连接到其他系统，为交通控制管理、信息发布等提供数据支持。MTD 采集的数据通过有线或无线的传输网络传送到控制中心后，用户端就可以通过安装的数据库应用分析软件进行数据的分析和管理了。MTD 的无线数据传输方式如图 3-18 所示，图中的 GPRS 的意思是通用分组无线服务，GSM 的意思是全球移动通信系统。

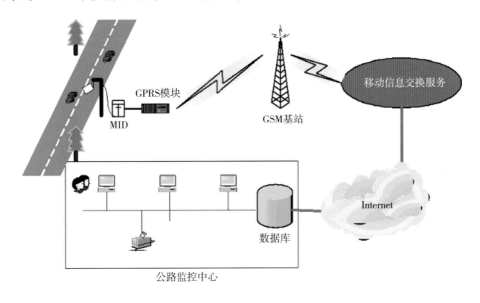

图 3-18　MTD 的无线数据传输方式

（2）电子警察系统

电子警察系统由前端数码摄像机、车辆检测器、数据传输和数据处理部分组成一套反应快捷、准确高效的交通违章自动识别和处理的电子警察系统。该系统采用了先进的车辆检测、模式识别、图像处理、通信传输等技术，具有自动拍摄违章车、图像远程传输、车牌识别、统计、分析和违章处罚等一系列功能，为交通管理部门对交通违章行为的处罚提供了客观的依据，提高了违规行为的处理效率。图 3-19 所示是公路上安装的数码摄像机，即"电子眼"。

图 3-19　"电子眼"

闯红灯违章是造成当今社会交通事故的主要隐患之一。违章抓拍系统可以广泛应用于无人值守的路口、单行线、禁行、限时道路、限车型车道、主辅路进出口、紧急停车带、公交专用道、违章超速等。利用科技手段对违章行为进行有力的治理，既能有效地防止交通违章行为，减少由此引起的事故，又能对违章的驾驶员起到很大的威慑作用，促进交通秩序的良性循环，实现"科技强警"同时还能缓解警力不足的矛盾。图 3-20 所示是违章抓拍软件系统的运行界面。

电子警察系统可以扩展为基于视频技术的交通信号控制系统。该系统是在相关路段和路

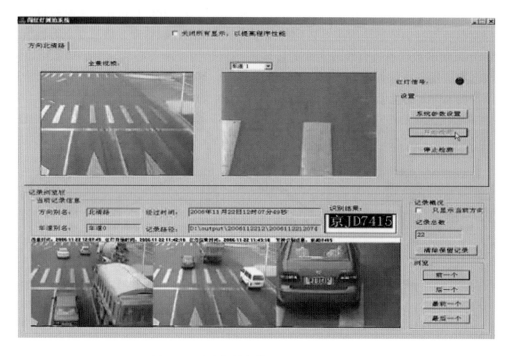

图 3-20 违章抓拍软件系统的运行界面

口的适当位置设置视频车辆检测器，获得该监测断面的交通参数。这些参数被送到信号控制机，并由信号控制机所设置的交通模型进行处理，从而选择合适的交通信号控制方案或者调整相关控制方案的信号控制参数，使交通流实现最小延误，提高路口的通行能力。更先进的控制方式则是把多个路段和路口的视频及其他交通信息送至后台的计算机系统，经分析处理后得到综合效果最优的交通控制方案并付诸实施。

2. 交通信息传输与 GPS 导航

信息传输是智能交通的关键环节，主要包括应用层的运输企业、社会出行者、车辆、交通信息服务中心之间的信息传输、应用层之间的信息交换等，常常还涉及与智能交通相关的国家和国际信息系统的信息交换。信息传输采用的主要通信方式有：Internet、数据通信网、全球卫星定位系统（GPS）、地理信息系统（Geographic Information System，GIS）、专用短程通信系统、无线移动通信、广播接收机等。

GPS 导航最初应用于飞机，后来扩展到船舶、地面车辆以及步行者。汽车导航系统由 GPS 导航、自律导航、微处理器、车速传感器、陀螺传感器、CD-ROM 驱动器、显示器等组成。系统通过接收卫星信号来得到该点的经纬度坐标、速度、时间等信息，当汽车行驶到地下隧道、高层楼群、高架路下等受到遮掩而捕捉不到卫星信号时，系统可自动导入自律导航系统，此时由车速传感器检测出汽车的行进速度，通过微处理单元的数据处理，从速度和时间中直接算出前进的距离，陀螺传感器则直接检测出汽车前进的方向，陀螺仪还能自动存储各种数据，即使在更换轮胎等暂时停车时，系统也可以很好地工作。

GIS 是在计算机软硬件支持下建立起来的一种特定的空间信息系统，可以对空间物体的定位分布及与之相关的属性数据进行采集、存储、管理、检索、分析和描述，包括对车辆、人员、道路、加油站等通过位置坐标进行相互关联和查询，是进行汽车导航与现代化交通管理不可或缺的重要技术。GIS 中的空间数据包括地理数据、属性数据、几何数据和时间数据，通过对空间数据的管理与操作，使 GIS 拥有了独特的地理空间分析、快速的空间定位搜索和查询、强大的图形处理和表达、空间模拟和空间决策支持等功能，可产生常规方法难以获得的重要信息。GIS 已广泛应用于能源、交通、资源开发、环境保护、城市规划建设、土地管理、地质勘探等领域。在交通管理中，通过 GIS 与多种交通信息分析和处理技术的集成，可以为交通规划、交通控制、汽车导航、交通基础设施管理、物流管理、运输管理等提供操作平台，实现对车辆营运线路的优化、公共汽车的调度、行车计划的制订、客货交通流量的实时监控与分析、实时交通信息的发布与车辆诱导等。

3. 交通综合信息平台

交通综合信息平台（Comprehensive Transport Information Platform，CTIP）又称"交通共用信息平台"，简称"信息平台"，是整合交通运输系统信息资源，按一定标准规范完成多源异构数据的接入、存储、处理、交换、分发等功能，并面向应用服务，实现部门间信息共享，为各相关部门制定交通运输组织与控制方案和科学决策以及面向公众开展交通综合信息服务、提供数据支持的大型综合性信息集成系统。该系统是采用先进的控制技术、信息技术、通信技术，系统工程技术等对传统的交通系统进行改造而形成的一种信息化、智能化的新型交通系统，可在不增加道路基础设施的条件下大大改善交通状况，达到减少通行时间，降低燃料消耗，提高行车安全，保护城市环境的目的。

图 3-21 所示即为上海市于 2007 年研发完成的"城市道路交通信息智能化系统及平台软件"项目。该项目综合应用多学科多专业技术（包括交通工程、计算机、通信、网络、自动化、电子工程等），针对海量、异构、分布的交通信息采集、融合、处理、应用中的技术难点进行科技攻关，解决了各系统独立、信息资源分散、难以共享的问题，对缓解特大型城市的交通拥堵具有重要意义，是国内首个工程化实施的大城市道路交通信息集成和智能化应用系统。

图 3-21　城市道路交通信息智能化系统及平台软件

3.3.3 电子不停车收费系统

电子不停车收费系统（Electronic Toll Collection，ETC）是为了减少道路收费口处的交通拥挤，加快车辆通过收费口的速度而建设的，它是目前世界上最先进的路桥收费方式。同时也因为无需停车而减少了车辆的能源消耗及废气排放，实现了节能环保。通过安装在车辆挡风玻璃上的车载器与在收费站 ETC 车道上的微波天线之间的微波专用短程通信，利用计算机联网技术与银行进行后台结算处理，从而达到车辆通过路桥收费站不需停车就能交纳路桥费的目的，且所交纳的费用经过后台处理后清分给相关的收益业主。在现有的车道上安装电子不停车收费系统，可以使车道的通行能力提高 3~5 倍。

ETC 系统主要包括：

1）自动车牌识别技术。利用数字摄像技术，借助收费系统的各种硬件和处理程序，自动确定图像中车牌的位置，识别出车牌号码并将其储存起来。

2）自动车型分类技术。利用装在车道内和车道周围的各种传感设备测定车辆的类型，以便按照车型收费。

3）逃费抓拍技术。把通过不停车收费车道、又没有携带 IC 卡或 IC 卡失效的车辆牌照抓拍下来，作为处理和处罚的依据。

系统采用车载装置纪录代付款协议等信息，插入 IC 卡后，当通过电子收费口时，利用收费口通信天线与车载设备之间的通信，使计算机收费系统和 IC 卡双方均完成对通行费的记录，从而实现电子结算收费。

高速公路不停车收费系统具有全路段封闭、车载智能卡、电子托收、联网分账等特点。通行效率比人工缴费显著提高。系统可以 24 小时无人监管，不间断工作；车道过车和银行托收都由系统自动实现；在收费站不设服务器，通过网络浏览器打印报表，以降低成本和提高系统的安全性；提供互联网服务，电子标签用户可以在网上查询车辆通过费用。

传统的道路收费方式是人工半自动收费（Manual Toll Collection，MTC），ETC 产生以后虽然发展很快，但目前还无法全面替代 MTC，往往是 ETC 与MTC 两种方式同时采用。图 3-22 所示为混合式收费站中的 ETC 通道。

图 3-22　ETC 通道

3.3.4 智能汽车

智能汽车是 ITS 的主体，在 21 世纪，人类对汽车运行的要求是实现智能化，即为人类提供一个更加快捷、通畅、舒适、安全、和谐的交通环境。智能汽车主要是在汽车上加入更多的电子控制系统，大大提高驾驶的安全性、舒适性和效率。世界上已有多个国家推出了

ITS 的概念车，这些车既可以手动驾驶，也可以完全自动驾驶。在自动驾驶状态下，车载计算机搜集来自激光雷达、立体图像传感器、多用途通信系统以及交通管理方面发出的各种信息，以操纵汽车的行驶。这些装置还可以将外部的情况提供给驾驶员以避免发生交通意外，如果驾驶员出现未能及时制动、误入禁行区、超速行驶或是其他操作失误，汽车的自动信号系统会发出警告，并自动采取相应的措施，如变换车道或减速等。智能汽车的这些自动化功能可归纳为汽车的自动导航、自动驾驶、自动控制和自动监测等系统，详情可参阅 3.2 节，下面只作扼要说明。

1. 智能汽车的自动导航系统

　　自动导航系统能够在驾驶员确定一个行驶目标后，汽车自动将起点、终点的道路情况进行综合归纳、动态优化、编排成一种可以引导汽车运行的程序，从而达到自选道路、自奔目标的目的。导航系统能够通过自身的智能装置接收视线以外的情况和感受周围可视距离内的情况，并将这些情况进行综合分析，以对话的方式或是对话与指示并用的方式传递给驾驶员，使驾驶员适时调整。自动导航系统还能够通过全球卫星定位系统（GPS）随时告知汽车现处的位置、行驶方向，便于指挥中心对车辆的

图 3-23　汽车上的 GPS

监控和调度管理。图 3-23 所示为安装在汽车上的 GPS。

2. 智能汽车的自动驾驶系统

　　自动驾驶系统也称无人驾驶系统，有多种控制模式。例如可事先将包括目的地、道路状况、信息标志等有关交通的大量信息输入计算机，行驶过程中车载摄像机将车前及周边的景象（如行人、障碍物或信号标志等）摄下并输入计算机，计算机将输入信息与所存储的数据进行比较，通过分析和决策后迅速发出指令，使汽车的操纵系统做出反应，达到自动驾驶的目的。

3. 自动控制系统

　　汽车上装有各种传感器，不断收集汽车等各方面的状态信息，所有信息都输入微机，微机通过计算、判断、输出指令再由执行器来控制汽车。例如，控制系统能够使汽车的发动机工作在最佳状态，能够感觉到车轮打滑的程度并可根据路面的防滑程度来自动调节车速，能够准确判定前方甚至左右及后方的动态环境安全情况，自动回避危险，选择安全的行车路线和调整工作状态，如自动减速、加速或躲避、刹车等。

4. 自动监测系统

　　智能汽车具有自动诊断系统，能够自动诊断故障的部位、自动预报可能引发故障的原因，并能在驾驶员前的荧光屏上显示出来，时刻监控汽车的运行，及时发现隐患，保证汽车安全行驶。

3.3.5　智能公路

当你驾车疲劳时、面对复杂的交通状况不知所措时，是否会突发奇想，若是汽车能够自动驾驶该有多好，让我们的旅行更轻松、安全。现在，这一切并非遥不可及，智能公路让我们的梦想变成现实（见图3-24）。

图 3-24　智能公路示意图

智能公路系统是建有通信系统、监控系统等基础设施，并对车辆实施自动安全检测、发布相关的信息以及实施实时自动操作的运行平台，它为实现智能运输提供更为安全、经济、舒适、快捷的基础服务。国外的研究表明，智能公路系统可极大地提高公路的通行能力和服务水平，使每条车道每小时的车流量增加2～3倍，缩短行车时间35%～50%。此外，智能公路系统可以大大提高公路交通的安全性，可降低并排除人为错误及驾驶员心理对交通安全的消极影响，使预防和避免交通事故成为可能。

从理论上讲，智能公路系统可以减少事故31%～85%，智能公路的前景是美好的，但它也是ITS领域中技术难度最高、涉及面最广、最具挑战性的领域。其中，基于磁性标记诱导的车辆车道自动保持技术（即自动驾驶技术）是当今世界车辆工程及自动控制领域的研究前沿，无论在理论上，还是在工程实践上都是对各国科研攻关实力和水平的考验。开发和建设智能公路的最终目标是实现基于道路基础设施高度智能化的全自动化车路系统。如果仅从技术而言，智能公路系统是ITS的最高形式和最终归宿，代表着未来公路交通的发展方向，也是世界各国实现公路交通可持续发展的必由之路。我国智能公路系统的发展思路就是遵循ITS的理念，以道路基础设施智能化为核心，以公路智能与车载智能的协调合作为基础，重视人的因素，促进人、车、路三位一体协调发展。

3.4　智能建筑与楼宇自动化

随着社会经济飞速发展，当社会所生产的物质数量已经从当初解决人类温饱的状况上升到了富足的程度时，人们对于生活的要求就不再仅仅限于数量，而进一步提高到对于质量的要求。在这样的社会大背景下，人类对自身居住、工作的条件和生活的环境提出了越来越高的要求，首当其冲的，则是大家日日夜夜赖以居住、学习和工作的场所——建筑。因为"住"一直就是人类社会生活中的四大要素——"衣食住行"中极其重要的一环。在当今的环境下，人们对于居所、学习和工作的场所，再也不是仅仅要求其具备遮风避雨的功能，除了结构坚固稳定、造型美观大方、内部空间功能布局合理适用等传统的构造要求之外，还给它赋予了更为广泛的功能要求，即人们对建筑在信息交换、安全性、舒适性、便利性和节能性等诸方面提出了更多的要求。在人们对建筑这种日益发展的需求情势下，一个崭新的综合技术领域——智能建筑问世了，而且其迅猛发展势头令世人瞩目。

随着社会经济技术的发展，人们又进一步认识到之前快速发展经济的模式严重消耗自然资源同时还严重破坏生态环境，因此提出可持续发展的新发展观。在新形势下，人们对建筑的要求，不仅在于"智能"，同时对其节能和减少污染排放也较之以往提出了更加严格的要求。

3.4.1 智能建筑概述

1. 智能建筑的概念

智能建筑（Intelligent Building），又称为智能大厦，是以建筑构筑物和建筑技术为平台，将现代的建筑设备设施、通信网络系统和办公自动化等高新技术成果集成在内的新型建筑。或者说，智能建筑是将现代建筑技术和信息技术有机地结合起来而构成的一个崭新的领域。

世界上公认的第一幢智能大厦于 1984 年在美国哈特福德（Hartford）市建成。日本、新加坡、英国、法国、加拿大、瑞典、德国等国相继在 20 世纪 80 年代末 90 年代初开始研究与实施各具特色的智能建筑。我国于 90 年代才开始起步，但发展的势头异常迅猛。

目前，智能建筑暂时还没有严格、统一的公认定义。美国智能建筑学会将智能建筑定义为：通过对建筑物的 4 个基本要素，即结构、系统、服务和管理以及它们之间的内在联系的最优化组合，而提供一个投资合理又拥有高效率的幽雅舒适、便利快捷、高度安全的环境空间。

智能建筑为适应现代信息社会对建筑物的功能、环境和高效管理的要求，在传统建筑的基础上增加了自动化系统，包括楼宇自动化或建筑设备自动化（Building Automation，BA）、通信自动化（Communication Automation，CA）和办公自动化（Office Automation，OA），即所谓的"3A"系统。后来又将"3A"增加到"5A"，即新增了防火监控自动化（Fire Automation，FA）和安全防范自动化（Safety Automation，SA）两类系统。这样就构成了"5A"系统（见图 3-25）。不管是"3A"系统还是"5A"系统的智能建筑，综合布线系统都是连接所有自动化子系统的物质基础。就这样，智能建筑通过大量采用信息技术及相关设备而具备了许多崭新的功能。

智能建筑是多学科、多技术的综合集成。智能建筑利用系统集成方法，将计算机技术、自动化技术、通信技术、信息处理技术与建筑技术及艺术有机结合起来，并实施了设备自动控制、信息传输、信息资源管理、对使用者的信息服务与建筑的优化组合。

智能建筑的主要特征体现在它的"智能化、集成化、协调化"，也即体现于多元信息的采集、传输、处理、控制、管理以及一体化集成等高新技术的应用，体现在信息、资源和任务的共享，体现于其安全、舒适、高效、节能、方便灵活的优势。

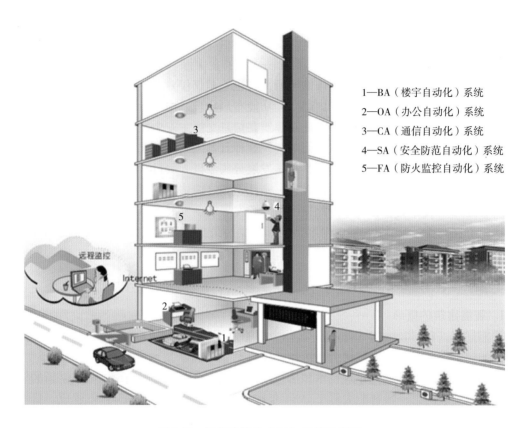

1—BA（楼宇自动化）系统
2—OA（办公自动化）系统
3—CA（通信自动化）系统
4—SA（安全防范自动化）系统
5—FA（防火监控自动化）系统

图 3-25　智能建筑的"5A"系统示意图

2. 智能建筑的构成与"5A"

（1）楼宇自动化（BA）

楼宇自动化又称为建筑设备自动化，是实现对楼宇内各种建筑设备和设施实施自动控制的技术。BA 系统对建筑设备设施的控制通常采用计算机集散控制技术来实现，换句话说就是集中管理、分散控制。采用集散控制技术的主要目的是极大地提高智能建筑整个系统的可靠性。BA 系统主要包括供配电、照明、暖通空调、给水排水、电梯、停车场、防雷与接地以及能源管理和控制等几方面的子系统。广义 BA 的监控范围还扩展到火灾报警自动化系统与安全防范自动化系统。

（2）通信自动化（CA）

通信自动化是智能建筑智能化的"中枢神经"，是紧跟信息技术发展步伐的体现。通信自动化系统由各种通信设备、通信线路以及相关计算机软件组成。比较完善的系统应当包含智能建筑物内的计算机局域网络、Internet、有线电视、卫星通信等设施。这是一套智能化、综合化、宽带化、个人化的通信系统。CA 确保能够通畅、便捷地获取听觉信息（语音）、计算机信息（数据等）、视觉信息（含文字、图形、活动图像等），能够提供诸如电子邮件、数据或可视图文传输、数据检索、电子查号、可视电话、电话电视会议和多媒体交互通信等多种新型业务，能够实现楼层间、楼群间以及远程通信。

整个通信自动化系统包括以下几个层次：最底层是传送现场控制参数、语音、数据和图像的基本通信网络或者称为设备层网络；其上是实现楼层内、楼层间各种微机、工作站和终端之间通信的楼层局域网；再上一层是在楼内各个局域网间通信或在楼群间各个局域网间通信的高速主干网；最高一层则是与公共信息资源（如 Internet）通信的远程数据通信网。

通常智能建筑通信自动化系统的网络拓扑结构是一个多层次的星型结构。一幢建筑通常应配置一个高速主干通信网络，每个楼层有一个或几个局域网络，各局域网通过高速主干网连接起来。高速主干网将中心计算机主机及各局域网连接起来，同时完成楼群间的通信联网。通常高速主干网还要与 Internet 等远程数据通信网连接。

（3）办公自动化（OA）

办公自动化是借助现代的办公设备，以实现办公过程与功能的自动化。其目的是改善办公条件，减少和避免各种差错，提高办公质量和效率。办公自动化系统应完成信息采集、保存、处理及传输等基本功能。OA 系统主要由具有声音、图像、文字、电话、电报、传真、电子邮件等数据处理、传输的设备、网络设备及复印、激光照排与打印设备，以及办公自动化软件等构成。该部分的详细内容可参见后面的 3.10 节。

（4）防火监控自动化（FA）

防火监控自动化系统又称为"消防报警系统"。它是集火灾监控和自动灭火为一体的一项综合性消防技术。FA 系统主要具备如下功能：相关火灾参数的监测与预测、火灾信息的处理、包括火警电话与火灾事故广播在内的火灾自动报警与消防设备联动灭火等。

（5）安全防范自动化（SA）

安全防范自动化系统由楼宇出入口控制与监控、闭路电视监视和自动报警等组成。该系统保安功能有 3 个层次：外部侵入保护，即防止外来无关人员从外部侵入楼宇内；区域保护，即探测是否有人非法进入某些特殊监控区域；目标保护，即对特定目标如保险柜、重要票据、重要文档等对象实施的重点保护。该系统由闭路电视监视系统、门禁系统、电梯门禁系统、停车场门禁系统以及相应的声光报警系统组成。该系统具有监视、防止非法入侵和非法行动的监视侦测功能、记录功能、事后重放分析功能、报警功能等。

（6）综合布线

在智能建筑中对于"5A"的应用，使得弱电线缆大量增加，而且种类繁多。这些骤然增加的线缆千丝万缕，密如蛛网。为了节省投资，便于管理，美国 AT&T 公司首先推出建筑物综合布线系统标准，并获得了美国相关协会的认证。综合布线系统的含义即是将整座建筑物"5A"的弱电线缆作为一个整体来考虑，由专业厂家提供符合标准的完整的产品系列，这些产品具有模块化的结构，有充分的灵活性。在这样的条件下，"5A"系统既自成体系又通过综合布线联系形成一个整体。

综合布线首要的特点是兼容性，它将语音、文字、数据、图像与控制设备的信号等经过统一的规划和设计，采用相同的传输介质、信息插座、交连设备、适配器等，把这些类别不同的信号综合到一套标准布线中去。在使用中，可以不必事先确定某个信息插座的具体应用，只需在某种终端设备（如电话、传真、视频设备或计算机等）插入这个信息插座后，再在管理间和设备间的交连设备上做相应的转接操作，该终端设备就被接入到其对应的系统中了。由此可见，这种布线方式比传统布线方式大为简化，不仅大大节约物资，还显著地节约了施工时间和空间。综合布线系统的应用，使语音、数据、视频"三网合一"成为了现实。

综合布线除了兼容性外，还具有开放性、灵活性、可靠性、先进性、经济性等特点。

　　1）开放性：指在更换如计算机设备、交换机设备等，无论更改其设备型号规格或品牌甚至供应厂商时均无须更换布线系统。

　　2）灵活性：指其传输线缆和相关连接件等均是通用的，不同设备开通时或更换时均不需改变布线，只需增减相应的应用设备以及在配线架上进行必要的跳线转接即可。

　　3）可靠性：指综合布线采用高品质的材料和严格的组装方式构成一整套高品质、高性能的线缆和相关连接件等，所有信息传输通道和部件均通过国际标准化组织 ISO 认证，从而保障了应用系统的高度可靠运行性能。

　　4）先进性：指综合布线应采用最先进的技术，目前一般是光纤与双绞电缆混合的布线方式，还可把光纤引到桌面，为同时传输多路实时多媒体信息提供足够的裕量。

　　5）经济性：不仅指综合布线方案应最大限度地降低成本，而且还要预留相当的技术储备，可以在将来技术发展的情况下，不增加过多新的投资，仍然能保持其先进性。

　　根据智能建筑种类的不同，目前已经推出的综合布线系统有以办公自动化环境和商务环境为主的建筑与建筑群综合布线系统，以大楼设备监控环境与舒适性为主的智能大楼布线系统和以特殊信息为主和适应实时快速处理的工业通信为主的工业布线系统。

　　通过上面的简单论述可知，智能建筑从组成结构上看，正如图 3-26 所示，可以说是由综合布线系统完成各级计算机网络和各种通信网络的功能，将"5A"系统有机地联系在一起而构成的。

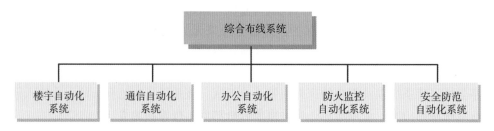

图 3-26　智能建筑的组成

3. 生态化的智能建筑

（1）生态化智能建筑问题的提出

　　传统模式的建筑消耗了约占地球近一半的资源，包括大量耕地的占用，大量消耗各种材料、能源和水。首先，在生产建筑材料时消耗了大量的能源和资源，而居住在建筑物中的人类又大量使用能源用于生活，如调节室内温度、湿度等。而这些过程所产生的大量废弃物，如二氧化碳等，逐渐形成地球的严重温室效应，建筑物内使用的制冷剂等物质会严重污染地球、破坏大气臭氧层、损害人类的健康，建设过程和人们生活的过程会同时产生大量的废气、废渣、噪声和粉尘。所有这些都会严重影响全球的生态系统。

　　因此，21 世纪对建筑物的建设提出了新的 4 大主题，即生态、环保、节能和智能化。人们开始寻求新的建筑技术，从建筑所在地区域、气候、环境、资源等方面的差异性出发，因地制宜，尽量选用当地适宜的能源和材料、选择适宜的技术，充分实现合理利用土地、材料和水资源，减少能源消耗、减少二氧化碳排放的目标，竭力减小建筑对环境的影响。这就是建筑的绿色化，或称为建筑生态化，又称为建筑可持续发展化。

（2）生态化的智能建筑

生态建筑也是环保、节能的建筑，是按照人类社会可持续发展的长远目标开发的，其依据建筑当地的自然生态环境，充分运用生态学、建筑学的基本原理，合理协调建筑与其他相关环境因素之间的关系，使建筑既具有良好的调节能力，以满足人们居住生活环境的舒适，又有机地使人、建筑与自然生态环境之间形成一个良性互动的循环再生体系。

生态建筑的主要特点如下：

1）从建筑设计到建筑技术的应用，都充分考虑了节约土地、节约能源、节水等举措，在建筑应用的全周期中，充分体现了将对环境的污染、影响降低到最低的程度，充分体现了建筑的经济效益、环境效益、社会效益的高度统一。

2）高度的因地制宜的特点。如利用当地有利的气象条件，避免当地不利的气象条件，采取相应的降低能耗的措施。

3）综合采用了众多相关新技术、新能源或新材料。而无论应用何种新技术、新能源或新材料，其总的原则都体现在对资源的节约、再利用和循环生产等方面。

4）充分体现人类社会与自然界之间的平衡、协调与互动的特点。即不是将人作为自然界的主宰，而是将人作为自然界中的一员来认识和界定人在自然界中的地位。换句话说，就是人的一切行为，必须顺应自然界的自然发展规律。

5）生态建筑应为绿色建筑。即生态建筑的建筑材料、装修材料都选用绿色健康、对人体和环境无害的建材，建筑内空气无污染，饮用水符合国家标准，污水排放、生活垃圾处理等不会对环境造成有害影响等。

6）可持续发展的特点。生态建筑可持续发展的特点体现在既充分满足了当代人的合理需求，又不危及后代人长远发展的需求。它同时照顾到了社会需求、经济发展和生态环境各方面的协调统一。

也有人将生态建筑的上述特点描述为：生态性、亲和性、健康性、先进性以及发展性这样几个特点。

3.4.2 楼宇自动化系统

1. 楼宇自动化系统的组成和工作原理

楼宇自动化系统（Building Automation System，BAS）主要由供配电与照明控制系统、空调与暖通控制系统、给排水控制系统、电梯与停车场监控系统、卫星接收和有线电视控制系统、多媒体音像控制系统、防雷与接地系统、能源管理和控制系统等几个部分组成。广义的楼宇自动化系统还应包括火灾报警与消防联动控制系统以及安全防范系统。

楼宇自动化系统通常采用两种结构形式，即集中式楼宇自动化系统和集散式楼宇自动化系统。

（1）集中式楼宇自动化系统

集中式楼宇自动化系统采用的是集中监视、集中协调控制的方式，这是一种比较传统的楼宇自动化系统，其基本结构如图3-27所示。其中，现场控制器通过各种信号的传感器实现对现场信号参数的采集和通过各种执行器对相应信号参数进行实时调节，中央控制级的主计算机则对各现场级控制系统进行监视、指导和全局协调，对系统的大部分管理信息的数据进行分析、运算、处理、统计、显示、报警及决策。集中式楼宇自动化系统的优势较少，且有危险集中的严重缺点，一旦主计算机出故障，将危及全系统，故只适合于简单系统。

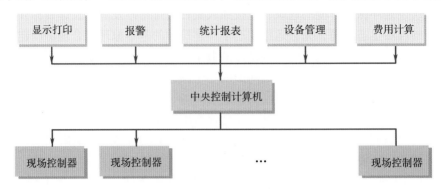

图 3-27 集中式楼宇自动化系统的基本结构

（2）集散式楼宇自动化系统（分布式楼宇自动化系统）

随着集散控制系统和分布式计算机网络系统的发展，集散式（分布式）楼宇自动化系统成为当前最常用的楼宇自动化系统类型。集散式楼宇自动化系统的基本结构如图 3-28 所示。

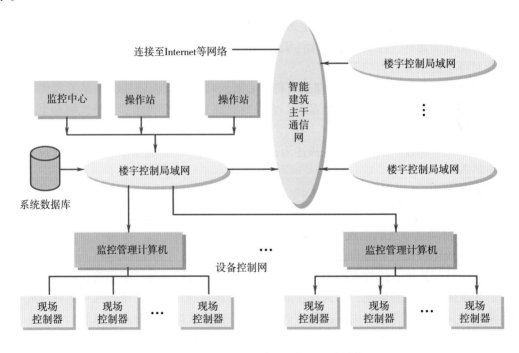

图 3-28 集散式楼宇自动化系统的基本结构

智能建筑的关键特征是智能、集成与协调。"统一管理和统一平台"的概念，也成为楼宇自动化系统尤其是集散式楼宇自动化系统的重要机制。在系统中，各机电设备共同担负着楼宇自动化的相关功能，存在内在的、密切的相互联系，需要完善的协调控制与管理。从控制的角度说，集散控制系统分成了两级、三级甚至更多级控制系统，其越上一级的控制器越偏向于协调其下级的关系，越下级的控制器则越着重于具体处理、解决其所管辖局部的具体控制任务。各级控制系统之间采用多层的网络联系，其上层通常是智能建筑主干通信网，其下层则是楼宇控制局域网，再下层通常采用设备控制网连接各具体的控制设备。

在集散式楼宇自动化系统中，分布在现场各处的各现场控制器独立完成数据采集、信号处理、控制、决策等任务。现场控制器同时将对于全局有影响的数据经采集、处理后，经网络送给监控管理计算机，以便监控管理计算机对其所监管的楼宇部分的全局情况有全面的了解，并据此做出判断和做出进一步有利于全局的协调处理的决策。

在楼宇控制局域网内，所有监控管理计算机都装载着分布式实时多用户、多任务操作系统，它们共同担负着对集散控制系统并行处理的任务，任一台监控管理计算机在多机运行分布式操作系统软件调度下可以接收和处理全部信息，也可以只接收和处理某一个子系统的信息，并不断将系统运行状态、故障状态等保存到系统数据库中。在这里，没有明显的主从关系，而是强调分布式并行处理，这样既实现了整个系统硬件和软件资源的共享，同时也实现了任务和功能的动态分配与协调。

集散式楼宇自动化系统由于突出了控制功能的全局协调，因此表现出控制性能明显的优势，但该类系统在设计、建设时难度高、耗费大、周期长。

在集散控制系统中，一个重要的问题是设备之间的数据传输和通信，因此，采用楼宇自动化系统中所有设备和设施都能够遵守和运行的数据通信协议就显得异常重要。这样的数据通信协议由一系列与软件和硬件相关的通信协议组成，规定了设备之间所有对话方式，通常采用"开放式系统互联参考模型（Open System Interconnect Reference Model，OSI）"的标准，这个标准为设备的相容性提供了共通的依据。

现场总线技术是计算机控制系统中的一种最新技术成果，是一种开放式、分布式的网络控制技术，其所构成的网络是一种典型的设备控制网。在这个技术支持下，控制现场的各个智能节点既相互独立，各自完成各自的任务，又可共同组态构成一个开放式、分布式、可扩展的网络控制系统，在更大范围完成更全面、层次更高的任务。

2. 楼宇自动化系统的功能

楼宇自动化系统的基本功能可以归纳如下：

1）实施系统的各种管理、调度、操作和控制的策略，控制并监视系统的运行，对大楼内的各种机电设备进行统一管理和协调控制。

2）自动控制各种机电设备的起、停和运行，根据外界条件、环境因素、负载变化等情况按要求进行连续调节，使之始终运行于最佳状态，并监视其运行状况，记录、显示当前运转状态。

3）监测并及时处理各种意外、突发事件，必要时给出报警。

4）实现对全部设备的管理，包括设备档案、设备运行状况报表和设备维护、保养、维修管理等。

5）实现对水、电、气等能源设施的自动化抄表和管理，包括计量收费等。

6）记录、分析、统计、显示系统运行的状态，包括各种数据、图像和曲线，必要时打印各类报表，完成系统运行的历史记录及趋势分析。

3. 楼宇自动化系统的发展历程

楼宇自动化系统发展到目前为止经历了 4 代产品。

（1）第一代产品——中央监控系统（20 世纪 70 年代产品）

中央监控系统（Central Control and Monitoring System，CCMS）阶段 BAS 的特点是分散

在建筑物现场各处的信息采集站 DGP（连接传感器和执行器等设备）通过总线与中央计算机连接在一起组成中央监控型自动化系统。DGP 只完成上传现场设备信息和下达中央站控制命令的功能。一台中央计算机操纵着整个系统的工作。

（2）第二代产品——集散控制系统（20 世纪 80 年代产品）

集散控制系统阶段 BAS 的特点是由 4 级组成，分别是现场、分站、中央站、管理系统。各分站的配有 CPU 的直接数字控制器（Direct Digital Controller，DDC）可以独立完成所有控制工作。集散控制系统的主要特点是中央站完成监视，分站完成自治控制，不完全依赖中央站，保证了系统的可靠性。

（3）第三代产品——开放式集散系统（20 世纪 90 年代产品）

开放式集散系统阶段 BAS 的特点是现场总线开始应用，BAS 控制网络形成了 3 层结构，分别是管理层（中央站）、自动化层（直接数控分站）和现场网络层。分布式输入/输出现场网络层使系统的配置更加灵活，使分站具有了一定的开放性。

（4）第四代产品——网络集成系统（21 世纪产品）

网络集成系统阶段 BAS 的特点是企业内部网（Intranet）的应用，使 BAS 与 Intranet 成为一体系统。在这里网络集成系统是采用 Web 技术的建筑设备自动化系统，它有一套包含安全防范系统、机电设备控制系统和防火监控系统的管理软件。

3.5　电力系统自动化

相对于石油、煤炭等一次能源而言，电力是现代社会使用最广泛的二次能源，对各行各业和人们的日常生活都有着非常巨大的影响。电力主要来源于火电、水电和核电，一些新能源，如太阳能、风能、海洋能、生物能等产生的电力目前还只能是一种补充。电力能源通过发电、输电、变电、配电、用电等环节为工矿企业、事业机构、商业、交通和家庭用户等提供安全可靠的电力供应。而发电、输电、变电、配电、用电等环节就构成了电力系统。电力系统是经济社会发展的基础设施和重要的公用事业，依地域分布、系统结构复杂程度等呈现出不同形式和规模。不管是何种形式和规模的电力系统，对其基本要求主要体现在安全性、经济性和供电质量这三个方面上。为了满足这些基本要求，电力系统的自动化是必不可少的。随着经济社会发展和人民生活水平不断提高，对电力建设、电网安全稳定运行、电能质量和优质服务等提出的更高要求促进了电力系统自身的迅猛发展，如柔性输电、智能化变电站、智能电网等新技术和新概念层出不穷。尤其是近年来世界各国大力发展的智能电网技术特别注重控制、通信等信息技术在电力系统中的应用，构建以信息化、自动化、数字化为主要特征，具备"自愈"能力的新型智能化电力系统。因此可以断言，未来的电力系统将越来越依赖于自动化技术。

3.5.1　电力系统自动化的基本概念

电力系统自动化对电网的安全运行如此重要，那么什么是电力系统自动化呢？

举个简单的例子：公共电网供应到家庭用户的单相交流电频率为 50Hz、电压幅值为 220V（因国家或地区不同存在差异）。电压若偏离这些给定值时会引起家用电器设备工作不正常甚至损坏。因此电力企业需采用自动调压和自动调频装置或设备来控制电压和频率保持恒定，这就是电力系统中采用自动化技术的一个例子。当然，电力系统涉及环节多、地域分布广、系统结构特别复杂，因而在电力系统中应用的自动化技术远比这个例子复杂得多。

简而言之，电力系统的基本任务是安全、可靠、优质、经济地生产、输送与分配电能，满足国民经济和人民生活需要。电力系统自动化就是根据电力系统本身特有的规律，应用自动控制原理，采用自动控制装置来自动地实现电力生产的安全可靠运行。换句话说，有了自动化，就能更有效地保障电力系统的安全可靠运行；有了自动化，就可以大大减轻电力生产过程中人的劳动强度，提高生产效率和电能质量。电力系统自动化是自动化技术在特定领域或行业的一种具体应用，它采用各种具有自动检测、决策和控制功能的装置，通过信号系统、数据传输系统和计算机管理系统对电力系统各元件、局部系统或全系统进行本地或远方的自动监视、调节、控制和管理，保证电力系统的安全经济运行和具有合格的电能质量。

再通过一个例子来了解一下为什么要在电力系统中应用自动化技术。

电能的生产是一个有机的整体，由于目前电能还不能大量存储，因此发电、输电、变电、配电和用电几乎是同时完成的，各部分联系非常紧密；另外电力系统往往存在地域分布广、电网结构复杂等特点。以上因素使得电力系统的暂态过程非常迅速，整个系统比较脆弱。如果电网中某个节点线路切换早 0.1s 动作，可能就不会出问题，但是若晚 0.1s 动作，可能就会出现问题，甚至造成整个电网瘫痪。如 2003 年 8 月 14 日发生的"美加大停电"，起因只是局部电网超负荷而工作人员未能及时拉闸处理，造成一个发电厂停运。这一事故继而引发连锁反应，导致了美国八个州和加拿大东部大面积停电，造成大量工厂停产，整个交通系统陷入全面瘫痪，成千上万名乘客被困在漆黑的地铁隧道里，商场和办公楼的空调和电梯停运，很多人陷入恐慌，并造成了巨大的经济损失。试想，对于这样一个结构复杂而庞大的系统，如果没有一系列的自动化技术、装置和设备等，就无法保证这个系统安全、稳定、正常运行。

3.5.2　电力系统自动化的重要性

管理和控制好一个现代大型电力系统是一项十分困难而艰巨的任务，以下简要分析电力系统自动化的重要性。

首先，电力系统复杂而庞大的结构特点要求必须实施快速的自动控制。"大电网、大电机、高电压"是现代电力系统的主要特征，系统中有成千上万台发、输、配电设备；被控制的设备分散，分布在辽阔的地理区域之内，纵横跨越一个或几个省；被控制的设备间联系紧密，通过不同电压等级的电力线路连接成网状系统。由于整个电力系统在电磁上是互相耦合和关联的，所以在电力系统中任何一点发生的故障，都会在瞬间影响和波及全系统，往往会引起连锁式反应，导致事故扩大，严重情况下会使系统发生大面积停电事故。因此，在电力系统中要求进行快速控制。对这种结构如此复杂而又十分庞大的被控对象进行高度自动化的快速控制，一直是电力系统自动化领域研究、开发和应用的热点和难点。

其次，电力系统中被控制的参数众多，包括频率、节点电压、有功和无功功率、功率平衡及为保证经济运行的各种参数等，而监视和控制这成千上万个运行参数就必须依靠自动化技术。为了保证电能质量，要求在任何时刻都应保证电力系统中电源发出的总功率等于该时刻用电设备在其额定电压和额定频率下所消耗的总功率。而电力系统用户的用电事件却是随机的，需要用电时就合闸用电，不需要用电时就拉闸断电，因而导致用电量往往是随机变化的。这就需要控制电力系统内成千上万台发电机组和无功补偿设备发出的有功和无功功率等于随时都在变化着的用电设备所消耗的有功和无功功率。显然，监视和控制成千上万个运行参数也是十分困难的任务。

最后，电力系统中存在各种干扰，这种条件下如何保障电网的安全稳定运行必须依赖自动化技术。从自动控制的角度来看，电力系统故障是电力自动控制系统的扰动信号。电力系统故障的发生是随机的，而且故障的发生和消除是同时存在的，这就增加了实施控制的复杂性。电力系统故障有时会使电力系统失去稳定，造成灾难性后果。因此，如何控制才不使电力系统失去稳定，若电力系统失去稳定后又该如何控制才能使电力系统恢复稳定，已成为当前电力系统自动化研究的重大课题之一。

上述分析说明，保证电力系统安全、优质、经济运行单靠发电厂、变电站和调度中心运行值班人员进行人工监视和操作是根本无法实现的，必须依靠自动化装置和设备才能实现。实际上，电力系统规模的不断扩大是与电力系统采用自动监控技术和远动控制技术分不开的。可以毫不夸张地说，电力系统自动化是电力系统安全、优质、经济运行的保证之一。安全供电离不开自动化，保证良好的电能质量离不开自动化，经济运营也需要自动化。

3.5.3　电力系统自动化的内容

通常所说的电力系统是指电能生产、输送、分配和消费所需的发电机、变压器、电力线路、断路器、母线和用电设备等互相联结而成的系统。这是一个能量系统，也称为电工一次系统。电工一次系统中的电力设备通常被称为一次设备。在电力系统中还存在对一次设备进行监视、控制、保护、调度所需的由自动监控设备、继电保护装置、远动和通信设备等组成的辅助系统。这是一个信息系统，也称为电工二次系统。电工二次系统中的设备（或装置）通常被称为二次设备。电力系统自动化是二次设备的一个组成部分，通常指对电力设备及系统的自动监视、控制和调度。

电力系统自动化是一个总称，它由许多子系统组成，每个子系统完成一项或几项功能。从不同的侧面看可以将电力系统自动化的内容划分为几个不同部分。按电力系统运行管理划分，可以将电力系统自动化分为电力系统调度自动化、电厂自动化和变电站自动化。调度自动化又可分为输电调度自动化、配电网调度自动化。电厂自动化又分为火电厂自动化、水电厂自动化、核电站自动化、新能源发电自动化等。

根据电力系统的组成和运行特点，电力系统自动化大致可以分成以下几种不同内容的自动化系统。

1. 电力系统调度自动化系统

电力系统是由许许多多发电厂、变电所、输电线以及用户所组成的。这些发电厂、变电所的实际运行状况以及线路的有功无功潮流，以及母线电压等信息，一般是通过装设在各厂站的远动装置送至调度所。调度所有大有小，我国一般分为五级调度，即国家调度、大区调度、省级调度、地区调度和县级调度，各级调度所的职能和管辖范围是不同的。这些远动信息送至调度所后，由调度中心的运行人员和计算机系统，对当前系统的运行状态进行分析计算，最后再将计算结果及决策命令通过远动的下行通道送至各个厂所，从而实现电力系统的安全经济运行。

因此，电力系统调度的主要任务如下：

1）控制整个电力系统的运行方式，使整个电力系统在正常状态下能满足安全优质和经济地向用户供电的要求。

2）在缺电状态下做好负荷管理。

3）在事故状态下能迅速消除故障的影响和恢复正常供电。

电力系统调度自动化正是综合利用计算机技术、自动控制技术、远动和远程通信技术，实现电力系统调度管理的自动化，有效地完成电力调度任务。

图 3-29 所示是调度自动化系统的结构简图。图中主站（Main Station，MS）安装在调度所，远动终端（Remote Terminal Unit，RTU）安装在各发电厂和变电站。MS 和 RTU 之间通过远动通道相互通信，实现数据采集和监视与控制。RTU 是调度自动化系统与电力系统相连接的装置，功能之一是采集所在厂（站）设备的运行状态和运行参数，如电压、电流、有功和无功功率、有功和无功电量、频率、水位、断路器分合信号、继电保护动作信号等。RTU 采集的信息通过通信通道送到主站。RTU 的第二个功能是接收主站通过通信通道送来的调度命令，输出断路器控制信号、功率调节信号或改变设备整定值的信号给其所在厂（站）的自动控制装置，并向主站返回已完成的操作信息。

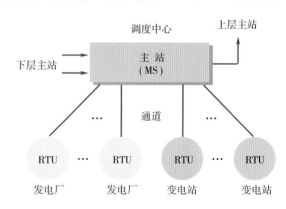

图 3-29 调度自动化系统的结构简图

电力调度自动化系统的一个特点是其分层结构。分层调度控制与集中调度控制相比有许多优点，可使各种问题得到比较合理的解决。

电力系统调度控制一般分为主调度中心、区域调度中心和地区调度中心三级。在发电厂和变电站装设的远动终端或计算机控制系统直接采集实时信息并控制当地设备，只有涉及全网性的信息才向调度中心传送。调度中心集中信息后作适当处理、编辑后再向更高层次的调度中心转发。上层调度中心做出的决策以控制命令的形式向下级发送。这种分层采集信息和分层控制简化了系统结构，并减少了通道量和信息量，使信息与调度的实时性明显提高。

2. 电厂自动化系统

电厂自动化系统随电厂的类型不同而不同，主要可分为火电厂自动化、水电厂自动化、核电站自动化、新能源（风电、太阳能等）发电自动化等。无论是火电、水电、核电或其他发电方式，都是通过某种动力机械驱动发电机发电，因此其自动化系统具有很多共同点，既要分别控制动力装置、发电机及其他辅助设备，又要对各个控制系统进行协调和统一管理。下面以火电厂自动化为例对电厂自动化系统做简要介绍，对其他类型电厂自动化系统的进一步了解可以参阅相关文献。

火电厂是利用化石燃料燃烧释放出来的热能发电的。根据动力设备的类型，电厂分为蒸汽动力发电厂、汽轮机发电厂和内燃机发电厂，其中蒸汽动力发电厂提供的电能约占火电厂提供总电能的 95%。蒸汽动力发电厂的主要动力设备有锅炉、汽轮机、汽轮发电机以及一些辅助设备。在火电厂，燃料在锅炉内燃烧放热，将水加热成蒸汽，蒸汽在汽轮机内转换为转子转动的机械能，再由汽轮机驱动发电机将汽轮机输出的机械能转换成电能，最后，由配电装置将电能输送入电网。汽轮机的排气进入凝汽器被冷凝成水，再由凝结水泵经低压加热器送入除氧器，最后再经给水泵通过高压加热器送回锅炉。这样就实现了火电厂的连续电能生产。

火电厂自动化是一门综合技术。它的主要功能可以概括为自动检测、自动保护、顺序控制、连续控制、管理和信息处理。火电厂自动化是通过各种自动化系统实现的。大容量火力发电机组的自动化系统主要有计算机监视（或数据采集）系统、机炉协调主控制系统、锅炉控制系统、汽轮机控制系统、发电机控制系统、辅助设备及各支持系统等。图3-30是火电厂发电机组自动控制系统的示意图。其中，发电机及其励磁系统组成发电机励磁自动控制系统，控制发电机电压和无功功率；汽轮机、发电机和调速系统组成发电机组调速自动控制系统，控制发电机转速（频率）和无功功率；自动同期并列装置和断路器控制组成发电机同期并列控制，其作用是使发电机输出的电压、频率、相位角等与电网基本一致，否则将会造成严重事故。

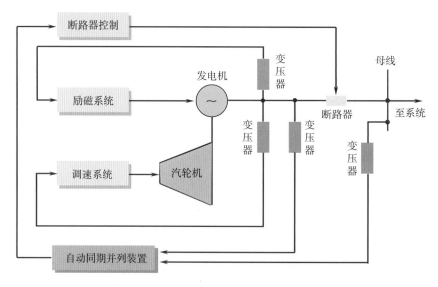

图3-30　火电厂发电机组自动控制系统

随着先进控制理论和计算机数字监控技术在电力系统中的广泛应用，出现了发电机综合自动控制系统，其功能包括发电机组开停顺序控制、励磁控制、调速控制、稳定裕度监视控制等。

3. 变电站自动化系统

变电站是电力系统中变换电压、接受和分配电能、控制电能流向和调整电压的电力设施，它通过变压器将各种电压等级的电网联系起来。变电站自动化系统是在原来常规变电系统的基础上发展起来的，随着微机监控技术在电力系统和电厂自动化系统中的不断发展，微机监控监测技术也开始引入变电站，变电站正在向综合自动化、智能化方向发展。目前我国已实现了变电站的远方监视控制，远动和继电保护已实现了微机化，同时大力开展了无人值班变电站的设计改造工作。无人值班变电站将会使变电站的综合自动化程度推向一个更高的阶段，其功能包括变电站的远动、继电保护、远方开关操作、自动测量、故障和事故的自动记录以及运行参数自动打印等功能。

4. 电力系统中的自动化装置

电力系统中的自动化装置主要是为电力系统安全、可靠、经济地运行服务的，主要是指发电机组的自动控制装置，如发电机组的自动并列装置、自动励磁装置、自动解列装置、发电厂变电所主接线操作和运行的自动控制装置，以及电力系统的安全自动控制装置，如低频减载装置、自动重合闸装置、继电保护装置等。

发电机及其自动控制装置构成的系统如图 3-31 所示。它有两个可控输入量——动力源和励磁电流，其输出量为有功功率和无功功率，直接关系到电网的电能质量。图 3-31 中的 *P-f*（有功功率和频率）控制器和 *Q-U*（无功功率和电压）控制器，是电力系统维持电能质量的自动控制装置。

（1）频率和有功功率自动控制

电力系统频率是电能的两大重要质量指标之一。电力系统频率偏离额定值过多，对电能用户和电力系统的设备运行都将带来不利的影响。我国规定，正常运行时电力系统的频率应当保持在（50 ± 0.2）Hz 范围之内。当采用现代化自动调节装置时，频率的偏差可做到不超过 0.05 ～ 0.15 Hz。维持电力系统频率在额定值，是靠控制系统内所有发电机组输入的功率总和等于系统内所有用电设备在额定频率时所消耗的有功功率总和实现的，其中包括机组和电网损耗。这种平衡关系一旦遭到破坏，电力系统的频率就会偏离额定值。

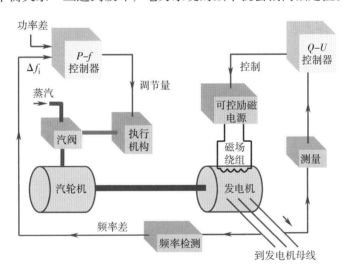

图 3-31 发电机及其自动控制装置构成的系统

电力系统频率和有功功率自动控制是通过控制发电机有功功率来跟踪电力系统的负荷变化，从而维持频率等于额定值，同时满足互联电力系统间按计划要求交换功率的一种控制技术。电力系统频率和有功功率控制通常称为电力系统自动发电控制或负荷与频率控制。它的主要任务有以下 3 项：

1）使系统的总发电功率满足系统总负荷的要求，主要由发电机的原动机（汽轮机或水轮机）的调速控制（称为一次调频）来实现的。

2）使电力系统的运行频率与额定频率之间的误差趋于零，由调节发电机的频率特性（称为二次调频）来实现的。

3）在整个电力系统各成员之间合理分配发电功率，使联络线交换的功率满足预先商定的计划值，以此保证整个电力系统的运行水平及各成员自身的利益。

完成上述 3 项任务的基础自动化系统是发电机组的调速系统。同时由于电力系统中用电设备所消耗的有功功率与频率也有一定关系，因此完成上述 3 项任务时还涉及电力系统的负荷频率特性。

（2）电压和无功功率自动控制

电压与频率一样，也是电能质量的重要指标。电力系统电压偏离额定值过多，对电能用户及电力系统本身都有不利影响。我国国家标准 GB/T 12325—2008 对电力系统的运行电压和供电电压值都有明确规定和要求。维持电力系统电压在规定范围内运行而不超过允许值，是以电力系统内无功功率平衡为前提的。电力系统中的无功电源主要是发电机。除此之外，还有并联电容器、同步调相机、静止补偿器等，另外高压输电线路本身也产生无功功率。

电力系统电压和无功功率自动控制是使部分或整个系统保持电压水平和无功功率平衡的一种自动化技术。它的主要内容有：

1）控制电力系统无功电源发出的无功功率等于电力系统负荷在额定电压下所消耗的无功功率，维持电力系统电压的总体水平，保持用户的供电电压在允许范围之内。

2）合理使用各种调压措施，使无功功率尽可能就地平衡，以减少远距离输送无功功率而产生的有功损耗，提高电力系统运行的经济性。

3）根据电力系统远距离输电稳定性要求，控制枢纽点电压在规定水平，避免产生过电压。

由于发电机是电力系统中最重要的无功电源，且发电机的无功功率受发电机的励磁电流控制，因此，发电机的励磁控制系统就成了电力系统电压和无功功率控制系统的重要执行子系统，是电力系统电压和无功功率自动控制的重要组成部分。

3.5.4　电力系统自动化发展趋势

1. 电力系统具有变革影响的新技术

电力系统及技术属于传统工业技术的范畴，技术创新和出现重大突破的机会可能要比其他学科如信息科学、生命科学、材料科学等少得多。但是，也应该看到，随着经济社会发展和人民生活水平不断提高，化石煤炭、天然气等资源量不足的压力对现代电力系统提出了越来越高的要求，如安全、可靠、经济、节能与环保等，促使电力系统不断涌现一些具有变革影响的新技术，主要有下述几个方面：

1）智能电网技术正蓬勃发展。智能电网就是电网的智能化，它建立在集成的、高速通信网络的基础上，并通过先进的传感和测量技术、先进的装置与设备、先进的控制方法以及先进的决策支持系统等技术的应用，最终实现电网的可靠、安全、经济、高效、环境友好和使用安全的目标，其主要特征包括自愈与激励、抵御攻击、提供满足用户需求的电能质量、容许各种不同发电形式的接入、启动电力市场以及资产的优化高效运行等。

2）新型高压/超高压交直流输电技术已崭露头角。常规的三相交流输电在远距离输电工程中占主导地位，在未来相当长的时间内仍然是输电和联网的主要方式。未来交流输电发展的重点是采用新技术，充分利用线路走廊输送更多的电力，如多相（大于三相）交流输电技术已经进入工业性试验和试运行阶段。在相同的线路走廊和占地面积下，多相输电可提高由线路发热条件决定的负荷容量，可设计得更"紧凑"，适合线路路径受限制的地区。灵活交流输电系统（Flexible AC Transmission System，FACTS）是利用大功率电力电子器件，应用现代换流和控制技术，按照电网的要求，实现电压、阻抗或相位的大幅度灵活控制，以便更自如地应对互联电网中的两大难点，即潮流问题和系统稳定性问题。另外，高压直流输电技术（High Voltage Direct Current，HVDC）的发展方兴未艾，其未来的发展趋势是在应用新型大功率可关断器件组成的换流器进一步改善输电性能的同时，大幅度简化设备，减少换流站的占地，降低系统造价，以便在技术经济上比其他输电方式更具竞争力。

3）绿色发电技术如洁净煤发电、分布式发电、新能源发电等技术必将有更大发展和更广泛的应用。虽然当今火力发电的供电比例最大，但却存在发电效率低、污染物排放量大等缺点，因此要大力推广洁净煤发电技术，倡导绿色发电。采用新型液体或气体燃料的内燃机、微型燃气轮机和燃料电池组成的分布式发电系统具有大幅度降低输电线路建设费用、大大提高供电可靠性和良好的环保性能等优点，因而受到业界广泛关注，世界各地都已经有不同规模的分布式发电系统投入运营，未来将会得到更大发展。太阳能、风能、潮汐等新能源发电虽然占当前总发电量的比重小，并存在新建投资额大等制约因素，但随着各国能源产业政策的进一步明确、尚待解决的技术问题逐渐突破、成本进一步降低，必将在能源发电市场占有更重要的地位。

4）满足用户需求、改善电能质量和供电可靠性的定制电力技术呼之欲出。美国电力研究协会（Electric Power Research Institute，EPRI）1992 年提出的定制电力技术概念把大功率电力电子技术和配电网自动化技术综合起来，以应对用户不同用电需求，提供达到用户所需的高可靠性和高质量的电能。目前已开发出用于配电网的静止无功发生器以提高配电网无功调节质量，未来以电力电子技术和现代控制技术为基础的定制电力技术必将有广泛应用。

5）基于广域测量系统的动态安全监控技术是未来电力系统监测技术的发展方向。广域测量系统（Wide Area Measurement System，WAMS）是以同步相量测量技术为基础，以电力系统动态过程监测、分析和控制为目标的实时监控系统。WAMS 具有异地高精度同步相量测量、高速通信和快速反应等技术特点，它非常适合大跨度电网，尤其是我国互联电网的动态过程实时监控。以直接测量系统状态变量为基础的动态安全监测是未来电力系统监测技术的发展方向，它必将使现有的数据采集与监控（Supervisory Control And Data Acquisition，SCADA）和能源管理系统（Energy Management Systems，EMS）发生重大变革，并为电力系统稳定控制提供可靠和实时的数据资源。电力系统的稳态监测及动态实时监测的结合，将使电力系统的在线监测和控制日趋完善。

2. 顺应现代电力系统技术变革的电力系统自动化技术发展趋势

如前所述，电力系统本身以及电力系统正在或即将不断涌现的变革性技术是一个结构复杂、具有非常强的非线性、时变性和参数不确定性的动态大系统。对这样的系统实现有效的自动控制极为困难，还有很多的控制问题有待解决，自动化技术的应用必将进一步深入。随着大功率电力电子器件的出现及计算机控制技术的迅速发展，各种先进的控制方法在电力系统控制中的应用研究已几乎遍及所有电力系统领域，其中包括最优控制、自适应控制、变结构控制、H∞鲁棒控制、微分几何控制、神经网络控制、模糊控制、专家系统控制以及智能控制等。顺应现代电力系统特征和技术变革的电力系统自动化技术的发展趋势主要体现在以下几个方面：

1）电力系统的自动控制技术正在全方位深入应用和扩展，以适应现代电力系统"大电网、大电机、高电压、高度自动化"的技术特征。在控制策略上日益向最优化、自适应化、智能化、协调化、区域化发展；在设计分析上日益要求面对多机系统模型来处理问题；在理论工具上越来越多地借助于各种先进控制理论；在控制手段上逐渐增多了计算机、电力电子器件和远程实时通信的应用。

2）电力系统自动化技术不断由开环监测到闭环控制、由低级到高级、由局部到整体、由单个到一体化乃至全网深入和扩展（如自动发电控制、配网自动化、智能电网等）。电力系统自动化装置及性能向数字化、快速化和灵活化发展（如数字化变电站、新型继电保护装置等）；追求目标向最优化、协调化、智能化发展（如发电机组综合励磁控制、电网潮流控制等）；由提高电网运行的安全性、经济性和效率向管理、服务、市场的自动化扩展（如管理信息系统、智能调度、智能状态检修、定制电力技术等）。

3）随着计算机技术、通信技术、控制技术的发展，现代电力系统已成为一个计算机（Computer）、控制（Control）、通信（Communication）和电力系统装备与电力电子（Power System Equipments and Power Electronics，CCCP）融合的统一体，其内涵信息将不断深入，自动化的特征外延将不断扩展。

3.6 形形色色的机器人

机器人作为人类20世纪最伟大的发明之一，是一种典型的光机电一体化的自动化装置，也是具有代表性的高新技术产品。机器人技术建立在多学科发展的基础之上，包括机械、电子电气、计算机、检测、通信、自动控制、语音和图形图像处理等，以及在上述技术基础上进行的综合集成。机器人的出现及其进一步完善将把人从部分直接生产的岗位中解放出来，同时也是当今各个领域进一步实现自动化的有力工具，将对各行各业乃至整个社会都带来极大的影响。连比尔·盖茨都预言机器人将重复个人计算机兴起的道路，成为人们日常生活的一部分，甚至彻底改变人们目前的生活方式。因此，世界各国对机器人技术都给予了极大的关注，投入巨资进行机器人的研究、开发与应用。

机器人（Robot）这个词源于1920年捷克作家卡雷尔·卡佩克的科幻话剧《罗索姆的万能机器人》。剧中的一个人物的名字叫Robota（捷克文，意为"苦力"、"劳仆"），是一家公司研制的形状像人的机器，可以听从人的命令做各种工作。作为技术名词，"机器人"的英文Robot就是由捷克文的Robota衍生而来的。

世界上第一台机器人试验样机于1954年诞生于美国，机器人产品则问世于20世纪60年代。20世纪80年代中期，第三次信息技术革命浪潮冲击着全世界，在这个浪潮中，机器人技术起着先锋作用，工业机器人总数每年以30%以上的速度在增长，推动汽车及相关制造工业形成全球规模的产业。在基础设施、服务、娱乐、医疗、深海、外太空等非制造行业，机器人也正在发挥着巨大的、不可替代的作用。机器人的种类之多、应用之广、影响之深、智能化程度之高都是人类始料未及的。

举一个仿人机器人的例子，日本本田公司研制的双脚步行智能机器人"ASIMO"（见图3-32）是最为出色的仿人机器人之一，自2000年推出后其功能不断进化，具有根据周围各种状况进行综合分析、判断、并做出恰当反应的能力，并能依据人的声音、手势等指令来从事各种动作。它不仅能自主完成走路、跑步、上下楼梯、踢足球、跳舞等动作，在运动中能够躲避障碍物，而且还具备较强的"交际"和"接待"能力，可以与人对话和握手，当客人进入房间时，"ASIMO"会立刻前来迎接，向客人问好并把客人领到桌边坐下，并按照客人的要求端茶倒水。

中国的机器人技术起步较晚，1986年，我国把智能机器人列为高技术发展计划，研究目标是跟踪世界先进水平。国家"七五"科技攻关计划重点发展工业机器人，包括弧焊、点焊、喷漆、上下料搬运等机器人以及水下机器人。近十年来，中国的机器人技术和水平发展非常快，目前

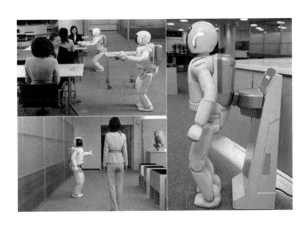

图 3-32　仿人机器人"ASIMO"

已研制出具有自主知识产权的数十种工业机器人系列产品，部分已进入批量生产，也开发了非常多的特种机器人系统，建立了十余个机器人研发中心和20多个机器人产业化基地，在一些领域中，如水下机器人、空间机器人等已达到世界领先水平。

3.6.1　机器人系统工作原理及分类

一般地说，可以定义机器人是由程序控制的，具有人或生物的某些功能，是可以完全或部分代替人进行工作的机器。比如能像手臂一样动作，能在地上行走或者水中游走等。它的外形可以像人，也可以完全不像人，重在其功能。智能化程度高的机器人可以通过传感器了解外部环境或者"身体内在"的状态与变化，甚至可以做出自己的逻辑推理、判断与决策，这就是目前所说的智能机器人。

机器人的组成至少应具备两部分：控制部分和直接进行工作部分。机器人控制系统的基本构成如图 3-33 所示，它是由计算机硬件系统及操作控制软件、输入/输出（I/O）设备、驱动器、传感器等系统构成的。计算机是机器人的大脑，传感器是机器人的感觉器官，常用的传感器有视觉、触觉、力/力矩传感器，还有温度、压力、流量、测速传感器等。输入/输出设备是人与机器人的交互工具，常用的有显示、键盘、示教盒、网络接口等。

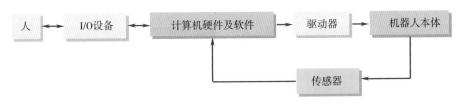

图 3-33　机器人控制系统的基本构成

机器人可以根据不同的标准分成很多类型。按用途来划分，可以分为工业机器人、农业机器人、医疗机器人、海洋机器人、军用机器人、太空机器人、管道机器人、娱乐机器人、服务机器人、微型机器人等。应用于不同领域的机器人不仅在用途上，而且在结构和性能上会有很大的不同。

按功能来划分，可以分为普通的程序控制机器人和智能机器人。程序控制机器人按照规

定的顺序动作，很多工业机器人都属于这种类型。智能机器人是具有感知、思维和行动功能的机器，是多种学科和高新技术综合集成的产物。从某种意义上讲，一个国家智能机器人技术水平的高低反映了这个国家综合技术实力的高低。

3.6.2 工业机器人

工业机器人是由机器人机械本体和控制装置（硬件和软件）构成的机电一体化自动化装置，能够在工业生产线中自动完成点焊、弧焊、喷漆、切割、装配、搬运、包装、码垛等作业，因其具有重复精度高、可靠性好、实用性强等优点，广泛应用于汽车、电子、食品、钢铁、化工等多个行业。

20世纪80年代以来，工业机器人技术逐渐成熟，并迅速得到广泛的应用推广。至今，全世界每年都有近10万台新的工业机器人投入运行。尽管世界上的不同的机器人生产厂家都各有自己的设计标准和结构特点，但主要的机械结构和控制功能都大同小异。虽然工业机器人在技术上已基本稳定和成熟，但仍然在不断地改进和完善中，主要体现在结构的进一步紧凑化、运动速度和定位精度的不断提高、通信和网络功能更加强大、应用工艺能力更加丰富和便利、控制的轴数越来越多等，其升级换代周期大致为3~5年左右。

研制开发工业机器人的初衷是为了使工人能够从单调重复作业或危险和恶劣环境作业中解脱出来，但近年来，工厂和企业引进工业机器人的主要目的则更多地是为了提高生产效率、保证产品质量、节约劳动成本和制造成本、增强生产灵活性、提高企业竞争力。工业机器人的主要特点可归纳为如下几个方面：

1）能高强度地、持久地在各种生产和工作环境中从事单调重复的劳动。

2）对工作环境有很强的适应能力，能代替人在有害和危险场所从事工作。

3）动作准确性高，可保证产品质量的稳定性。

4）具有很广泛的通用性和独特的柔性，比一般自动化设备有更广的用途，既能满足大批量生产的需要，也可以通过软件调整等手段加工多种零部件，可以灵活、迅速地实现多品种、小批量的生产。

5）能显著地提高生产率和大幅度降低产品成本。

图3-34~图3-36所示为常见的一些工业机器人应用例子。

图3-34 弧焊机器人

图3-35 汽车装配机器人

图 3-36　机器人电子装配生产线

3.6.3　水下机器人

众所周知，海底世界不仅压力非常大，而且能见度低，环境非常恶劣。不论是沉船打捞、海上救生、光缆铺设，还是资源勘探和开采，一般的设备都很难完成，于是人们将目光集中到了机器人身上，希望通过水下机器人来解开大海之谜，为人类开拓更广阔的生存空间。

水下机器人就是在水下作业的机器人，具有足够的抗压能力和密封性能，可实现有人或无人操作。在海洋中，每下潜 100m 就会增加 1MPa（10 个大气压），这就要求机器人的组成部件必须能承受住足够大的压力而不变形、不损坏。6000m 海底的压力高达 60MPa（600 个大气压），在如此高的压力下，几毫米厚的钢板容器会像鸡蛋壳一样被压碎。而对于浮力材料，不仅要求它能承受强大的压力，而且要求它的渗水率极低，以保证其密度不变，否则机器人就会沉入海底。

水下机器人也称作无人潜水器（Unmanned Underwater Vehicles），准确地说，它不是人们通常想象的具有人形的机器，而是一种可以在水下代替人完成某种任务的装置，其外形更像一艘潜艇，适合于长时间、大范围的水下作业。

按照无人潜水器与水面支持设备（母船或平台）间联系方式的不同，水下机器人可以分为两大类：一类是有缆水下机器人，习惯上把它称为水下遥控运载体（Remotely Operated Vehicle，ROV），母船通过电缆向 ROV 提供动力，人可以在母船上通过电缆对 ROV 进行遥控；另一类是无缆水下机器人，习惯上把它称为水下自主式无人运载体（Autonomous Underwater Vehicle，AUV），AUV 自带能源，依靠自身的自治能力来管理和控制自己以完成人赋予的使命。

水下机器人的发展已有较长的历史。1960 年美国研制成功了世界上第一台有缆遥控水下机器人"CURV1"，它与载人潜水器配合，在西班牙外海找到了一颗失落在海底的氢弹，当时引起了极大的轰动，由此有缆遥控水下机器人技术开始引起人们的重视。20 世纪 70 年代，有缆遥控水下机器人产业已开始形成，并在海洋研究、近海油气开发、矿物资源调查取样、打捞和军事等方面都获得了广泛的应用，是目前使用最为广泛、最经济实用的一类无人潜水器，最大下潜深度可达1万米。图3-37所示为美国"CURV3"型有缆遥控水下机器人，这是在"CURV1"的基础上不断改进而产生的功能更完善的有缆遥控水下机器人。

20世纪60年代中期起，人们开始对无缆水下机器人产生兴趣，但由于技术上的原因，无缆水下机器人的发展一直停滞不前。随着信息技术的飞速发展以及海洋工程和军事方面的需要，无缆水下机器人再次引起国外产业界和军方的关注。进入20世纪90年代，无缆水下机器人技术开始逐步走向成熟。如图3-38所示为美国海军研制的无缆水下机器人"AUSS"。

图3-37　有缆遥控水下机器人

图3-38　无缆水下机器人

　　我国在1986年前研制的都是有缆遥控水下机器人，工作深度仅为300m。1986年实施"863"高科技计划后，开始研制无缆水下机器人。1994年"探索者"号研制成功，工作深度达到1000m，并甩掉了与母船间联系的电缆，实现了从有缆向无缆的飞跃；1995年又研制成功了6000m无缆自治水下机器人"CR-01"，使我国水下机器人的总体技术水平跻身于世界先进行列，成为世界上拥有潜深6000m自治水下机器人的少数国家之一。"CR-01"是能按预订航线航行的无人无缆水下机器人系统，可以在6000m水下进行摄像、拍照、海底地势与剖面测量、海底沉物目标搜索和观察、水文物理测量

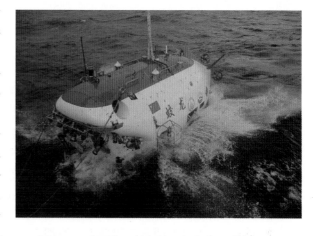

图3-39　我国的"蛟龙号"深海载人潜水器

和海底多金属结核丰度测量，并能自动记录各种数据及其相应的坐标位置。最新的"蛟龙号"深海载人潜水器（见图3-39）于2012年6月进行了7000m级海试，将中国的水下机器人技术水平大大提高，在世界同类型水下机器人中具有最大下潜深度能力，该机器人可在占世界海洋面积99.8%的广阔海域进行海底资源调查、勘探和作业。

　　近20年来，水下机器人在军事及民用领域都有很大的发展。随着人类对海洋的进一步认识与开发利用，21世纪它们必将会有更广泛的应用。

3.6.4 空间机器人

空间机器人是指在大气层内、外从事各种作业的机器人，包括在内层空间飞行并进行观测、可完成多种作业的飞行机器人，到外层空间其他星球上进行探测作业的星球探测机器人和在各种航天器里作业的机器人。

1981 年美国航天飞机上的遥控机械臂（Remote Manipulator System，RMS）协助宇航员进行舱外活动，标志着空间机器人进入实用阶段。到目前为止，RMS 已在空间站多次进行了轨道飞行器的组装、维修、回收、释放等操作。随后，德国、美国和日本都将各自研制的空间机器人放飞到太空，进行了一系列空间实验。国际空间站（见图 3-40）是人类迄今为止联合起来所从事的最值得津津乐道的一个航天壮举，借助于它，人类正在把对太空的梦想一步步变成现实。在国际空间站上，迫切需要多种先进的空间机器人来协助宇航员完成大型空间结构的搬运和组装，协助完成航天飞机与空间站的对接和分离，以及在轨补充燃料或处理有害物体，完成日常维护、修理和检查任务，并从事其他专项技术加工或操作。

图 3-40　国际空间站及其灵巧作业机器人

空间环境和地面环境差别很大，空间机器人工作在微重力、高真空、超低温、强辐射、照明差的环境中，因此，空间机器人与地面机器人的要求也截然不同，有它自身的特点。首先，空间机器人的体积比较小，重量比较轻，抗干扰能力比较强。其次，空间机器人的智能程度比较高，功能比较全。空间机器人消耗的能量要尽可能少，工作寿命要尽可能长，而且由于是工作在太空这一特殊的环境之下，对它的可靠性要求也很高。

在未来的空间活动中，将有大量的空间加工、空间生产、空间装配、空间科学实验和空间维修等工作要做，不可能仅仅只靠宇航员去完成，还必须充分利用空间机器人。

在星球探测机器人方面，发达国家也已经有了多年的研究和开发历史，并成功地实现了对月球、火星的多次探测。由于星球上的地理和气候环境复杂，所以要求探测机器人灵活性好、机动性和驱动力强、有较好的爬坡和越障能力，能承受巨大的温差和恶劣的气象条件。为了机器人的安全和便于控制，星球探测机器人的移动速度一般较慢。

美国卡内基·梅隆大学机器人研究所研制的"Nomad"机器人（见图3-41）是较先进的月球和科学探测实验车，于1997年通过了在沙漠上的测试。"Nomad"由四轮驱动和导向，采用测距仪、倾斜仪、陀螺、惯量计和GPS等传感仪器结合起来进行定位，并在车顶的一个平板上装有3个彩色CCD相机。

美国的喷气推进实验室（JPL）在行星表面科学探测漫游车技术方面代表了这个领域的最高水平。在火星上工作了3个月的"Sojourner"火星探测机器人（见图3-42）就是由JPL研制的。"Sojourner"是一辆自主式机器人车，同时又可从地面对它进行遥控。该车由太阳能电池阵列供电，有6个车轮，每个车轮均为独立悬挂，能在各种复杂的地形上行使，特别是在软沙地上。车的前后均有独立的转向机构，正常驱动功率要求为10W，最大速度为0.4m/s。"Sojourne"的体积小、动作灵活，利用其条形激光器和摄像机，可自主判断前进的道路上是否有障碍物，并做出行动规划。

图3-41 "Nomad"机器人　　　　　　　　图3-42 "Sojourner"火星探测机器人

我国的空间技术和航天工程近年来也取得了举世瞩目的成就。继神舟系列飞船和月球探测卫星"嫦娥一号"和"嫦娥二号"成功飞行后，我国的"嫦娥三号"也于2013年12月发射成功，"嫦娥三号"的机器人月球车"玉兔号"顺利"落地"月球并执行了月球探测任务。图3-43所示就是中国的"玉兔号"月球探测车在进行沙漠实验。"玉兔号"主要由移动、导航控制、热控、机械结构、综合电子、测控数传、有效载荷等分系统组成，并携带有大量传感器和仪器设备，如红外成像光谱仪、测月雷达、粒子激光X射线谱仪等。"玉兔号"长1.5m、宽1m、高1.1m，有6个轮子、3对"眼睛"，6

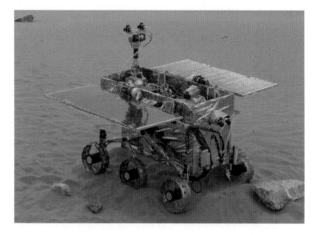

图3-43 中国的"玉兔号"月球车在进行沙漠实验

台高清晰相机每隔几秒就会拍摄周围环境照片，并具备20度爬坡和20cm越障能力。

3.6.5　服务机器人

一般把下列机器人归类为服务机器人：清洁机器人、家用机器人、娱乐机器人、医用及康复机器人、老年及残疾人护理机器人、办公及后勤服务机器人、建筑机器人、救灾机器人、酒店售货及餐厅服务机器人等。服务机器人的应用范围很广，主要从事维护保养、修理、运输、清洗、保安、救援、监护等工作。

智能化和人机友好交互是服务机器人发展的主要方向。人们在智能化方面进行了各种各样的探索，最先进的智能化技术已经可以让机器人在综合智能方面达到人类 3 岁婴儿左右的智力水平，某些单项智能可以接近甚至超过人类，但是要进一步提高综合智能水平，向人类看齐，却仍然是一个巨大的挑战。

下面介绍几种较典型的服务机器人。

1. 清洗机器人

清洗机器人包括地面真空吸尘机器人、地面清扫机器人、壁面清洗机器人、泳池清洗机器人和一些特种清洗机器人，可用于各种场合的清洁工作。这方面的研究从 20 世纪 80 年代起，开始受到人们的关注。目前，在一些国家，对办公楼、工厂、车站、机场、家庭等场合的清扫已开始采用清洁机器人。图 3-44 所示即为一款全自动家用清洁机器人，它具有自动抽吸和清扫、红外线自动导航、清洁时间设置、自动充电、自动倾倒垃圾等功能，能够按照设置的时间自行完成家庭中的所有地面清洁工作。这种机器人拥有多种自动清洁程序，遇到污渍比较严重的地面，将自动降低速度来加强清洁强度；遇到障碍，机器人将改变行进方向，继续工作，不会碰伤或损坏家具；还可轻松越过电线、地垫等不高的障碍或行至沙发底部和家具下方进行清扫。这类机器人目前在商场里已很常见，并已进入了很多普通家庭。

随着城市的现代化，一座座高楼拔地而起。为了美观和得到更好的采光效果，很多写字楼和宾馆都采用了玻璃幕墙，这就带来了玻璃窗的清洗问题。其实不仅是玻璃窗，其他材料的壁面也存在定期清洗问题。图 3-45 所示是一种清洗高楼玻璃幕墙的机器人。

图 3-44　全自动家用清洁机器人　　　　图 3-45　清洗高楼玻璃幕墙的机器人

2. 医疗服务机器人

近年来，医疗服务机器人已经成为机器人领域的一个研究热点。目前，先进机器人技术主要应用于外科手术规划模拟、微损伤精确定位操作、无损伤诊断与检测、新型手术治疗方法等方面，不仅促进了传统医疗水平不断进步，也带动了新技术、新理论的发展。

1996年初，Computer Motion公司利用研制机器人积累的经验和关键技术，开发出功能强大的视觉系统，推出了Zeus机器人外科手术系统，用于微创伤手术。这个系统让外科医生突破了传统微创伤手术的界限，将手术精度和水平提高到了一个新的高度，可显著减小手术创伤、降低手术费用、减轻病人痛苦、缩短康复时间，同时也减轻了医生的疲劳强度。Zeus系统采用主从遥操作技术，分为两个子系统，即Surgeon-side（手术医生侧）系统和Patient-side（病人侧）系统。Surgeon-side系统由一对主手和监视器构成，医生可以坐着操纵主手手柄，并通过控制台上的显示器观看由内窥镜拍摄的患者体内情况；Patient-side系统则由用于定位的两个机器人手臂和一个控制内窥镜位置的机器人手臂组成。整个系统如图3-46所示。

图3-46 Zeus机器人外科手术系统

利用Zeus机器人系统，医生可以在舒适的工作环境下操纵主手动作，并通过监视器实时监视手术的过程；在手术床边，从手系统忠实地模拟并按比例缩放医生用主手操作的动作，精确地实施手术。

经过十多年来的努力，医疗机器人已经在脑神经外科、心脏修复、胆囊摘除手术、人工关节置换、整形外科、泌尿科手术等方面得到了广泛的应用，在提高手术效果和精度的同时，还不断开创新的手术，并向其他领域扩展。

3. 康复机器人

康复机器人用于康复领域，包括助残和老人看护等，研究领域主要包括康复机械手、智能轮椅、假肢和康复治疗机器人等。各种先进的机器人技术广泛应用到康复领域，是康复机器人发展最直接的推动力。轻型臂和灵巧手具有良好的灵巧性、柔顺性和动态响应特性，可以极大地提高康复机械手和假肢的操作能力和控制水平。先进的传感技术、导航技术和避障技术等移动机器人技术也已经开始应用于康复领域，如移动式护理机器人、智能轮椅、"导盲犬"机器人等。

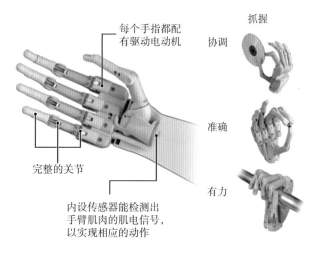

图 3-47　可依靠思维控制的新型仿生手

目前假手和假肢的研究是康复机器人领域的一个热点。图 3-47 所示为英国发明的一种高性能仿生手，其手指可以像人的手一样转动和抓握，并可通过患者的思维和肌肉来进行控制，该产品已在人体上进行了试验，其中包括在伊拉克战争中失去手臂的美国士兵。德国卡尔斯鲁厄大学应用计算机科学研究中心的 S. Schulz 等人也研制了一种仿人机械手，它是目前最为灵活、抓取功能最强的假手，并且质量轻，为灵巧操作假手的实用化迈出了重要的一步。它的形状和尺寸大小与一个成人男子的手相似，共有 5 个手指，13 个独立自由度，每个活动关节都装有 1 个驱动装置，能实现包括腕关节在内的多关节控制。

图 3-48 所示是日本东京大学的 S. Tachi 教授开发的 MEL-DOG "导盲犬"机器人，可以自动识别周围环境，并装载有 GPS 导航系统，可以引导盲人沿着正确的路线行走。

4. 仿人机器人

仿人机器人集光、机、电、材料、计算机、传感器、控制等技术于一体，是一个国家高科技实力和发展水平的重要标志。日、美、英、德等国都在人形机器人的研究方面做了大量工作，并已取得突破性的进展。除了前面提到的"ASIMO"（见图 3-32）外，还有形态各异、大小和功能不一的多种仿人机器人。

图 3-48　"导盲犬"机器人

在日本举办的"2005 年世界博览会"上，展出了日本的尖端科技成就，其中，形形色色的机器人使参观者大开眼界。在博览会各个大门口和咨询处的机器人接待员也几乎可以"以假乱真"，图 3-49 所示是博览会会场东大门的机器人接待员 Actroid。Actroid 通晓中、英、日、韩语中的 4 万个短句，拥有逼真的眼球及睫毛，说话时双唇会开合，还具有面部表情，能回答超过 2000 个问题。比较有趣的是当被问及一些私人的敏感问题时，Actroid 还可能会拒绝回答，双手交叉胸前，并向来宾鞠躬。这些风度优雅的接待员给世界各地的参观者留下了难忘的印象。

在博览会展出的仿人机器人中，日本大阪大学石黑浩教授研究室研制的 Repliee 是拟真程度最高的。Repliee 的原型是个真人——日本卫视的新闻女主播藤井雅子。5mm 厚硅胶和聚氨酯是她柔滑的皮肤，色泽自然，金属构成了她的骨架。这个机器人几乎和藤井雅子一模一样，图 3-50 是藤井雅子和她的机器人复制品的合影。不过，外表像人只是拟人的一个方面，为了使 Repliee 上身的动作流畅自然，研究人员给它安装了 42 个能安静运行的小型伺服驱动装置。Repliee 的皮肤上有压电传感器，能对触摸做出反应，并利用摄像机探测人的面容和姿势，通过麦克风接收人的讲话，通过地板传感器跟踪人的移动，与人对话时面部表情丰富，并会做出一些简单动作。

图 3-49　机器人接待员 Actroid　　　　图 3-50　藤井雅子和她的机器人复制品 Repliee

2006 年，日本有名的骑车机器人"村田顽童"亮相北京喜来登长城饭店，图 3-51 所示的就是"村田顽童"在表演骑车的场景。"村田顽童"是著名电子元器件制造厂商村田制作

图 3-51　"村田顽童"在进行爬坡和下坡表演

所推出的新版智能机器人。早在 1990 年，村田制作所就研制出了能自行行走且会骑自行车的机器人，当时这个机器人在国际上获得了广泛的关注和很高的评价。通过 10 多年的不懈努力，村田制作所为"村田顽童"搭配了新的电子控制器件，并大幅度扩充了各种功能，新推出的"村田顽童"增加了行走坡道和 S 型平衡木、倒车行走、检测和躲避障碍物、进入车库等多种功能，并配备有无线通信装置，还可以用手机进行遥控操作。

3.6.6　机器人技术发展趋势

1. 机器人技术的热点和特征

机器人已在制造领域得到了广泛的应用，而且正以惊人的速度不断向军事、医疗、服务、娱乐等非制造领域扩展。毋庸置疑，21 世纪机器人技术必将得到更大的发展，成为各国必争的知识经济制高点和研究热点。

当今机器人技术的发展趋势主要有两个突出的特点：一个是在横向上，机器人的应用领域在不断扩大，机器人的种类日趋增多，机器人的应用研究、开发和工程应用将得到进一步的广泛关注；另一个是在纵向上，机器人的性能不断提高，并逐步向智能化方向发展，追求的主要目标是"融入人类的生活，和人类一起协同工作，从事人类无法从事的工作，以更大的灵活性给社会带来更多的价值。"

目前国际国内相关机器人研究机构都在加大科研力度，进行机器人共性技术的研究，主要研究内容包括机器人结构的优化设计、机器人视觉、机器人控制技术、多传感器系统与信息融合、机器人及其控制系统的一体化、机器人遥控及监控、多智能体机器人的协调控制、微型和微小机器人、仿人和仿生机器人等。

2. 机器人应用前景

未来科学与技术的发展将会使机器人技术提高到一个更高的水平。机器人将成为人类多才多艺和聪明伶俐的"伙伴"，更加广泛地参与人类各方面的生产活动和社会生活。有科学家预言：生物机器人将在 20 年后问世，而 50 年后各种机器人将充斥世界。在改造自然、发展生产和丰富家庭生活中，将会出现更多更智能、更友好的机器人。

机器人未来的发展和应用将主要体现在以下几方面：

（1）机器人将更加广泛地代替人从事各种生产作业

机器人将从目前已广泛应用的汽车制造、机械制造、电子工业及塑料制品等生产领域扩展到核能、采矿、冶金、石油、化学、航空、航天、船舶、建筑、纺织、制衣、医药、生化、食品等工业领域，进而应用在非工业领域中，如农业、林业、畜牧业和养殖业等方面。机器人将成为人类社会生产活动的"主劳力"，人类将从繁重、单调重复、有害健康和危险的生产劳动中解放出来，从而有更多的时间去学习、研究和创造。

（2）机器人将成为人类探索与开发宇宙、海洋和地下未知世界的有力工具

将人送入太空进行宇宙探索非常危险和昂贵，机器人将代替人从事空间作业和太空探索。目前，航天飞机已经将舱外作业机器人带入太空进行太空作业，月球和火星探测车已被送到月球和火星表面，并成功地完成了预定的探测任务。水下和地底作业对于人来说是一项危险作业，也是困扰人类的难题，水下和地下机器人将用来解决这个问题，被用于海底和地底的探索与开发、海洋和地下资源的利用、水下作业与救援等。

（3）机器人将在未来战争中发挥重要作用

军用机器人可以是一个武器系统，如机器人坦克、无人作战飞机、自主式地面车辆、扫雷机器人等，也可以是武器装备上的一个子系统或装置，如军用飞机的"副驾驶员"系统、坦克炮装弹机器人系统、武器装备的自动故障诊断与排除系统等。未来可能出现机器人化的部队或兵团，在战争中将会出现机器人对机器人的战斗场景。

（4）机器人将用于提高人类健康水平与生活质量

改善生活条件，提高生活水准和生活质量始终是人类面临的重要课题之一。服务机器人将进入家庭和服务产业，从事清洁卫生、园艺、炊事、垃圾处理、家庭护理与服务等作业。在医院，机器人可以从事手术、化验、运输、康复及病人护理等作业。在商业和旅游业中，导购机器人、导游机器人和表演机器人都将得到发展，智能机器人玩具和智能机器人宠物的种类将不断增加，各种机器人体育比赛和文艺表演将百花争艳。机器人不再只是用于生产作业的工具，大量的服务、表演、教育及玩具机器人将使我们的生活更加丰富多彩。

3.7　先进制造技术与自动化

制造业的主要任务是制造人类社会在生产和生活中所需的一切产品，它一方面创造价值，产生物质财富和新的知识，另一方面为国民经济各个部门，包括国防和科学技术的进步和发展提供先进的手段和装备。制造业是我国经济发展的战略重点，数控机床等机电一体化设备制造和水电、火电、核电、大规模集成电路生产等重大技术装备制造一直是我国重点发展的领域。据估计，工业化国家约 70% ~ 80% 的物质财富来自制造业，因此，很多国家特别是美国把制造业发展战略列为重中之重。

微电子技术、信息技术、自动化技术、系统科学、管理科学等与制造技术的相互交叉、渗透、融合，极大地拓展了制造活动的深度和广度，急剧地改变了产品设计方式、生产方式、生产工艺与设备以及生产组织结构，产生了一大批新的制造技术和制造模式，促进了制造技术在宏观（制造系统集成）和微观（精密、超精密、微纳米加工检测）两个方向上的蓬勃发展，使得现代制造技术成为横跨多个学科的综合集成技术，涉及人、机器、能量、信息等多种资源的组织、控制与管理，涵盖整个生产过程的各个环节，包括市场分析、产品设计、工艺规划、加工准备、制造装配、监控检测、质量保证、生产管理、售后服务、回收再利用等。

3.7.1　先进制造技术概述

随着经济全球化的发展，市场竞争变得越来越激烈，制造业市场竞争出现了新的特点。21 世纪制造产品的特点是：①产品结构越来越复杂，但知识→技术→产品的时间周期越来越短；②客户对产品的要求更加个性化，制造产品的批量更小；③产品价格在很大程度上取决于独占知识的含量；④顾客对产品功能、性能、质量、服务要求更高；⑤产品参与全球竞争更加激烈。

21 世纪制造产品的特点对传统制造方式提出了严峻的挑战，美国在 20 世纪 80 年代末提出了"先进制造技术（Advanced Manufacturing Technique，AMT）"的概念后，制造业发展迅速，数控机床、数控加工中心、机器人、柔性制造系统、数字化设计、虚拟装配等各种新型设备和手段的采用使现代制造业发生了巨大的变化。各国都在纷纷研究和探索"下一代制造系统"或"21 世纪的制造模式"。为了能够在国内外激烈竞争的市场环境下生存和发展，许多企业都在不断研究和采用先进制造技术，以提高自己的市场竞争力。例如，波音777 的设计和制造是 20 世纪 90 年代制造业的标志性进展：全数字无纸化设计和生产，数字化预装配即无金属样机的虚拟生产，基于广域网的异地设计、制造和协同工作，使设计制造周期大大缩短。波音 757、767 从设计到生产需要 9 ~ 10 年，相比之下波音 777 则缩短到 4 ~ 5 年，并获得巨大的独占性利润，每架波音 777 要价 1.4 亿美元。继波音 777 之后，波音787 的设计与制造同样采用了全数字化设计、计算机虚拟装配、模拟试飞等先进制造方式，并大量采用复合材料，实现了低燃料消耗、高巡航速度、高效益及舒适的客舱环境。

"先进制造技术"是在传统制造技术的基础上不断吸收机械、电子、信息、材料、能源和现代管理等方面的成果，并将其综合应用于产品设计、制造、检测、管理、销售、使用及服务的全过程，以实现优质、高效、低耗、清洁、灵活的生产，提高对动态多变的市场的适应能力和竞争能力，也是取得理想技术经济效果的制造技术的总称。从本质上看，可以说：信息技术 + 传统制造技术的发展 + 自动化技术 + 现代管理技术就是先进制造技术。

由于各类不同学科和各种新技术的相互渗透，原来界定的机械工程领域变得模糊起来。智能技术、传感技术、控制技术、计算机与网络等信息技术与传统的机械相结合，产生了各种智能机械产品，并逐步发展和形成了多项先进制造技术与多种先进制造模式，包括数控技术、激光技术、新型材料、机器人、计算机辅助设计和制造（CAD/CAM）、精益生产（Lean Production，LP）、柔性制造单元（Flexible Manufacturing Cell，FMC）、柔性制造系统（Flexible Manufacturing Systems，FMS）、虚拟装配和网络化制造、计算机集成制造系统（Computer Integrated Manufacturing Systems，CIMS）、物料需求规划（Material Requirement Planning，MRP）、智能制造系统（Intelligent Manufacturing Systems，IMS）、并行工程（Concurrent Engineering，CE）和敏捷制造（Agile Manufacturing，AM）等；微型机械以及纳米技术等也在迅速发展。这一切不但丰富了制造技术的内容，也使机械工程学科的研究范围发生了重大变化。

图 3-52 所示为我国某企业基于数控装置和设备的摩托车零部件自动化生产线，可自动完成摩托车零部件的加工生产。

1. 制造自动化

自动化是先进制造技术中的重要组成部分，也是当今制造工程领域中涉及面广、研究十分活跃的技术，自动化已成为先进制造技术发展的前提条件和核心内容。

制造自动化的历史和发展可分为 5 个阶段。

第一阶段：刚性自动化，包括单机自动化和刚性自动化生产线。

第二阶段：数控加工，包括数控（Numerical Control，NC）和计算机数控（Computerized Numerical Control，CNC）。

第三阶段：柔性制造，特征是强调制造过程对市场个性化需求的适应性、柔性和高效率。

第四阶段：计算机集成制造（Computer Integrated Manufacturing，CIM）和计算机集成制造系统（Computer Integrated Manufacturing System，CIMS），其特征是强调制造全过程的系统性和集成性，以解决现代企业生存与竞争的 TQCS（上市时间 Time、质量 Quality、产品成本

图 3-52　摩托车零部件的自动化生产线

Cost、服务 Service）问题。

第五阶段：新的制造自动化模式，如智能制造、敏捷制造、虚拟制造、网络制造、全球化制造、绿色制造等。

2. 数控机床和数控加工中心

数控机床和数控加工中心是微电子、计算机、自动控制、精密测量等技术与传统机械技术相结合的产物。它根据机械加工的工艺要求，使用计算机对整个加工过程进行信息处理与控制，实现生产过程的自动化、柔性化，较好地解决了复杂、精密、多品种、小批量机械零部件的加工问题，为精密加工提供了优良的技术条件，是一种灵活、通用、高效的自动化机床。从第一台数控机床的诞生起，数控技术便在工业界引发了一场不小的革命。

（1）NC 与 CNC 的定义

数字控制（NC）是用数字化信号对机床的运动及其加工过程进行控制的一种方法，简称为"数控"。数控机床（NC Machine Tool）是采用了数控技术的机床，或者是装备了数控系统的机床。国际信息处理联盟的技术委员会对数控机床作了如下定义：数控机床是一种装有程序控制系统的机床，该系统能逻辑地处理具有特定代码或其他符号编码指令规定的程序。

计算机数控系统（CNC System）由装有数控程序的专用计算机、输入输出设备、可编程序控制器（Programmable Logic Controller，PLC）、存储器、主轴驱动及进给驱动装置等部分组成。现代的数控机床和数控加工中心已经计算机化，也属于 CNC 系统。

（2）数控机床系统的基本构成及特点

数控机床的基本结构如图 3-53 所示，包括加工程序、输入装置、数控系统、伺服系统、辅助控制装置、检测装置及机床本体等几部分。与普通机床相比，数控机床不仅适应性强、加工效率高、精度高、质量稳定，而且可实现多坐标联动和复杂形状零件的加工，是实现多品种、中小批量生产自动化的有效方式。图 3-54 所示为一种数控车床。

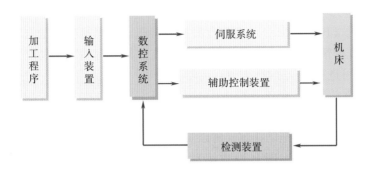

图 3-53　数控机床系统的基本结构

　　现代的数控机床一般都具有通信和联网功能，可以成为网络化生产系统中最底层的自动化设备。CNC 技术使 FMS、CIMS 成为可能，FMS、CIMS 的发展反过来要求 CNC 系统应具有通信、联网功能，以便实现 CIMS 环境下的信息集成和系统管理。

　　（3）数控加工中心（NC Machining Center）

　　数控加工中心（见图 3-55）是在普通数控机床的基础上发展起来的，主要是增加了刀具库、自动换刀装置和移动工作台等，因而可以在一台机器上完成多台机床才能完成的工作，包括铣、削、钻、刨、镗、攻螺纹等多种加工工序。数控加工中心实际上也是一种数控机床，只是能力更强、效率更高，可进行多工序联

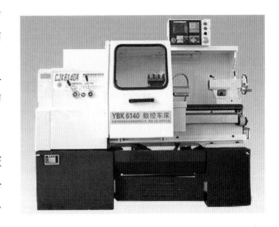

图 3-54　数控车床

合加工，完成更复杂的加工任务。数控加工中心的工作效率比普通数控机床高出 3~4 倍，大大提高了生产率，而且由于避免了工件多次定位产生的累积误差，所以加工精度更高。

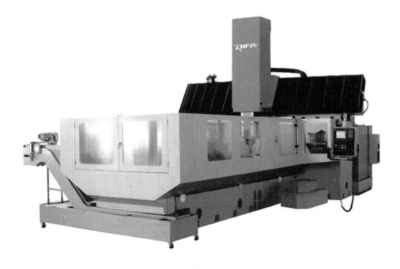

图 3-55　数控加工中心

3. 柔性制造单元与柔性制造系统

柔性制造单元（FMC）由一台或几台数控设备组成，具有独立的自动加工功能，在毛坯和工具储量保证的情况下，具有部分自动传送和监控管理功能，具有一定的生产调度能力。高档的 FMC 可进行 24 小时无人值守运转。

FMC 可分为两大类，一类是数控机床配上机械手，另一类是数控加工中心配上托盘交换系统。配备机械手的机床由机械手完成工件和材料的装卸。配托盘交换系统的 FMC 将加工工件装夹在托盘上，通过拖动托盘，可以实现加工工件的流水线式加工作业。

柔性制造系统（FMS）出现于 20 世纪 80 年代。传统的刚性自动化生产线虽然很适合大批量生产，但投资大，而且更换产品及修改生产工艺需要较长的时间和较多的费用，无法满足客户的个性化和多样性需求、也无法完成高精度复杂零部件的加工。数控机床产生后，FMS 迅速发展起来，很快成为广泛采用的高效率自动化装备。

FMS 是将 FMC 进行扩展，增加必要的数控加工中心数量，配备完善的物料和刀具运送管理系统，有的还配有工业机器人，通过一套中央控制系统，管理生产进度，并对物料搬运和机床群的加工过程实行综合控制。柔性生产主要依靠数控系统等具有高度柔性的制造设备来实现多品种小批量的生产，其主要优点是可以增强制造企业的灵活性和应变能力、缩短产品生产周期、提高设备使用效率和员工劳动生产率、改善产品质量等。

4. 工业机器人

1961 年，美国制造了第一台实用的示教再现型工业机器人，经过 40 多年的发展，日本、美国、法国、德国的机器人产业已日趋成熟和完善。工业机器人由操作机（机械本体）、控制器、伺服驱动系统和检测传感装置构成，是一种仿人操作、自动控制、可重复编程、能在三维空间完成各种作业的机电一体化自动化生产设备，其作业方式包括钻孔、切削、装配、焊接、喷漆、打磨、抛光、清洗、材料搬运、机具装卸等，几乎无所不能。特别适合于多品种变批量的柔性生产，对稳定和提高产品质量、提高生产效率、改善劳动条件和产品的快速更新换代起着十分重要的作用。图 3-56 所示为汽车生产线上的焊接机器人。

图 3-56　汽车生产线上的焊接机器人

近年来，工业机器人在适应性、专用化、高精度、高速度、模拟性、灵活性、易操作、易控制和更自动化等方面取得了较大的发展。未来的制造工厂将是由计算机网络控制的包含多个机器人智能加工单元的分布式自主制造系统，机器人技术将对制造自动化水平的提高起到很大的推动作用。

5. 3D 打印机

3D（Three Dimensions）打印又称为"三维打印"或"立体打印"，其技术的核心思想最早起源于 19 世纪末的美国，源自美国研究的照相雕塑和地貌成形技术，20 世纪 80 年代已有雏形，其学名为"快速成型"。1995 年，麻省理工学院创造了"三维打印"一词，当年的毕业生 Jim Brett 和 Tim Anderson 修改了喷墨打印机方案，不是把墨水挤压到纸张上，而是把约束溶剂挤压到粉末床。3D 打印机与传统打印机最大的区别在于它使用的"墨水"是实实在在的原材料，打印过程实际上就是三维产品的生产过程。利用 3D 打印技术，不仅能明显降低立体物品的造价和缩短制造时间，而且可以大大激发人们的想象力，并从根本上改变产品的生产方式，正在引发制造业一场新的技术革命。图 3-57 即为一种 3D 打印机。

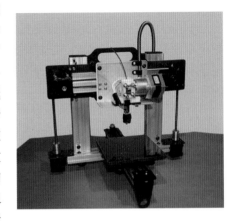

图 3-57　一种 3D 打印机

（1）3D 打印机的工作原理

3D 打印机先通过计算机辅助设计（CAD）或计算机动画建模软件建模，然后将建成的三维模型"切片"成逐层的截面数据，再把这些数据信息传送到 3D 打印机上，3D 打印机会把这些"切片"堆叠起来，直到一个固态物体成型。它其实是以一种数字模型文件为基础，运用粉末状金属或塑料等可粘合材料，通过逐层打印的方式来构造物体的技术。由于 3D 打印的原理实际上是把复杂的三维制造转化为一系列二维切片的叠加，因而可以在不用模具和专用工具的条件下生成几乎任意复杂的零部件，极大地提高了生产效率和制造柔性。

（2）3D 打印过程及特点

3D 打印机通过读取文件中的横截面信息，用液体状、粉状或片状的材料将这些截面逐层地打印出来，再将各层截面以各种方式粘合起来，从而制造出一个实体。这种技术的主要特点是几乎可以制造出任何形状的物品。

打印机打出的截面厚度（Z 方向）以及平面方向（X-Y 方向）的分辨率是以 DPI（像素数/每英寸）或者微米来计算的。一般的厚度为 $100\mu m$，也有部分打印机可以打印出 $16\mu m$ 薄的一层。而平面方向则可以打印出跟激光打印机相近的分辨率。打印出来的"墨水滴"的直径通常为 $50\sim100\mu m$。用传统方法制造出一个模型，依据模型的尺寸以及复杂程度而定，通常需要数小时到数天。而用三维打印的技术则可以将时间大大缩短。传统的制造技术如注塑法能以较低的成本大量制造聚合物产品，而三维打印技术则能以更快、更具柔性以及更低成本的办法生产数量相对较少的产品。图 3-58 所示为一款 3D 打印物。

由于打印精度高，打印出的模型品质较好，如果按机械装配图进行打印，打印出来的齿轮、轴承、拉杆等都可以正常活动，而腔体、沟槽等形态特征位置也很准确，直接就可以满足装配要求。打印出的实体还可通过打磨、钻孔、电镀等方式进一步加工。同时打印使用的粉末材料不限于砂型材料，还有弹性伸缩材料、高性能复合材料、熔模铸造材料等可供选择。

（3）3D打印机的应用及发展前景

3D打印机的应用领域可以是任何行业，只要这些行业需要模型和原型。相关专家认为，3D打印机需求量较大的行业包括政府、航天和国防、医疗设备、高科技、教育业以及制造业。

利用3D打印机，工程师可以验证开发中的新产品，把手中的CAD数字模型用3D打印机造成实体模型，可以便于对设计进行验证和及时发现问题，可比传统的方法节约大量的时间和成本。

图3-58　3D打印物

3D打印机也可以用于小批量产品的生产，这样就可以快速地把产品的样品提供给客户，或进行市场宣传，不用等模具造好后才造出成品，对于某些小批量定制的产品甚至连模具的成本都可以省去，比如电影中用到的各种特制道具等。

3D打印带来了全球性的制造业革命，以前是部件设计完全依赖于生产工艺能否实现，而3D打印机的出现，使得企业在生产部件时不再考虑生产工艺问题，因为任何复杂形状的设计均可以通过3D打印机来实现。它无需机械加工或模具，就能直接从计算机图形数据中生成任何形状的物体，从而极大地缩短了产品的生产周期，提高了生产效率。尽管3D打印技术还存在有待完善的地方，但其市场潜力巨大，必将成为未来制造业的新宠和突破性技术之一。

3.7.2　先进制造系统的综合自动化技术

在现代制造系统中包含有各种各样的物料流、信息流和能量流，如何对它们实行有效的综合管理和控制，确保生产系统在最佳状态下运行，并获得尽可能高的效益，这就是制造系统综合自动化的任务。前面谈到的柔性制造系统实际上就属于综合自动化技术的一种常见形式，除此之外，还有集散控制系统（Distributed Control System，DCS）、现场总线控制系统（Fieldbus Control System，FCS）、计算机集成制造系统（CIMS）等，均代表了先进制造系统的发展方向。

1. 集散控制系统（分布式控制系统）

集散控制系统（DCS）是以微型计算机为基础的分散型综合控制系统。该系统在发展初期是以实现分散控制为主要目标的，直接将英文名称"Distributed Control System"翻译过来就是"分散型控制系统"或"分布式控制系统"。我国大多翻译为"集散控制系统"，指"管理功能集中"，"控制功能分散"。

计算机控制应用于制造业的初期，由于计算机价格昂贵，是利用一台计算机去同时控制数十台甚至上百台生产机器（群控），但这样做必然会降低系统的安全性，计算机一旦损坏就会造成生产瘫痪。集散控制系统则采用控制分散（危险分散）而操作和管理集中的基本设计思想，采用分层、分级和合作自治的结构形式，进而适应现代的工业生产和管理要求。它将多台微机分散应用于生产过程控制，全部信息经通信网络由上级计算机进行监控和管理，并通过显示装置、通信总线、键盘和打印机等设备实现高度集中地操作、显示和报警。

因此 DCS 系统不仅具备极高的可靠性、多功能性，而且人-机联系便利，能够完成各类数据的采集、处理以及复杂高级的控制。

自从美国霍尼韦尔（Honeywell）公司 1975 年成功地推出世界上第一套 DCS 产品至今，DCS 产品几经更新换代，技术性能不断完善，已成为工业过程自动化领域的主要设备，尤其对中大规模的企业更是如此。DCS 以其先进、可靠、灵活和操作简便及其合理的价格而得到广大工业用户的青睐，销售总量已超出数十万套，广泛应用于化工、石油、电力、冶金和造纸等工业领域。

DCS 的体系结构一般分为 3 级，各级之间有网络联接，如图 3-59 所示。DCS 的 3 级体系结构由分散过程控制级、集中操作监控级、综合信息管理级组成。分散过程控制级（面向生产过程）的功能是完成生产过程的数据采集、调节控制等功能。主要装置有现场控制站（工业控制机）、可编程序控制器（PLC）、智能调节器及其他测控装置。集中操作监控级（面向操作员和系统工程师）的功能是以操作监视为主要任务，兼有部分管理功能，配备计算机和外部设备以及相应软件，对生产过程实行故障诊断、质量评估、高级控制策略的参数优化等。综合信息管理级的功能是实现整个企业的综合信息管理。它是由管理计算机、办公自动化系统、工厂自动化服务系统等组成，并应用了管理信息系统（MIS）。

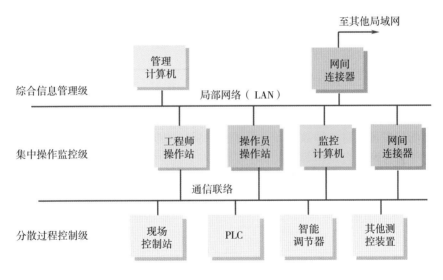

图 3-59   DCS 的三级体系结构

对于某一具体应用的集散控制系统，并非都有 3 级体系结构。中小规模的控制系统只有一、二级，在大规模的控制系统中才应用到 3 级模式。

2. 现场总线控制系统（FCS）

进入 20 世纪 80 年代以来，大量采用微处理器技术实现生产过程自动化以及智能传感器的发展，导致需要用数字信号取代传统仪表的 4 ~ 20 mA（DC）模拟信号，这就形成了现场总线（Fieldbus）。现场总线是连接工业过程现场设备和控制系统的全数字化、双向、多站点的串行通信网络，与控制系统和现场仪表联用组成现场总线控制系统（FCS），如图 3-60所示。现场总线不单单是一种通信技术，也不仅仅是用数字仪表代替模拟仪表，它是用新一代的 FCS 代替传统的集散控制系统（DCS）。FCS 与传统的 DCS 相比有很多优点，是一种全数字化、全分散式、全开放和多点通信的底层控制网络，是计算机技术、通信技术和测控技术的综合集成。

FCS 的主要优点是：

1）把数字化通信延伸到生产现场，可方便地获取变送器、执行器、监控装置等现场设备的运行状态和故障信息。

2）现场总线系统的拓扑结构更为简单，一条通信线缆上可挂接多个现场设备，大量节省连接电缆和A/D、D/A 等I/O组件。

3）具有良好的互操作性、互用性和开放性，基于同一总线标准的不同品牌产品可以相互通信、互换使用和统一组态，实现"即接即用"。

4）功能模块较 DCS 更为分散化，FCS 去除了 DCS 的 I/O 单元和控制站，将 DCS 功能块分散到现场设备中，构成全分散型的控制方式，可靠性更高。

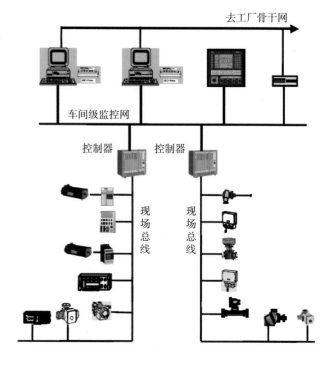

图 3-60　现场总线控制系统（FCS）

5）便于实现现场设备的智能化，数字化的现场仪表可以对各种数据和参数进行滤波、变换、补偿、运算等智能化处理，并可实现自学习、自诊断、自调整等多种功能。

现场总线把自动控制系统和设备带进了信息网络之中，成为企业信息网络的底层，从而为实现企业信息集成和企业综合自动化提供了坚实的基础。

3. 现代集成制造技术

制造系统的系统技术和集成技术已成为制造自动化的研究热点。现代集成制造技术包括制造系统中的信息集成和功能集成技术、过程集成技术（如并行工程）、企业间集成技术（如敏捷制造）等；系统技术包括制造系统的分析技术、建模技术、运筹技术、管理技术和优化技术等。

（1）CIM 和 CIMS 的定义

计算机集成制造（CIM）的概念是 1974 年首先由约瑟夫·哈林顿（Joseph Harrington）博士在《计算机集成制造》一书中提出的，他的基本观点是：企业的各个生产环节是不可分割的，需要统一考虑；整个制造过程实质上是对信息采集、传递、加工处理的过程。

CIM 是一种组织、管理与运行企业的哲理。它将传统的制造技术与现代信息技术、管理技术、自动化技术、系统工程技术等有机结合，借助计算机（硬、软件），使企业产品全生命周期——市场需求分析、产品定义、研究开发、设计、制造、支持（包括质量、销售、采购、发送、服务）以及产品最后报废、环境处理等各阶段活动中有关人/组织、经营管理和技术三要素及其信息流、物流和价值流的有机集成和优化运行，以达到产品上市快、优质、低耗、服务好、环境清洁的目标，进而提高企业的市场竞争力。

计算机集成制造系统（CIMS）是一种基于 CIM 哲理构成的计算机化、信息化、智能化、集成优化的制造系统。

由于信息技术在现代工业化国家的制造业中是不可能在统一的规范下实施的，这就造成了不同的科研单位和公司采用了不同的标准，形成了各种不同的封闭系统，出现了所谓的"自动化孤岛"现象（见图 3-61）。同时，在工业企业生产中，其生产装置繁多、生产地域分布较广、控制系统型号多样且相互孤立等特点也造成了"企业信息化孤岛"的形成。

随着制造业的不断发展，现代制造业企业不再是一个部门的封闭式生产，而是要把企业中相互孤立的、局部的自动化技术，通过集成手段，构成一个全局优化的柔性灵活的自动化系统，以增强企业的应变能力，即构造现代的 CIMS。CIMS 将制造系统中的各种自动化孤岛通过计算机进行有机的集成（见图 3-62），使制造系统更适合于多品种，中小批量的生产，并提高制造系统的总体效益。CIMS 的集成内容包括功能集成、组织集成、信息集成、过程集成等。

图 3-61　"自动化孤岛"

图 3-62　将"自动化孤岛"集成在一起

（2）CIMS 的组成模式

CIMS 是现代制造业的一种模式，体现了一种新的制造理念。CIMS 的组成如图 3-63 所示，一般由 4 个功能子系统和两个支撑子系统构成。4 个功能子系统分别是管理信息子系统、设计自动化子系统、制造自动化（柔性制造）子系统和质量保证子系统。两个支撑子系统分别为计算机网络和数据库子系统。

在 CIMS 的 4 个功能子系统中，信息管理子系统的功能包括市场分析和预测、经营决策、各级生产计划、生产技术准备、销售、供应、财务、成本、设备和人力资源管理；设计自动化子系统通过计算机来辅助产品设计、制造准备以及产品测试；制造自动化或柔性制造子系统由数控机床、加工中心、清洗机、测量机、运输小车、立体仓库和多级分布式控制计

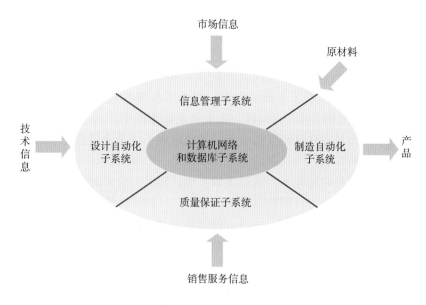

图 3-63　CIMS 的组成

算机等设备及相应的支持软件组成，并根据产品的工程技术信息、车间层加工指令等，完成对零件毛坯的作业、调度以及制造任务；质量保证子系统的功能包括质量决策、质量检测、产品数据采集、质量评价、生产加工过程中的质量控制与跟踪，保证从产品设计、产品制造、产品检测到售后服务全过程的质量。

在 CIMS 的两个辅助子系统中，计算机网络子系统也就是企业内部局域网，是支持 CIMS 各子系统的开放型网络通信系统，采用标准协议可以实现异机互联、异构局域网和多种网络的互联，可以满足不同子系统对网络服务提出的不同需求，支持资源共享、分布处理、分布数据库和实时控制；数据库子系统则支持 CIMS 各子系统的数据共享和信息集成，它覆盖了企业的全部数据信息。数据库系统在逻辑上以及数据和信息上是统一的，而在物理上是分布式的数据管理系统。

（3）CIMS 的现状及发展

20 世纪 80 年代中期以来，CIMS 逐渐成为制造工业的热点。CIMS 以其生产率高、生产周期短以及实现多品种、小批量生产等一系列极有吸引力的优点，给一些大公司带来了显著的经济效益。世界上很多国家和企业都把发展 CIMS 定为全国制造业的发展战略，制定了很多由政府或企业支持的计划，用以推动 CIMS 的开发应用。

在我国，尽管制造工业的技术和管理总体水平与工业发达国家相比还有较大差距，但也已将 CIMS 技术列入我国的高技术研究发展计划（863 计划），其目的就是要在自动化领域跟踪世界的发展，力求缩小与国外先进制造技术的差距，为增强我国的综合国力服务。

近年来，并行工程、人工智能及专家系统等技术在 CIMS 中的应用大大推动了 CIMS 技术的发展，增强了 CIMS 的柔性和智能性，在 CIMS 基础上又提出了各种现代先进制造理念，诸如"智能制造"、"精良生产"、"敏捷制造"、"绿色制造"、"全球化生产"等。与此同时，不但将信息技术引入到制造业，而且将基因工程和生物模拟引入制造技术，力图建立一种具有更高柔性和开放性的制造模式。

3.7.3　先进制造技术的发展趋势

先进制造技术的发展总趋势是向数字化、精密化、极端化、自动化、网络化、智能化、绿色化、集成化、全球化的方向发展。

（1）制造数字化

制造数字化就是在制造领域全面实现基于计算机和通信网络的产品设计、生产和管理过程数字化，是多学科交叉融和与技术集成的必然结果，也是现代制造企业发展的必然趋势。它包含了 3 大部分：以设计为中心的数字制造，以控制为中心的数字制造和以管理为中心的数字制造。对制造设备而言，其控制参数均为数字化信号；对制造企业而言，各种信息（如图形、数据、知识、技能等）均以数字形式，通过网络在企业内传递。这样就可以根据市场信息，迅速收集资料，在 CAD/CAM、虚拟现实、快速原型、数据库、多媒体等多种数字化技术的支持下，对产品信息、工艺信息与资源信息进行分析、规划与重组，实现对产品设计和产品功能的仿真，对加工过程与生产组织过程的虚拟，或完成原型制造，从而实现生产过程的快速重组与对市场的快速响应，以满足客户的个性化需求。

（2）制造精密化

指对产品、零件的加工精度要求越来越高。20 世纪初，超精密加工的误差是 $10\,\mu m$，至今达 $0.001\,\mu m$。利用微型机械，纳米测量、微米/纳米加工制造，可以向超精微细领域扩展。

（3）制造极端化

指制造在极端条件下工作的或者有极端要求的产品，从而也是指这类产品的制造技术有"极"的要求，如在高温、高压、高湿、强磁场、强腐蚀等条件下工作的，或有高硬度、大弹性等要求的，或在几何形体上极大、极小、极厚、极薄、奇形怪状的。显然，这些产品都是科技前沿的产品，其加工和制造技术也是科技前沿的技术。因此可以说，"极"是前沿科技或前沿科技产品发展的一个焦点。

（4）制造自动化

指"自动化"从自动控制、自动调节、自动补偿、自动辨识等发展到自学习、自组织、自维护、自修复等更高的自动化水平。自动控制的内涵与水平早已今非昔比，从控制理论、控制技术、控制系统、控制元件，都有着极大的发展。自动化是先进制造技术发展的前提条件和强大推动力。

（5）制造网络化

基于 Internet/Intranet 的制造已成为重要的发展趋势，主要包括以下几个方面：①制造环境内部的网络化，实现制造过程的集成；②制造环境与整个制造企业的网络化，实现制造环境与企业中工程设计、管理信息系统等各子系统的集成；③企业与企业间的网络化，实现企业间的资源共享、组合与优化利用；④通过网络，实现异地制造。

（6）制造智能化

智能化是制造系统在数字化、自动化、柔性化和集成化基础上的进一步发展和延伸，当前和未来的研究重点是具有自律、分布、智能、仿生、敏捷、分形等特征的新一代自动化制造系统。通过人与智能机器的协作，去扩大、延伸和部分地取代人类专家在制造过程中的脑力劳动，以实现制造过程的优化。

（7）制造绿色化

最有效地利用资源和最低限度地产生废弃物，是当前世界上环境问题的治本之道。绿色制造是一个综合考虑环境影响和资源效率的现代制造模式，其目标是使产品从设计、制造、包装、运输、使用到报废处理的整个产品生命周期中，对环境的影响最小、资源使用效率最高。绿色制造已成为全球可持续发展战略对制造业的具体要求和体现。

（8）制造过程集成化

指产品的设计、加工、检测、物流及装配过程等一体化。

（9）制造全球化

随着"网络全球化"、"市场全球化"、"竞争全球化"和"经营全球化"的出现，全球化制造的研究和应用发展迅速，主要内容包括：市场的国际化，产品销售的全球网络正在形成；产品设计和开发的国际合作及产品制造的跨国化；制造企业在世界范围内的重组与集成；制造资源的跨地区、跨国家协调、共享和优化利用等。

3.8 军事与国防的现代化

以信息技术为标志的新军事变革成为当今军事领域的最显著特征。新军事变革导致了人类战争形态由机械化向信息化和自动化的根本性转变，原有的机械化战争特点日益消减，"信息化战争"已成为军事发展的必然趋势。

"信息化战争"的概念可以理解为：以先进的武器系统为工具，以信息和信息技术为基础，以获取信息优势为主导的空间、空、地、海信息一体化战争。谁控制了信息和信息网络，谁就掌握了信息战的主动权，谁就可能赢得信息战的胜利。

自动化技术对军事技术的变革起着重要的作用，并已成为军事技术的核心，对现代战争的格局产生了极大的影响。军事自动化的核心内容是"武器装备自动化"和"军事指挥自动化"。

"武器装备自动化"能大大提高武器的杀伤力。今天的飞机、坦克、火炮、舰艇等常规武器已具有很高的自动化程度，而导弹、核武器、核潜艇、军用卫星等尖端武器在技术上也已相当成熟，同时军用机器人、无人机等各种新型自动化武器系统正在加速发展。这些武器的共同特点，概括起来就是：杀伤破坏力大，运行和发射速度快，作用距离远，命中精度高，以及操纵自动化等。

"军事指挥自动化"是综合运用以电子计算机为核心的各种技术设备，实现军事信息收集、传递、处理自动化，保障对军队和武器系统实施快速有效的指挥与控制。指挥自动化系统按用途可分为作战指挥、武器控制指挥、防空指挥、后勤指挥4类自动化系统，但一个完整的指挥自动化体系应该是各军种、兵种密切协同的战略、战役、战术指挥自动化系统群体。指挥自动化系统从整体功能结构上看，一般有信息收集、信息传递、信息处理、信息显示、决策监控和执行6个子系统。这些子系统的有机结合就形成一个统一的整体。

3.8.1 "数字化"部队的基本概念

20世纪90年代，美军首先提出了要建设21世纪的新型军队——"数字化部队"。"数字化"部队是指以计算机为支撑，以数字技术联网，使部队从单兵（见图3-64）到各级指挥员，从各种战斗、战斗支援到战斗保障系统，都具备战场信息的获取、传输及处理功能的部队。它能够达到战场信息的最快获取、信息资源的共享、人和武器的最佳结合、指挥员对士兵的最佳指挥效益。根据美军的论证，一支同等规模的"机械化"部队改装成"数字化"部队后，战斗力可提高 3 倍以上。

数字化设备主要包括各种先进的网络通信技术、各种调制解调器，导航与全球定位系统（Global Positioning System，GPS）、车辆定位与导航系统，毫米波敌我识别系统、多传感器目标捕获和瞄准系统。数字化设备的主要作战平台有主战坦克、步兵战车、自行火炮、作战指挥车、武装直升机、各种无人机，以及数字化的单兵系统等。

地理信息系统（Geography Information System，GIS）、GPS 和遥感系统（Remote Sensing System，RSS）统称"3S"。"3S"能够广泛准确地收集信息并将信息进行融合处理，为指挥自动化系统提供信息支持，以实现对战场态势的实时侦查与监视，并进行信息共享。

图 3-64　单兵的数字化装备

全球信息网格（Global Information Grid，GIG）是指由可以连接全球任意两点或多点的信息传输、对信息进行传输和处理的相关软件、人员等组成网格化的信息综合体。数字化部队是以数字化方式处理信息的（包括判读、识别、传递、分送、转换、利用等），所以战场的一切因素，如物体、情况、条件（活动的、静止的、人为的、自然的），还有交战双方活动着的军队都必须数字（数码）化，从而构成数字化军队所需的完整的"信息源"。GIG 实际上就是一个大规模的"战场信息数据库"，这是数字化部队能够行动的前提。

3.8.2　现代化战争的一体化指挥系统

指挥（Command）、控制（Control）、通信（Communication）、计算机（Computer）、情报（Intelligence）、监视（Surveillance）和侦察（Reconnaissance）等这些概念早已为人们所熟知。这些概念的逐步结合反映了信息化指挥系统综合、集成的发展过程。

20 世纪 50 年代，美军提出了 C^2（Command，Control）系统的概念，首次将地面警戒雷达、通信设备、电子计算机等设备连接起来，实现了防空中的部分指挥控制功能的自动化，构建了指挥自动化系统的雏形。20 世纪 60 年代，随着远程武器的大量装备，通信手段的作用日益明显，系统中加上了通信（Communication）要素，成为 C^3 系统；1977 年，美军首次把情报（Intelligence）作为指挥自动化中不可缺少的要素，并与 C^3 系统融合，成为 C^3I 系统；后来随着计算机在军事领域应用范围的扩展和功能的日益增强，1989 年，美军又加上计算机（Computer）一词，变成指挥、控制、通信、计算机与情报系统，即 C^4I（Command，Control，Communications，Computer，Intelligence）系统。

　　1991 年的海湾战争是美军大量新式武器的大演练，也是军事信息系统的大对抗。美国在海湾战争中使用了众多的预警探测系统和情报侦察系统。有多架空中预警指挥飞机昼夜监视伊拉克上空的各种目标，并指挥空中作战。侦察机从空中精细地观测地面目标，为各军种提供攻击地面目标的信息。在太空的侦察和预警卫星不间断地监视伊方"飞毛腿"导弹的发射，美国的"爱国者"导弹（见图 3-65）多次成功地对"飞毛腿"导弹进行了拦截。美国在这次战争中使用了 100 余颗通信和侦察卫星。在 42 天的战争中，以美国为首的多国部队依靠 C^4I 系统的情报处理和辅助决策，平均每天指挥 2600 架次飞机攻击数以百计的伊方目标。在海湾战争期间，尽管还没有完整的信息战概念，但美军实施了多种信息战进攻，多次摧毁伊拉克的指挥中心和通信枢纽，对伊方的雷达和无线电通信施放干扰或进行摧毁。失去"耳目"的伊拉克飞机和防空武器几乎完全丧失战斗力。桥梁和补给线被炸断，使伊方不少前方的地面部队既听不到上级命令，又得不到后勤补给，只能放下武器。

图 3-65　正在发射的"爱国者"导弹

　　以美国为首的多国部队在较短时间内以较少的伤亡赢得海湾战争胜利的主要原因就是发挥了信息优势，夺取了制信息权，几乎使全世界都认识到指挥、控制、通信、情报及电子战等在现代高技术战争中的巨大作用。有人风趣地比喻这场战争是硅片战胜了钢铁。

　　海湾战争之后，各国都在研究和探讨未来高技术战争的特点和规律。美国的 C^4I 系统尽管为海湾战争的胜利立下了汗马功劳，但也暴露了美国这种传统的 C^4I 系统的许多严重问题。海湾战争期间，联合司令部每次做出对伊拉克空袭兵力的分配决策之后，都必须派人（信使）带上磁盘分乘两架海军飞机分别飞向波斯湾和红海的航空母舰分发作战命令。这种与现代高技术战争极不协调的下达作战命令的方式是出于美国空军 C^4I 系统与海军 C^4I 系统不能互通造成的；而且多国部队之间没有完善的敌我（友）识别系统，致使驾驶幻影飞机的法国飞行员在完成作战任务之后返航时非常担心自己的飞机被友军击落，因为伊拉克也装备了这种幻影飞机。美军自相伤亡的人数（107 人）占了整个海湾战争美军伤亡总人数的

17%。甚至在海湾战争之后，美国在伊拉克上空执行禁飞任务的两架 F—16 飞机还击落了两架己方直升机。在情报方面，美国利用侦察卫星和飞机等对伊拉克"飞毛腿"弹道导弹机动发射架的搜寻工作也没有达到预期效果。

在海湾战争中暴露出的这些严重问题，说明美国现有的 C^4I 系统远远不能适应 21 世纪高技术战争的需要，必须对现有的传统 C^4I 系统进行彻底的改造和重建。海湾战争后，美军指挥自动化的发展产生了重大变化，美军越来越重视各军兵种自动化系统之间的互联、互通和互操作问题，美军决定对指挥自动化系统的发展进行全局筹划、统一标准，建立分布式的大系统，即一体化的 C^4I 系统。近年来，美军越来越意识到及时了解战场态势的重要性，于是在 C^4I 系统中又加上了监视（Surveillance）和侦察（Reconnaissance）要素，形成了 C^4ISR 系统，力求从信息优势获得决策优势，最终实现行动优势，在战场上抢占先机。

C^4ISR 系统的发展，一直为世界各国所瞩目，它将军事信息技术和信息化战争中至关重要的指挥、控制、通信、计算机、情报、监视和侦察等各个领域有机地整合，从而使战斗力水平产生巨大的飞跃，基本形成能够及时获取信息、及时共享信息、及时决策指挥的扁平网络化指挥体系。

C^4ISR 系统虽然功能强大，但还是存在不足，例如，战斗机飞行员的攻击任务是在起飞之前数小时制定的，无法在攻击过程中随机应变。美国防部已通过建立全球信息网格（GIG），实现了计算机网、传感器网和武器平台网的综合集成。卫星、预警机、侦察机、雷达及情报人员等采集到的所有相关信息经过处理后，都可以实时反馈到战斗机驾驶舱，不仅让飞行员对其周围情况了如指掌，还让机群和地面部队、海面舰船配合得天衣无缝。

美国防部考虑将 GIG 与 C^4ISR 完全集成，这将为美军各军兵种的联合网络化系统提供框架。这种 C^4ISR 系统集成 GIG 的方法，在 2001 年的阿富汗战争和 2003 年的伊拉克战争中已初见成效，"全球鹰"无人侦察机（见图 3-66）获取的信息引导巡航导弹准确地命中了目标，"捕食者"无人侦察机（见图 3-67）及时引导 F—15 战斗机轰炸了塔利班的重要人物。如果不是通过 GIG 实现了网络的综合集成，就很难有此效果。

图 3-66　"全球鹰"无人侦察机

阿富汗战争后，美军事转型的核心是实现以各种平台为中心转向以网络为中心，并将

"网络中心战"列为美军未来的主要作战样式，并提出将火力打击与摧毁融入到 C^4ISR 系统中，形成侦察、监视、识别、打击和战场评估的无缝网络链接，实现"发现、识别"即"摧毁"的作战效果。于是，"Kill"融入了 C^4ISR 系统，C^4ISR 系统也由此改进为 C^4KISR 系统。

美军计划到 2025 年建成完善的 C^4KISR 系统，实现传感器网、综合信息网和交战网的一体化。并逐步发展成为"全球信息网格（GIG）"，以求完全实现情报获取实时化、信息传输网络化、作战单元

图 3-67 "捕食者"无人侦察机

一体化。这一目标实现后，美军的信息化水平将达到一个新的高度，彻底完成由传统的"平台中心战"向高度一体化的"网络中心战"的转变。

3.8.3 现代化战争的武器装备

高新技术的应用引发了武器装备的一系列重大变革。信息与火力紧密集成，信息成为火力的倍增器，各国高新武器装备的研制进程加快，面向打赢信息化战争的武器装备发展和战略研究如火如荼，武器装备向数字化、信息化、精确化、智能化、网络化、无人化方向加速发展。信息化和智能化的武器装备将不仅是执行精确打击任务的攻击节点，还将是网络化战场中的信息采集节点、侦察监视节点、毁伤评估节点。

武器装备涉及面广，不可能面面俱到，下面重点介绍几种典型或新型的自动化高科技武器系统。

1. 精确制导武器

精确制导武器是采用高精度探测、控制及制导技术，能够有效地从复杂背景中探测、跟踪及识别、选择目标并高精度命中目标要害部位，最终摧毁目标的武器装备。它具有精确的制导系统，从而获得极高的命中精度，具有反应敏捷的控制系统、识别目标并摧毁目标的能力以及抗干扰能力，且使用和维护简便。目前世界各国竞相发展的精确制导武器已达 700 余种，主要包括精确制导导弹和精确制导弹药两大类。导弹有防空、反坦克、空空、空地、舰地、地地、战术巡航等类型；弹药主要有激光、电视、红外制导的炮弹、炸弹、能主动识别并攻击目标的地雷、水雷等。

精确制导技术是实现精确制导武器制导的共用技术。目前已大量采用的精确制导技术包括有线制导、微波雷达制导、电视制导、红外制导、激光制导等。

精确制导武器的制导方法是通过自动控制系统和侦察器材实现的，其基本原理是利用目标的各种物理现象，使用探测器和敏感器捕获这些目标信息和特征，将目标与周围背景区分开，从而发现和识别目标，并对目标进行精确定位。而后将被捕获的目标和有关信息传送给情报处理中心，最后通过计算机向作战兵器下达摧毁目标的指令。海湾战争开创了高技术战争的先河。战争中，多国部队共使用了 13 类、82 种精确制导武器，共投掷制导炸弹 740 吨，数量达到 15500 枚。"战斧"巡航导弹（见图 3-68）的命中率高达 98％；"爱国者"导

弹对"飞毛腿"导弹的拦截成功率达 80% 以上；新型"石眼"集束炸弹，可使飞机在距目标几十公里以外投掷，接近目标可分崩出 247 个小型炸弹，每个子炸弹上又装有微波寻的装置，可精确摧毁一辆坦克或一门火炮。美军战斗机远程空空导弹采用雷达主动寻的末端制导等高技术手段，仅发射 1～2 枚导弹就可击落伊军战斗机，迫使伊军完全丧失了制空权。战争中多国部队使用的精确制导炸弹仅占投弹量的 8% 左右，但摧毁的重要目标数量却占总摧毁量的 80%，1 枚精确制导武器就可完成第二次世界大战上百架飞机投掷几千枚炸弹才能完成的轰炸任务，这样就能以最小的代价取得最大的作战效果。

美国"战斧"巡航导弹是美军最先进的全天候、亚音速、多用途巡航导弹，1972 年开始研制，1983 年装备部队。这种多用途巡航导弹可海、陆、空发射，且命中精度不断提高，其误差已达 1m 以内，它可由飞机在 1000 多 km 以外发射，被袭击的国家很难对发射飞机进行打击。导弹在航行中，采用惯性制导加地形匹配或卫星全球定位修正制导，射程在 450～2500km，飞行时速约 800km。

精确制导弹药也称为"信息化弹药"。在西方发达国家，信息化弹药的发展已经历了 3 代，目前正在向灵巧型、智能型方向发展。智能型信息化弹药将情报、监视、侦察功能与火力打击能力融为一体，既能发现和快速跟踪目标，也能攻击和摧毁目标。据悉，在 2004 年美军清剿伊拉克反美武装的费卢杰战斗中，一种新型制导炮弹初试锋芒，这就是美军最新研制的"神剑" XM982 制导炮弹（见图 3-69），属于多维弹道修正和 GPS 精确制导弹药。此类弹药大多利用惯性导航与 GPS 组合技术，采用鸭式气动布局结构，可利用滑翔、火箭增程和组合制导与飞行控制技术，实现弹药的低成本化、超远程飞行和精确打击。

图 3-68 "战斧"巡航导弹　　　　　图 3-69 "神剑"XM982 制导炮弹

智能炮弹的核心是炮弹上的制导装置，它主要由"寻的头"、电子设备和控制系统等组成。寻的头是炮弹的"眼睛"，当炮弹飞临目标上空时，就会自动寻找要攻击的目标；电子设备犹如炮弹的"大脑"，它能把炮弹飞行中与目标的方向偏差计算出来，告知控制机构，以便进行修正；控制机构的任务是接受误差信号，修正偏差，使炮弹能够准确地跟踪并击中目标。

智能炸弹是一种集风能、太阳能、动力、探测、制导、控制装置于一体的新型智能弹药。它的出现与发展，正在使以往被视为低空武器的炸弹实现准确的高空投射，向目标区域发起致命攻击。作战时，智能炸弹可由飞机或其他装置从空中抛出，而后利用太阳能、风能和自身能量在空中游弋，一旦发现目标后迅速攻击。据外刊报道，早在1997年，美军就已研制出了一种最长可在空中游弋60分钟、并且具有敌我识别和自毁功能的智能炸弹，能够在制导系统控制下准确地击中目标。

除美国外，俄罗斯、英国以及法国等国家也都在积极从事智能炸弹的研制，其中，俄罗斯的KAB-1500L激光制导炸弹（图3-70）、英国的"铺路"Ⅳ型炸弹和法国的"模块式空对地武器"等也都具有较强的智能性和精确打击能力。

除了上述精确制导武器外，最近还出现了可以在飞行中改变方向的精确制导子弹。图3-71所示就是美国研制的一种激光制导子弹，它借助头部的光学传感器发射激光定位远处目标，子弹的"大脑"处理数据，并通过调整尾翼的角度来改变飞行方向，能够精确击中1英里（约合1.6km）外的一个快速移动目标，并且不受横风或目标移动速度的影响，能够实现空前的精准度。

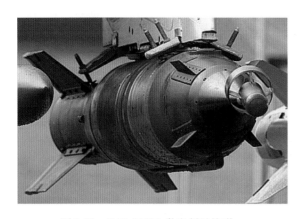 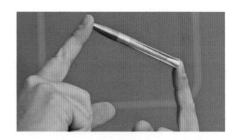

图3-70　KAB-1500L激光制导炸弹　　　　　　　　图3-71　一种激光制导子弹

2. 隐形武器

神出鬼没，出奇制胜，是历代兵家所追求的理想目标之一。随着高新科学在军事领域中的运用，"隐形武器"和"隐形部队"正应运而生。在它们的作用下，"隐形战争"这种新的战争形态亦呼之欲出，不久就会登上人类战争的舞台。

在现代战争条件下，精确打击的能力越来越强，被发现往往意味着被摧毁。因此，保护自己的最好办法就是不让敌人发现。目前，世界各军事强国都在竞相发展隐形兵器。未来20年内，隐形武器装备的研究发展重点为：更好的隐身特性、特殊环境下的隐身技术及针对特殊对象的隐身研究等。另外，在隐形装备的研究方面，并不只限于武器系统，还包括了对各种技术装备设施和人员自身的应用研究，如红外隐形照明弹、隐形通信系统、人体隐形器、隐形军用机场等。

现代隐形武器主要通过雷达隐形、红外隐形、可见光隐形和声音隐形等技术来达到其隐形目的。通常采用的隐形技术有以下3类：

1）改进武器结构外形，减少雷达反射截面。

2）采用能吸收或偏转雷达信号的原材料。

3）改进武器的电子对抗设备，快速精确地查明敌方雷达和武器制导系统的方位，对其实施强有力的干扰和诱骗。

美国的超级"蝙蝠"B—2 隐形轰炸机（见图 3-72）是当今世界上技术最先进、造价最昂贵的隐身飞机，也是美国自发展原子弹的"曼哈顿计划"以来最为保密的武器。B—2 隐形轰炸机的雷达反射面积仅有 $0.1 \sim 0.3 \mathrm{m}^2$，在雷达荧光屏上的反映只相当于一个飞行中的"蜂鸟"。它可以执行核轰炸及常规轰炸的双重任务，具有隐形、精确投放炸弹或发射导弹、有效载荷高和具备远程飞行能力等特点。一架 B—2 轰炸机出动一次可用其携带的 2000 磅卫星制导炸弹轰炸 16 个不同目标，其威力相当于上次海湾战争期间 24 架攻击机破坏力的总和。

图 3-72　B—2 隐形轰炸机

目前，隐形技术除运用于航空领域外，还向水面、水下、地面甚至太空方面拓展。如美国新研制的 DDG—51 驱逐舰，俄罗斯的"基洛夫"巡洋舰、德国的 MEKO 护卫舰等，在结构设计上都采用了减少雷达反射截面积的措施；瑞典的维斯比级护卫舰还采用了全隐形技术，被称为"海上隐形大王"。在导弹方面，日本空舰导弹、美国 B—2 轰炸机上的短程攻击导弹都采用了隐形技术，使其具有了更强的突防能力。同时，为了提高陆军的战场生存能力，诸如坦克、装甲车等隐形兵器也在大力研发之中。

3. 无人武器系统

发达国家在 21 世纪将组建遥控机械化无人部队，或建造完全自主的车辆、飞机和海军系统，无人系统最初是代替人执行侦察、探测、扫雷清障、压制敌人防空系统以及战果评估等危险任务，后来扩展到参与作战。目前，智能化无人作战系统从微型无人机到无人作战飞机、无人作战坦克、无人潜艇或舰艇、无人作战"单兵"等，可谓门类齐全，品种繁多。

（1）空中无人机

早期的无人机主要是指无人侦察机，进入 20 世纪 90 年代尤其是 21 世纪以来，随着无人飞行器和自主控制技术的发展与进步，无人机被赋予了新的使命和功能，即不但能够完成情报搜集、监视和侦察任务，而且能够携带和施放致命或非致命武器，对敌人实施导弹/炸弹攻击、压制敌方防空火力和电子攻击等。未来的无人机还将具有防空/制空、近距离空中支援、纵深遮断等能力。这也是世界主要军事大国无人机研制的技术趋势和战略方向。

美国的"全球鹰"无人侦察机（见前面的图3-66）是目前世界上最先进的高空长航时无人机之一，可留空36h，使用红外和雷达传感器监视约60km距离内的目标，作战半径5000多km，还可装备攻击型导弹及反弹道导弹。在伊拉克战场上，美军尝到了使用无人机的甜头。虽然"全球鹰"只执行了大约3%的侦察任务，但它却获得了55%的对敌防空系统的重要情报资料。无人机在跟踪武装分子、挫败路边炸弹袭击、保护车队和发射导弹攻击中发挥出了越来越重要的作用。

我国的无人机研制近年来发展很快，已推出"暗箭"、"翔雁"、CH—3、"翼龙"等多个产品。CH—3无人机的航程可达2400km，能连续飞行12h，有效荷载大于100kg，配备侦察设备和对地攻击导弹，目前已装备部队。更先进的"翼龙"无人机（见图3-73）则是2005年开始研制的，2007年完成首飞，2008年完成性能/任务载荷飞行试验，目前已正式服役。"翼龙"装有100马力（1马力=0.735kW）活塞发动机、具备全自主飞行能力，可携带光学、红外照相和激光测距等侦察设备，还可以加挂导弹和炸弹等武器系统，同时具有侦察和攻击能力。"翼龙"的整体性能已达到国际先进水平，其最大飞行速度为240km/h，升限5000m，续航时间20小时，最大起飞重量1150kg，有效载荷重量为200kg，并已出口到巴基斯坦等4个国家。正在研制中的"利剑"无人机则是一款隐身无人作战攻击机，并于2013年11月成功完成首飞，标志着我国正式进入无人机研发领域的世界顶尖行列，并成为世界第三个试飞大型隐身无人攻击机的国家，这是我国航空技术领域的一次伟大进步，具有里程碑意义。

图3-73 "2012珠海航展"上的"翼龙"无人机

（2）地面无人作战平台

从广义上讲，地面无人作战平台就是在地面上行驶的能执行军事任务的军用机器人，根据执行任务不同可以分为地面侦察、探雷/扫雷、排爆、战场突击等类型。作战机器人涉及的自动化技术有机器视觉、高分辨率探测装置及探测信息融合算法、高速机器人导航、自主攻击的决策机制、抗干扰网络、分布式指挥控制系统及网络安全等。

美国的一种新型无人驾驶武器系统SWORDS机器人"士兵"如图3-74所示，SWORDS是"特种武器观测侦察探测系统"的英文简写。该机器人携带有威力强大的自动武器，每

分钟能发射 1000 发子弹，它们是美军历史上
第一批参加作战的机器人。一个 SWORDS 机
器人士兵身上所装备的武器，相当于好几个人
类士兵的战斗力。SWORDS 能装备各种口径
的机枪、火箭弹发射器和榴弹发射器，还配备
了 4 台照相机、夜视镜和变焦设备等光学侦察
和瞄准设备。由于 SWORDS 的武器安装在一
个稳定平台上，加上使用电动击发装置，机器
人的射击精度相当惊人。如果一名神射手能准
确击中 300m 外篮球大小目标的话，那么
SWORDS 就能射中同等距离但只有 5 美分硬币
大小的目标。

图 3-74　SWORDS 机器人"士兵"

目前，俄罗斯、英国、德国、加拿大、日
本、韩国等已相继推出了各自的机器人战士，
一些国家正在组建机器人部队。2004 年美军仅有 163 个地面机器人，2007 年则增长到 5000
个，至少 10 款智能战争机器人在伊拉克和阿富汗"服役"。据军事专家称，到 2015 年半数
美军将是机器人，约 1/3 的地面战斗将使用机器人士兵。作战机器人的军备竞赛正在展开，
从其发展态势上看，大有一举颠覆地面战传统战法的势头，机器人士兵将在未来的战争中起
到至关重要的作用。

（3）水下无人作战平台

无人潜水器（Unmanned Undersea Vehicles，UUV）的研究也日益受到军事研究人员的重
视。无人潜水器是一种水下的智能化装置，它依附于潜艇和水面舰艇，并能从艇上布放和回
收，有的甚至可以从飞机或岸上设备布放。它能携带多种传感器、专用机械设备或武器，能
遥控或自主航行；它体积小、较隐蔽，有的还可以做到隐身；它不存在人员伤亡或被俘的危
险，可以完成最富有风险性的任务。无人潜水器问世于 20 世纪 60 年代，最先用于搜索、侦
察和打捞的任务。当前，水雷战和反水雷战、
潜艇战和反潜战已成为海战战场上的最大威
胁，这就更激发了人们对新一代无人潜水器的
研究，使之成为未来海战的"新秀"。

考虑到水下长时间和远距离自主运行是
UUV 执行情报、侦察、监视，反潜战及反水雷
战等各项任务的基础，因此，无人潜水器的关
键技术之一是自动化技术，自动化程度的高低
直接决定 UUV 的整体性能。

无人潜水器的外形通常像一个小型潜艇，
如图 3-75 所示。

图 3-75　一种无人潜水器的外观

4. 航空母舰

航空母舰（简称航母）是一个集多学科尖端科技成果于一体的海上霸主，以舰载飞机、
武器系统及电子装备为作战工具，以海空一体化为作战方式，用于攻击水面舰船、潜艇、海

岸和陆基目标，夺取作战海区的制空权和制海权，并可与担负护卫任务的舰船组成作战能力强大的战斗群。现代航空母舰及舰载机已成为高技术密集的军事系统工程，是目前最大的武器系统平台，是海战最重要的装备之一。

现代航空母舰的作用大致可以分作对地攻击、舰队防空、投放与发射核武器、反潜作战、反舰作战、航空管制、空中警戒、两栖登陆支援、电子战、战地指挥等。

美国的航母集各种先进武器于一身，是当今世界上攻防能力最强大的战舰，其防御系统由侦察卫星、侦察飞机、侦察船、预警机和远程拦截战机组成，可监控远处 1000 多个目标。图 3-76 所示是美国最先进的"乔治·布什"号航母及其舰载机，也是当今世界上最大的军舰，满载排水量超过 10 万吨。该航母从 2001 年开始建造，于 2009 年交付美国海军服役。它使用了目前最先进的技术，现代化程度极高。在动力上，舰上两个核反应堆可供军舰连续工作 20 年而不需要添加燃料；在自身防护方面，包括两舷、舰底、机库甲板都是双层船体结构，舰内有数十道水密横舱壁，水下部分有增厚甲板和多层防雷隔舱；在攻击力方面，它可搭载最多 100 架飞机，并拥有多座对空导弹发射系统和近防炮。

美国航母作战系统主要由三大核心功能模块组成：自防御系统、航空数据管理与控制系统以及指挥与情报保障系统。其中，自防御系统为航母提供分层、自动化的水下、水上、空中综合防御能力；航空数据管理与控制系统为航母提供航空作业规划和执行功能，为舰载机起降提供保障；情报与指挥保障系统为航母提供强大的编队作战指挥信息保障能力。

美航母编队作战指挥的特点要求编队指挥必须采取自动化的指挥手段以适应快节奏、高强度作战对指挥的要求，因此美航母上均装备了航母编队指挥信息系统。指挥信息系统是综合运用现代信息科学技术及军事理论，实现军事信息收集、传递、处理自动化，以实现高效的指挥、控制与管理，保障部队和武器发挥最大效能的"人机"系统。目前，航母编队指挥信息系统已成为衡量航母编队信息化水平和作战能力的标志性装备之一。

象征中国海军崛起的第一艘航空母舰"辽宁号"（见图 3-77）于 2012 年 7 月 16 日正式下海，同年 9 月 23 日正式服役。"辽宁号"航母是中国人民解放军海军第一艘可以搭载固定翼飞机的航空母舰，是在前苏联海军的"瓦良格"号航母的基础上发展而来的，在总体设计上沿袭了原来的设计特点，其舰型、尺寸、排水量、动力装置等都与原来基本相同，而在上层建筑、防空武器、电子设备、舰载机配备等方面则做了较大改进。

图 3-76　美国"乔治·布什"号航母　　　　图 3-77　中国"辽宁号"航母

3.8.4　现代化战争的特点和发展趋势

20 世纪 90 年代以来，有 4 场战争十分引人注目，这就是美军主导的海湾战争、科索沃战争、阿富汗战争和美伊战争。

1991 年爆发的海湾战争以参战国之多、战况之激烈、作战进程之迅猛以及双方损失之悬殊为世人所瞩目，更因其大量使用了当代尖端武器装备，使战场条件、作战手段以及对抗方式发生了根本性变化，揭开了现代高技术局部战争的序幕。

1999 年，以美国为首的北约军事集团对南联盟发动的代号为"联盟力量"的科索沃战争是一场以远程和高空精确打击为主的"非接触性战争"。这场战争自始至终表现为一场大规模空袭与反空袭战役，以完全独立的空中战役达成了战略目的，标志着空中作战的地位空前上升。

2001 年，美国进行的阿富汗战争则全面展示了信息化战争的强大威力，是一场典型的"不对称作战"。在这场战争中，美军充分发挥各种作战手段的系统效应，使信息系统与作战系统实现了高度一体化。

2003 年，在美国悍然发动的对伊拉克战争中，美国凭借其高科技的军事优势，只用了 20 多天就以最小的人员伤亡代价结束了战斗，美军阵亡人数仅 110 人。这场战争不仅大量使用了精确制导武器，而且还投入了无人机、作战机器人等先进武器，发射和投掷了各类导弹和精确制导炸弹 2000 多枚，其中战斧巡航导弹 500 多枚。

这四场局部战争充分展示了高技术条件下现代信息化战争的基本特点和发展趋势。

1）作战空间多维化。多种侦察手段并用，战场更加透明，多种侦察手段获得的信息资源共享，将地面、海上、空中、空间力量融为一体，形成立体的作战平台和整体的作战效应。过去的坦克、战舰、战机等单一武器单项作战行动的"个体打击"被当前"整体系统"的"合成打击"所代替。

2）武器装备智能化。其重要标志是加装了信息系统、具有智能化特征的各类精确制导武器已成为战场火力打击的主体。

3）没有国界和前后方之分，作战范围更加扩大。"全领域"、"深远纵深"、"视距外"、"战区外"的打击将突如其来，"大后方"、"安全岛"的概念不复存在。

4）战争双方的"不对称性"更加突出。信息技术使作战双方的实力差距并非只是硬件（陆、海、空主战兵器等）的对比，更有"软件"的较量（信息网络技术、精确制导技术、全球定位技术、电子侦察技术、信息传输和指挥控制技术等）。综合实力在战争中的作用更加明显，这会使得战争双方的打击能力出现悬殊的不平衡。技术落后的一方在战场上被蒙在鼓里，打击手段对对方也是"鞭长莫及"，仍采取"集群式作战"，人员的伤亡也大；技术先进的一方充分"透明"，对战场了如指掌，并具有战区外精确制导的攻击能力，而且为减少己方人员伤亡，尽可能多地应用无人驾驶装备。

5）指挥控制接近实时化。"速决战"取代"消耗战"，快速突进、高速穿插，"攻点"、"斩首"、"震慑"都是意图"瞬间瘫痪"敌方作战能力和信心，实现对敌方枢纽中心、首脑要害机关、指挥部位的"决定性打击"。从发现目标后辨别、判明到打击、摧毁目标的"间隔"越来越短，从发现到打击甚至"瞬间"就可完成。所有这些，都得益于部队信息化的提高。

信息技术应用的结果就是：战场越来越透明，战场信息的共享程度越来越高，时空距离越来越短，打击手段的针对性、适应性、整体性、有效性越来越强。日本防卫厅认为：随着精确打击能力的极大增强，只要能发现目标，就能跟踪、打击、摧毁目标。因此，谁掌握了"透视"战场的优势，谁就能决定胜负。

"网络中心战"将成为未来的战争模式。美国近期的对外军事干预特别是伊拉克战争展示了未来战争的雏形：精确的大杀伤力武器、绝对的制空权、全方位的并行攻击、信息优势下的综合作战。它实际上是一种以空中打击为主、极度倚重情报信息的海、陆、空、天一体化的网络中心战。

3.9 宇宙飞行与自动化

宇宙飞行又叫航天飞行或空间飞行。在地球大气层以外的宇宙空间（太空）运行，执行某些特定航天任务（例如探索、开发和利用太空及天体等）的飞行器称为航天器或空间飞行器。航天活动包括环绕地球的运行、飞往月球或其他行星的航行、星际空间的航行等。虽然航天活动也包括飞出太阳系的航行，但在目前以及今后相当长的一个时期内，人类的航天活动基本上局限在太阳系内，而且绝大部分属于近地空间飞行。

宇宙飞船、人造卫星、空间探测器等航天器从发射、进入预定轨道、对轨道和姿态的调整、一直到最后重返地球或在其他星球上着陆和探测，整个过程中始终与自动化有着最为密切的关系，而且所采用的很多自动控制和自动化技术都是最尖端和最先进的。要顺利完成一次宇宙飞行任务，会不可避免地涉及运载火箭、发射场、航天器控制系统、测控系统、着陆场等各个方面。为了较全面地了解宇宙飞行与自动化的关系，下面先概述宇宙飞行的基本概念、航天系统的组成和我国的航天工程，再说明载人航天飞行的整个过程，然后重点阐述宇宙飞行过程中涉及的一些关键的自动化技术，最后介绍航天飞行的发展历程和展望。

3.9.1 航天系统概述及我国的航天工程

尽管航天器执行的使命不同，但其种类不外乎两大类：一是人造地球卫星和空间探测器等无人航天器；二是载人飞船、空间站和航天飞机等载人航天器。人类探索、开发和利用太空的壮举就是依靠这两类航天器来实现的。由于航天任务的完成要靠航天器来实现，因此航天器是整个航天工程大系统中的主要组成部分或核心部分。

1. 航天飞行的目的和意义

航天器的出现使人类的活动范围从地球大气层扩大到广阔无垠的宇宙空间，是人类认识自然和改造自然能力的飞跃，极大地丰富了人类的知识宝库，改变了过去基于地面所形成的许多传统观念，进而把人类的视野扩展到宇宙深处，对社会经济和社会生活产生了重大影响。世界上几乎没有其他工程技术会像空间技术那样牵动公众的热情，激起广泛的关注和参与，并产生持久的影响力。

开展航天活动的目的和意义主要有如下几个方面：

1）航天器在地球大气层以外运行，摆脱了大气层的阻碍，可以接收到来自宇宙天体的全部电磁辐射信息，开辟了全波段天文观测。

2）航天器从近地空间飞行到行星际空间飞行，可实现对空间环境的直接探测以及对月球和太阳系行星的逼近观测和直接取样观测。

3）环绕地球运行的航天器从几百公里到数万公里的距离观测地球，迅速而大量地收集有关地球大气、海洋和陆地的各类信息，可直接服务于气象观测、军事侦察和资源考察等领域。

4）作为空间无线电中继站的人造地球卫星可实现全球卫星通信和广播，而作为空间基准点，可以进行全球卫星导航和大地测量。

5）利用空间高真空、强辐射和失重等特殊环境，可以在航天器上进行各种重要的科学实验和研究。

随着航天飞机和其他新型空间运输系统的使用、空间组装和检修技术的成熟，人类将在空间建造各种大型的空间系统，如直径上千米的大型光学系统、长达几公里的巨型天线阵和永久性航天站等。从空间获取信息、材料和能源是航天器发展的长远目标，未来航天器的发展和应用将会主要集中在5个方面：①进一步提高从空间获取信息和传输信息的能力，扩大应用范围；②加速试验在空间环境条件下生产新材料和新产品；③探索在空间利用太阳辐射能，提供新能源；④了解地球、太阳系的起源、演变、现状和变化趋势；⑤探索生命的起源和演变、外星球生命存在的迹象、人类在其他星球上生存的可能性等。

2. 航天系统的组成

航天系统由航天器、航天运输系统、航天器发射场、航天测控网和应用系统组成，是完成特定航天任务的工程大系统。航天技术就是用于航天系统的综合性工程技术。下面分别介绍航天系统的5个组成部分。

（1）航天器

航天器指在地球大气层外的宇宙空间，基本按照天体力学规律运行的各种飞行器，如人造地球卫星、深空探测器、载人飞船、航天飞机、空间站以及地外天体着陆装置（如登月舱、火星探测器）等。航天器的基本构成包括专用系统和保障系统。

专用系统用于执行特定的航天任务，其种类很多，随航天器执行的任务不同而异，不同用途航天器的主要区别就在于装有不同的专用系统。例如，天文卫星的天文望远镜、光谱仪和粒子探测器，侦察卫星的可见光照相机、电视摄像机或无线电侦察接收机，通信卫星的转发器和通信天线，导航卫星的双频发射机、高精度振荡器或原子钟等。单一用途航天器只装有一种类型的专用系统，多用途航天器则装有几种类型的专用系统。

保障系统又称通用性载荷，用于保障专用系统的正常工作，各种类型航天器的保障系统往往是相同或类似的，一般包括以下一些子系统：

1）结构系统。用于支承和固定航天器上的各种仪器设备，使它们构成一个整体，以承受地面运输、运载器发射和空间运行时的各种力学和空间环境，大多采用铝、镁、钛等轻合金和增强纤维复合材料。

2）热控制系统。又称温度控制系统，用来保障各种仪器设备和生物所处环境的温度在允许的范围内。

3）电源系统。用来为航天器所有仪器设备提供所需的电能，一般根据需要采用蓄电池、太阳电池阵、核电、氢氧燃料电池等。

4）姿态控制系统。用来保持或改变航天器的运行姿态，例如使航天器上的太阳能电池帆板对准太阳、使侦察卫星的照相机镜头对准地面、使通信卫星的天线指向地球上某一区域等。

5）轨道控制系统。用来保持或改变航天器的运行轨道，一般由发动机提供动力，由航天器上的程序控制装置进行控制或由地面飞行控制中心及各类航天测控站进行遥控。

6）无线电测控系统。包括无线电跟踪、遥测和遥控3个部分。跟踪部分通过不断发出信号来让地面测控站等跟踪航天器；遥测部分用于测量并向地面发送航天器的状态参数和各种仪器设备的工作参数等，遥控部分用于接收地面测控站等发来的遥控指令，传送给有关系统执行。

7）返回着陆系统。用于保障返回型航天器安全、准确地返回地面或在其他行星上着陆。一般由制动火箭、降落伞、着陆装置、标位装置和控制装置等组成。

8）生命保障系统。是载人航天器用于维持航天员正常生活所必需的设备和条件，一般包括温度和湿度调节、供水供氧、空气净化和成分检测、废物排除和封存、食品保管和制作、水的再生等设备。

9）应急救生系统。当航天员在任一飞行阶段发生意外时，用以保证航天员能安全返回地面。应急救生系统一般包括救生塔、弹射座椅、分离座舱等救生设备，而且有独立的控制、生命保障、防热和返回着陆系统等。

10）计算机系统。用于存储各种程序、进行信息处理和协调管理航天器各系统工作。计算机系统包括对地面遥控指令进行存储、译码和分配，对遥测数据作预处理和数据压缩，对航天器姿态和轨道测量参数进行坐标转换、轨道参数计算和数字滤波等。

（2）航天运输系统

航天运输系统是把有效载荷运送到预定轨道的航天运输工具。它可分为运载器和运输器两大类。把人造地球卫星、载人飞船、空间站和空间探测器等航天器送入预定轨道的飞行器称为运载器，通常为一次性使用的运载火箭。为在轨道上的航天器运送人员、装备、物资以及进行维修、更换、补给等在轨服务的飞行器称为运输器，通常由轨道器和推进器组成。航天飞机这种运输器兼有运载和运输的双重功能。运载火箭和飞船可构成一次性使用的运输器。

（3）航天器发射场

航天器发射场是指发射航天器的特定场区。场内有完整配套的设施，用以装配、贮存、检测和发射航天器，测量飞行轨道和发送控制指令，接收和处理遥测信息。

（4）航天测控网

航天测控网是对航天器和运载火箭飞行状态进行跟踪测量并控制其运动和工作状态的专用系统。这一系统能及时了解航天器与运载火箭的空间位置、姿态和各分系统的基本工作状态，以保证实现预定的目标和任务。航天测控与跟踪分为星、箭、船部分和地面部分，由若干系统组成，通常包括时间统一系统、计算机数据处理和指挥调度系统、跟踪测轨系统、遥测遥控系统等。这些分系统汇集组合成若干个乃至数十个具有不同功能的地面测控站、海上测量船、空中测控飞机和太空测控卫星等，形成了一个天地结合的测控跟踪网，实现对飞行中的火箭、卫星、飞船、空间探测器等的跟踪和测控。

（5）航天应用系统

航天应用系统是按航天器的不同任务需要而装载的各种专用系统和相应的航天地面应用系统，也是实现航天技术效益的关键部分。例如，为实现卫星通信而在通信卫星上装载的转发器和通信天线系统，为实现对地观测而在遥感卫星上装载的光学摄影系统、红外及微波遥感系统，为开展空间科学试验而在卫星上装载的实验或探测设备，为实现军事应用目的而装载的各种专用系统等。相应的航天地面应用系统包括为开展电话、电报、传真、电传、电视和数据传输业务而设置的卫星通信地球站；为对地球资源卫星进行跟踪、测量、控制和管理，并接收、记录和处理卫星发回的图像数据而设置的地面站；为测量、控制气象卫星并接收和处理气象信息而设置的数据接收与测控站、数据处理中心及数据利用站；向导航卫星注入导航信息的地面无线电发射站等。

从上面的叙述可以看出，现代航天技术是一门综合性的工程技术，航天系统是典型的复杂大系统，航天系统的正常运行必然离不开检测、通信、控制等自动化技术。

3. 我国的航天工程

我国在 20 世纪 50 年代就制订了发展人造地球卫星和运载火箭的规划，并于 1970 年成功发射了第一颗人造地球卫星——"东方红 1 号"。我国的航天事业经历了艰苦创业、配套发展、改革振兴和走向世界等几个重要阶段，迄今已达到了相当规模和水平，形成了完整配套的研究、设计、生产和试验体系，研制了多种类型的运载火箭，建成了酒泉、西昌和太原 3 个航天发射场，并即将建成海南文昌发射场，同时还建立了由地面测控站、海洋测控船和测控卫星组成的航天测控网，发射了各类卫星、载人飞船和空间探测器。在卫星回收、一箭多星、低温燃料火箭技术、捆绑火箭技术以及静止轨道卫星发射与测控等多个重要技术领域已跻身世界先进行列；在遥感卫星、通信卫星和导航定位卫星等的研制与应用、载人飞船试验、探月计划以及空间科学实验等方面均取得了重大成果，特别是在载人航天与探月计划两个领域，所取得的成就以及一系列重大突破令国人自豪、令世人瞩目。

在当今世界上，或许没有什么能比载人航天更能充分展示一个国家的综合国力。载人航天是一项庞大的系统工程，它包括载人飞船、运载火箭、航天员、测控通信网、发射场、着陆场及有效载荷等七大系统，涉及自动控制、计算机、推进、通信、遥感、测试、新材料、新工艺、激光、微电子、光电子等技术以及近代力学、天文学、地球科学、航天医学及空间科学等知识。将飞船连同人送入太空预定轨道，并安全返回，如果没有高度发达的科学技术和科研能力，如果没有雄厚的经济基础和强劲的经济实力，这是不可能做到的。迄今为止，世界上只有美国、俄罗斯和中国 3 个国家独立开展载人航天活动。

我国于 1992 年正式启动载人航天工程，分三期实施：一期工程为载人飞船阶段，目标是实现多人多天飞行及安全返回；二期工程为空间实验室阶段，目标主要是完成航天员出舱行走、飞船的交会对接与通过货运飞船进行补给等；三期工程为空间站阶段，到 2020 年左右要建立中国自己的空间站。中国迄今为止已进行了 10 次神舟飞船的发射，前 4 次是无人飞船，主要是为载人航天做准备和进行一系列测试。第一艘载人飞船"神舟五号"于 2003 年成功发射，将中国第一名航天员送上太空；2005 年又成功发射了"神舟六号"载人飞船，两名航天员在飞船上按计划完成了一系列科学试验；2008 年发射的"神舟七号"则搭载 3 名航天员进入太空，并首次完成了航天员出舱行走（见图 3-78）。

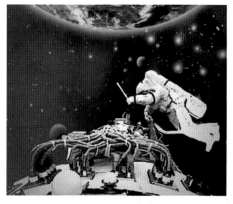

图 3-78　"神舟七号"航天员出舱行走

从"神舟七号"开始，我国进入了载人航天二期工程。在这一阶段里，先发射了用作空间实验室的"天宫一号"目标飞行器，然后于2011年发射了"神舟八号"无人实验飞船，并与"天宫一号"进行了自动交会对接，紧接着又分别于2012和2013年发射了载有3名航天员的"神舟九号"和"神舟十号"飞船，且分别与"天宫一号"进行了自动和手动交会对接（见图3-79），完成了为"天宫一号"提供人员和物资的天地间往返运输服务以及考核组合体对航天员的保障能力等

图3-79　"神舟十号"与"天宫一号"对接

多项任务，表明中国已基本掌握了空间飞行器的交会对接技术，为后续的第二代空间实验室——"天宫二号"等以及最终的空间站建设奠定了坚实的基础。

我国的神舟系列飞船是自动化程度非常高的载人飞船，采用了集各类飞行器控制方法于一体的制导、导航和控制技术，可对上升段、运行段和返回段进行全程控制。在正常情况下，飞船是完全自动飞行的；当出现故障时，可以自动切换到备份设备上工作，也能由地面通过遥控进行这种切换，或由航天员使用自动驾驶仪表上的手动控制功能来完成这种切换。飞船配置了国内最完备、规模最庞大、功能最全的推进系统，可实现在轨状态、返回状态与留轨状态的姿态控制，以及轨道变换、轨道维持和制动等功能。

神舟飞船和大部分载人飞船一样，是推进舱、返回舱和轨道舱的三舱结构（见图3-80）。推进舱有大型太阳能电池板和火箭发动机，是飞船在太空中的主要动力来源，航天员不能进入此舱。返回舱用于返回地球，必须抗大气层烧蚀，并具有升力控制的气动外形，可减缓重返大气层时的下降速度和热流影响，同时还可利用降落伞和着陆缓冲发动机实现软着陆。轨道舱位于飞船前段，通过舱口与后面的返回舱相通，比返回舱宽敞，可以安

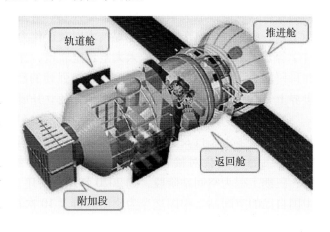

图3-80　"神舟飞船"的三舱结构

放大量实验仪器和生活物资，是宇航员在太空飞行期间的生活舱、实验舱和货舱。附加段也叫过渡段，可用来安装交会对接装置或各种探测仪器。

在探月工程方面，我国制定了"绕、落、回"三步走战略，即首先研制和发射月球探测卫星，实施绕月探测；其次发射无人探测装置，并实现月面软着陆和月面自动巡视探测；最后为运送机器人上月球采集样本并返回地球。在上述任务均成功实现以后，才有可能进行下一步的载人登月计划。

　　探月工程于 2003 年正式启动，计划在 2020 年前完成。实施绕月探测任务的一期工程已由"嫦娥一号"和"嫦娥二号"月球探测卫星成功完成。"嫦娥一号"于 2007 年发射，其主要任务是获取月球表面的三维影像、分析月球表面有关物质元素的分布特点、探测月壤厚度和地月空间环境等，在运行了一年多以后，于 2009 年按计划以"硬着陆"的方式成功撞击月球。"嫦娥二号"随后又于 2010 年发射，其绕月轨道比"嫦娥一号"更靠近月球，主要任务是获取更清晰、更详细的月球表面影像数据，并为实施落月任务的二期工程做准备。"嫦娥二号"在完成任务后飞到了距离地球 6000 万 km 以外的深空，成为了绕太阳运行的人造小行星。探月二期工程则由"嫦娥三号"和"嫦娥四号"来完成，实现月球软着陆，并完成巡视探测任务。"嫦娥三号"于 2013 年 12 月 2 日发射，12 月 14 日成功登陆月球，中国成为继美国和前苏联之后第三个实现月面软着陆的国家。

　　"嫦娥三号"在整个"落月"过程中，"动力下降"是最惊心动魄的环节。在这个阶段，由于地月距离约为 38 万 km，探测器运动状态变化很快，靠地面测控是来不及的，因此只能完全依靠探测器进行自主导航控制，完成降低高度、确定着陆点、实施软着陆等一系列关键动作。"嫦娥三号"探测器由着陆器和"玉兔号"月球巡视车组成，月球车离开着陆器后从不同角度与着陆器进行了相互拍照（见图 3-81），并对着陆点周围进行了巡视探测。按照设计目标，嫦娥着陆器将在月球工作一年，月球车则工作约 3 个月。下一步将发射"嫦娥四号"探测器，其主要任务是登陆月球表面、进行更深层次和更加全面的月球探测，并为 2017 年左右发射返回式探测器做准备。

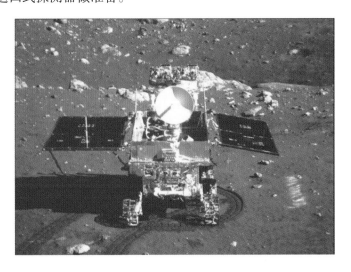

图 3-81　"嫦娥三号"着陆器拍摄的"玉兔号"月球车

3.9.2　航天器的典型飞行过程

　　下面以载人飞船为例，来看一下从发射到着陆要经历哪些过程。

　　载人飞船出厂后，先要在发射场进行一系列的系统检查，在确认一切正常后，将被固定安装在运载火箭前端。载人飞船的最前端还装着逃逸救生塔，其外部有整流罩，以保护飞船在发射时不受气动热的损害。安装测试完毕的飞船—火箭系统将被转运到发射区（见图3-82）。

图 3-82 "神舟十号"载人飞船及其运载火箭在转运过程中

载人飞船的发射和上升过程与人造卫星、空间探测器等其他航天器类似。运载火箭点火后带着飞船徐徐上升（见图 3-83），然后按程序转弯，火箭逐级点火、熄火、分离，其间需要抛掉逃逸塔和整流罩。当飞船到达入轨点并达到预定速度时即实施飞船与末级火箭的分离。至此，运载火箭就完成了其历史使命，载人飞船将携带航天员在太空遨游。

图 3-83 "神舟十号"载人飞船成功发射

在发射过程中，火箭上的控制系统根据火箭所在位置和速度，不断调整火箭发动机推力的方向，使得火箭按照预定的轨迹飞行。在整个飞行过程中，火箭的速度逐渐增大，火箭的加速度在每一级火箭发动机点火时最小，熄火时最大。为避免加速度过大对人体产生不良影响，载人航天的运载火箭在飞行程序设计中应保证最大加速度不大于 4～5 倍重力加速度。

运载火箭末级发动机熄火瞬间，航天员会由超重突然变为失重并感受到从未有过的轻松。此后，载人飞船、航天员及飞船内一切物体都处于失重状态。

载人飞船与末级火箭分离后进入轨道运行。航天员通过舱门进入轨道舱，执行预先安排的空间应用和科学实验任务，或完成航天员出舱和交会对接等实验任务。如果飞船是为空间站运送人员或物资的，则需要与空间站对接，与空间站上工作的其他航天员会合。

入轨后，飞船上的控制系统将对飞船进行姿态控制，使飞船保持预定的飞行姿态，确保飞船上的太阳能电池帆板对准太阳、天线能与地面正常通信、相机能对准地面目标照相以及航天员能通过窗口观察地球。飞船在大气层外依据天体力学运动规律飞行，在地球引力的作用下作圆周运动或沿着事先计算的轨道飞向其他星球。在轨飞行过程中，为了消除发射误差以及扰动力的影响，飞船必须具有变轨及轨道维持能力。

在环绕地球的轨道上运行的载人航天器包括飞船、空间站或航天飞机，轨道高度一般是200～500km。若轨道高度再高，则飞船将进入或接近地球辐射带，那里的高能粒子辐射能力很强，可能穿透航天器，对航天员造成伤害；若轨道高度低于200km，则残留大气的阻力会明显增加，保持轨道就需要消耗太多的推进剂。

飞船在轨运行如果一切正常，将按原计划正常返回；若出现异常，则可实施应急返回。正常返回与应急返回的主要区别在于飞船返回的时间及返回着陆区域的不同，而返回的过程基本相同。

飞船的返回就是使飞船脱离原来的飞行轨道、沿一条下降轨道进入地球大气层、通过与空气摩擦减速，并安全降落到地面上的过程。它可分为制动减速阶段、自由滑行阶段、再入大气层阶段和回收着陆阶段。

飞船返回前飞行在距地面数百公里高的圆形轨道上，速度约为8km/s。要使飞船返回地面，必须改变飞船飞行速度的大小和方向，使其脱离原来的飞行轨道进入下降飞行的轨道。因此，返回前首先要调整姿态，将在轨飞行姿态（推进舱在后）调整为制动减速姿态（推进舱在前），并使返回舱及推进舱与轨道舱分离。然后飞船上的制动发动机按照预定的时间工作，使飞船减速，并脱离原来的轨道。

制动发动机关机后，飞船进入自由滑行阶段。在进入稠密大气层前，将把推进舱分离掉，并把返回舱调整到再入姿态（使圆形的防热面朝向迎面气流）。推进舱分离后在大气层中烧毁，返回舱继续下降到约100km高度时进入稠密大气层，并转入再入飞行段。

再入飞行是返回飞行过程中环境最复杂也最恶劣的一段，因为飞船返回舱以很高的速度进入大气层时，会与大气产生剧烈摩擦，使返回舱变成闪光的火球。进入黑障区后，周围产生的等离子气体层还会屏蔽电磁波，使飞船与地面暂时失去联系。随着速度和高度的进一步下降，直到40km高度时，飞船与地面的联系才会恢复。在再入过程中，航天员要承受很大的过载。飞船与大气摩擦还会使飞船表面的温度升高到几千摄氏度，需要利用烧蚀材料防热。从再入开始到20km高度，返回舱可采用升力控制方式飞行，以降低最大过载和再入过程中的热流，并提高着陆精度。

返回的最后一关是着陆。当返回舱降低到约10km高度时，回收着陆系统开始工作。它的主要任务是利用降落伞系统稳定返回舱的运动姿态，降低下降速度，并通过着陆缓冲手段来保证软着陆。它还可以为返回舱提供闪光和海水染色两种标位手段，便于搜救人员及时发现。具体工作程序一般是10km高度时先弹出伞舱盖，把引导伞从伞舱拉出并打开。引导伞的牵引力又将减速伞拉出，使返回舱的高度和速度进一步下降。之后，减速伞与返回舱分离，同时拉出主降落伞，返回舱乘主伞缓缓下降。降落伞系统可以使返回舱的飞行速度从开伞前的约200m/s降至约8m/s。在距地面约1m时，着陆缓冲发动机点火，使飞船以不大于3.5m/s的速度实现软着陆。图3-84所示为"神舟十号"飞船返回舱着陆瞬间。

图3-84 "神舟十号"飞船返回舱着陆瞬间

3.9.3 航天发射场与运载火箭

1. 航天器发射场

航天器发射场是发射航天器的特定区域。场区内有整套试验设施和设备，用以装配、储存、检测和发射航天器，测量飞行轨道，发送控制指令，接收和处理遥测信息。

发射场通常由测试区、发射区、发射指挥控制中心（见图3-85）、综合测量设施、勤务保障设施等组成。有些航天器发射场还包括助推火箭或运载火箭的第一级工作完成后的坠落区或返回舱的着陆区。航天器发射场的全部设备分为专用技术设备和通用技术设备。专用技术设备包括运输、起重装卸、装配对接、地面供电、地面检测和发射、自动控制、推进剂储存和加注、废气和废液处理、遥控和监控、测量和数据处理等设备。通用技术设备有动力、通信、气象、计量、给排水、供气、消防、修理等设备。

航天器发射场的位置是根据航天器发射试验技术的特点和安全要求来选定的。运载火箭发动机所用的推进剂多有毒性，且易燃和易爆，火箭发动机点火后喷出的有害气体会污染周围的环境，助推火箭或运载火箭的第一级在完成工作后坠落地面，或因故障和失误造成发射失败，都会对地面生命财产构成严重威胁。因此，通常把航天器发射场选在人口稀少，地势平坦，视野开阔，地质、水源、气候和气象条件适宜的内陆沙漠、草原或海滨地区，也有建在山区或岛屿上的。地球自转的影响也是选址的考虑因素之一。特别是发射地球静止卫星或小倾角轨道航天器的发射场，宜选建在地球赤道附近或低纬度地区。纬度越低的发射场，地球离心力越大，发射的有效载荷就可以相应地增大，并可缩短从发射点到入轨点的航程，发射成本也会相应地降低。法国建在南美洲北部的圭亚那航天中心（Guiana Space Center）就是根据这一考虑选址的，我国之所以在海南省文昌市建设"文昌航天发射中心"，也主要是

图 3-85　酒泉航天发射指挥控制中心

基于这一原因。海南发射场建成后，火箭的运载能力将可提升 10%，在中国未来的登月计划中，运载火箭能够轻易地将载人飞船送上月球，建立月球基地，或将载人或货运飞船送上太空以及建立永久性航天站。

2. 运载火箭

运载火箭是由多级火箭组成的航天运输工具（见图 3-86），用途是把人造地球卫星、载人飞船、空间站、空间探测器等有效载荷送入预定轨道。运载火箭一般由 2~4 级组成。每一级都包括箭体结构、推进系统和飞行控制系统。末级有仪器舱，内装制导与控制系统、遥测系统和发射场安全系统，有效载荷装在仪器舱的上面，外面套有整流罩。许多运载火箭的第一级外围捆绑有助推火箭，又称零级火箭。助推火箭可以是固体或液体火箭，其数量根据运载能力的需要来选择。

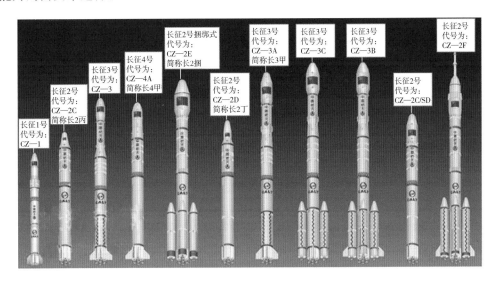

图 3-86　我国的长征系列运载火箭

运载火箭是一种可控火箭，控制系统是组成运载火箭的主要分系统之一。运载火箭的控制系统由箭上系统和地面系统两部分组成，其中箭上系统被称为飞行控制系统，地面系统被称为测试发射控制系统。

测试发射控制系统的任务是检查测试飞行控制系统和其他电气设备的性能和参数，给运载火箭装入飞行程序和数据，进行精确方位瞄准，并在运载火箭经检查测试合格、符合技术要求之后，实施发射点火控制。

飞行控制系统则用来控制运载火箭的飞行状态。运载火箭在飞行中，其飞行状态可以分解为两种运动：一是火箭质心的运动；二是火箭绕质心的转动。飞行控制系统的任务就是控制火箭这两种运动状态，使之符合设计所规定的要求。火箭在实际飞行中，常受到来自运载火箭本身和外部环境的各种干扰力和干扰力矩的影响而偏离预定的飞行状态。来自火箭本身的有：由于箭体结构制造偏差造成的结构不对称及质心偏移、发动机制造和安装偏差造成的推力轴线偏斜、多台发动机工作不同步、液体推进剂在储存箱内晃动、控制设备制造误差等引发的干扰力和干扰力矩。来自外部环境的干扰力和干扰力矩主要是气流的影响。

飞行控制系统由制导与导航系统、姿态控制系统、电源供配电和时序控制系统3部分及相应的软件组成。软件的作用是完成各种功能计算并把3个部分按功能和工作程序结合起来完成飞行控制任务。

制导与导航系统的任务主要是控制运载火箭的入轨精度。通过测量仪表测出火箭的运动参数，经计算装置进行导航计算，得到火箭的速度和位置，然后根据对每一时刻的速度和位移对高度和倾角等进行导引控制，使火箭的质心运动接近预定的轨道，保证火箭准确入轨，并按预定要求关闭发动机。

姿态控制系统的任务是克服种种干扰的影响，保证运载火箭的稳定飞行。通过测量仪表测出火箭绕其质心转动的姿态角和角速率，经计算机处理后发出姿态控制信号，控制火箭的飞行姿态。一方面使其实际的飞行俯仰角的偏差接近于零，以保持火箭沿着预定的轨道飞行；另一方面使火箭的飞行偏航角在零度左右摆动，保持火箭在预定的轨道平面内飞行；同时还要控制火箭的滚转角，使其值也接近于零度，从而保证火箭的稳定飞行。

3.9.4　航天器控制技术

航天器控制主要包括姿态控制、轨道控制、温度控制等。航天器控制系统的工作时间长、精度要求高、环境特殊，并受重量和能量消耗等条件的限制，因此在系统结构上与运载火箭的控制有较大差别。航天器控制系统的元部件，除惯性器件、喷气执行机构、控制计算机外，还有太阳敏感器、地球敏感器、恒星敏感器等光学敏感器以及能长期工作的低推力推进器、角动量存储装置等。

在控制方法上，由于航天器是一个有交叉耦合的多变量复杂系统，各种测量值和系统状态又是间接相关的，在系统和测量中存在各种干扰因素，因此航天器的控制难度是相当大的。为了保证控制性能，航天器控制应用了很多先进的控制理论和技术，包括多变量控制、统计滤波、最优控制、随机控制、自适应控制、智能控制、大系统的分解与协调控制等。

在星际航行中，对航天器的要求更高。空间探测器飞离地球几十万到几亿公里，入轨的速度和方向稍有误差，到达目标行星时就会出现很大偏差。因此，在漫长的飞行过程中，不仅要求航天器具有更强的自主控制能力（即不依赖于地面）和更高精度的控制性能，而且还应具备自动进行故障诊断和自动进行维修的能力。例如，火星探测器入轨时的速度误差即使只有万分之一，到达火星时就会产生约 10 万公里的距离偏差，因此必须进行精确地控制和导航。美国的"海盗号"火星探测器在空间飞行八亿多公里，历时 11 个月，进行了 2000余次自主轨道调整，最后在火星表面实现软着陆，落点精度达到 50 公里。

下面简要介绍航天器的姿态控制、轨道控制和温度控制。

1. 航天器姿态控制

航天器在轨道运行时，为了完成它所承担的任务，必须具有一定的姿态，例如，对地观测卫星的照相机、遥感器或其他探测装置要对准地面，通信卫星和广播卫星的天线要对准地球上的服务区，航天器上的太阳能电池帆板要对准太阳等（见图 3-87）。我国的嫦娥探月卫星在成功实现绕月飞行后，必须保持所谓的"三体定向"姿态，即大部分科学探测仪器需要对准月面，以实现对月球的探测；为了保持足够的能源绕月飞行，卫星的太阳帆板要对准太阳；为了将探测的数据传回地球，卫星上的数据传输天线要对准地球。另外，航天器作机动变轨时，其变轨发动机要对准所需推力方向，而航天器从空间返回大气层时，其制动防热面必须对准迎面气流方向等。

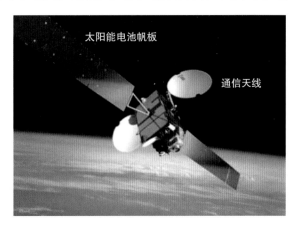

太阳能电池帆板

通信天线

图 3-87   通信卫星的姿态控制

不同类型的航天器对姿态控制有不同的要求。通信卫星和广播卫星要求天线指向精度约为波束宽度的 1/10；对地观测卫星（侦察卫星、地球资源卫星和气象卫星等）需要分辨和识别目标并定位，要求有较高的姿态准确度和姿态稳定度；天文卫星由于观测目标的距离遥远，因此需要极高的姿态准确度和姿态稳定度。

航天器的姿态控制可分为被动姿态控制（利用航天器本身的动力特性和环境力矩实现姿态稳定的方法）和主动姿态控制（根据检测到的姿态误差进行计算并形成控制指令、产生控制力矩来实现姿态控制的方法）。采用哪种类型（主动、被动或者两者结合）取决于飞行任务对定向和稳定的要求、功率要求、重量限制、轨道特性、控制系统和航天器上仪器设备的相互配合等因素。

早期航天器限于当时的技术手段多采用被动稳定，特别是自旋稳定，如前苏联的"人造地球卫星 1 号"，美国的"探险者 1 号"，中国的"东方红 1 号"均为自旋稳定卫星。自旋稳定所依据的原理是在无外力矩作用时自旋航天器的动量矩在空间守恒（即大小和方向保持不变），而且快速旋转的航天器在外力矩作用下仍然能够在短期内维持稳定姿态。

20 世纪 60 年代起，参与航天器研发的多个国家逐步发展了半主动控制及主动控制。主动姿态控制系统由姿态检测装置、控制器和执行机构（也称力矩器）组成。主动姿态控制常用的姿态测量装置有陀螺仪、红外地球敏感器、太阳敏感器、恒星敏感器、磁强计和射频敏感器等；控制器是利用姿态信息形成控制指令的电子装置，它可以是简单的逻辑电路，也可以是较复杂的信息处理器和控制计算机；常用的执行机构有喷气执行机构、磁力矩器和飞轮。喷气执行机构通过排出高速气体或离子流对航天器产生反作用力矩，实现航天器的姿态控制；磁力矩器利用航天器内通电绕组所产生的磁矩和环境磁场作用来实现控制；飞轮是一种由电动机驱动的高速转动部件，通过航天器与装在航天器内的飞轮之间的动量交换来控制航天器的姿态。

主动姿态控制系统已广泛应用于对地观测卫星、通信卫星、载人飞船、航天飞机、登月飞行、火星探测飞行、航天器之间的交会和对接等。主动姿态控制系统的主要优点是精度较高、灵活性大、快速性好，但是需要消耗航天器上的能源，控制电路较复杂，成本较高。

随着航天器的体积越来越大，结构特性越来越复杂和多样化，对姿态控制的要求也相应地越来越高，例如太阳电池帆板这样的附件，其面积不断增大，而重量则要求尽可能小，因而挠性问题（即运动过程中产生弹性振荡）就变得突出了，再加上航天器内部用于喷气执行机构的液体燃料在运动过程中会产生晃动，因而在姿态控制中已不能将航天器看作一个刚体，而应按分布参数系统来进行控制。同样道理，对于巨型航天器（如空间站等），也不能将其看作一个质点来进行控制。而对于航天器上的大型天线反射面、光学反射面等，则不仅要求控制其姿态（方位），而且要求控制其形状。总的来讲，高精度、长寿命、能应变和调整控制系统结构、能识别故障并实现综合控制是航天器姿态控制系统的发展方向。

2. 航天器轨道控制

无论哪一种航天器，为了完成特定的飞行使命，都需要按特定的轨迹运动，因此就要求对航天器的运行轨道进行控制。航天器的轨道控制是对航天器施加外力，以改变其运动轨迹的技术。航天器的轨道一般由主动飞行段和自由飞行段组成。主动飞行段是航天器变轨发动机的点火段，变轨发动机熄火后是自由飞行段。航天器在脱离运载火箭后便进入自由飞行段，如果要改变它的轨道，就要插入主动飞行段。

对于航天器轨道控制系统的执行机构，一般应采用能较长时间连续工作的推进器，例如，为星际飞行的航天器提供变轨动力的小推力离子推进器。但是，目前经常采用的是脉冲工作状态的化学推进器。在人造卫星的机动变轨和星际航天器的中途轨道修正中，经常采用固体火箭或液体火箭作为推进器。

轨道控制的各种应用可以归为两大类：一类是轨道转移，它涉及较大的轨道变化，例如地球同步卫星的轨道转移、从地球到月球的飞行和星际飞行的中途变轨和航向校正以及从运行轨道转入返回地球轨道或向其他行星着陆的轨道等。我国的"嫦娥一号"探月卫星在发射后就需要进行多次轨道转移，先是进入绕地球飞行轨道，再由绕地轨道转变为奔月飞行轨道，然后再通过多次制动转移到绕月飞行轨道，如图 3-88 所示。若需要登陆月球，则还要实施降轨和转移到月面着陆准备轨道，并在近月点处按抛物线下降，最后实现软着陆。另一类是轨道调整或轨道保持，它主要是为了消除较小的轨道偏差，例如通信、广播及中继卫星的位置保持、对地观测卫星的轨道保持以及卫星网中各卫星之间相对位置的保持等。地球静止卫星位置保持的作用在于使卫星相对于地球的位置保持不变，这就要求轨道周期与地球自转周期完全相等，偏心率和倾角都接近于零。通信卫星、广播卫星和中继卫星都要求有较高的位置保持精度，使相邻卫星发送和接收电波不产生相互干扰，并便于地面接收站天线的跟踪。另外，有的卫星要求每过一定的天数就飞经同一地点一次，因而需要控制轨道的倾角和周期。

以地球静止卫星为例，其发射和轨道调整要比低轨道卫星难得多。一是需要大推力运载

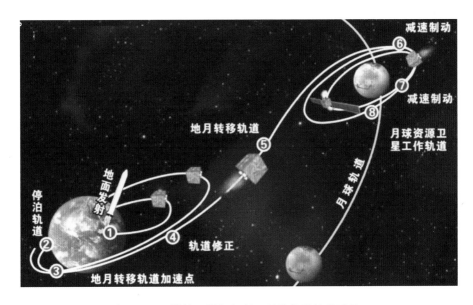

图 3-88 "嫦娥一号"探月卫星的轨道转移过程

火箭,二是发射过程比较复杂,需要有高超的测控技术。发射静止卫星一般用三级火箭,卫星本身还装有远地点发动机,整个发射过程要经过 3 次轨道变换,卫星才能到达预定位置。地球静止卫星的发射和轨道控制过程大致如下:

1)通过一、二级运载火箭将卫星连同第三级火箭一起送入高度为 200~400km 的近圆形停泊轨道。

2)卫星在停泊轨道上飞经赤道上空时第三级火箭开始工作,使卫星沿飞行方向加速。第三级火箭工作结束后与卫星分离,此后,卫星进入一个位于赤道上空的大椭圆形的过渡轨道。卫星在过渡轨道上运行一段时间后,由测控系统对卫星的轨道和姿态进行精确的测量,并通过遥控指令进行卫星的姿态调整,使其具备在远地点发动机工作时所需要的姿态。

3)当卫星运行到预定的远地点时,测控系统发出遥控指令使远地点发动机点火,以使卫星获得所需要的速度增量,将卫星的轨道变成与静止轨道很接近的圆形赤道轨道。卫星在这样的轨道上运动时相对于地球并没有完全静止,会产生一些漂移,因此又称这个轨道为准同步轨道或漂移轨道。为了使卫星静止在预定的位置上,还需进行一系列的轨道微调,即先使卫星尽快漂移到预定位置上,然后再将轨道调整为静止卫星轨道,使卫星停止漂移,最终完成静止卫星的定点。

随着各种应用卫星以及其他航天飞行器的发展,对轨道控制的精度要求日趋严格,例如,为了能在环绕地球赤道上空的静止轨道上多放置一些卫星,就必须进一步提高位置保持的精度。除此之外,现代航天技术发展的另一个动向是尽可能地提高航天器轨道控制的自主性,这样才可以最大程度地减轻地面测控站的负担。对于军用卫星还应尽可能地提高保密性和抗干扰能力;而且对于星际航行来说,由于从地面发送控制信号需要较长的时间才能到达飞行器,因此为了缩短变轨控制的响应时间,自主导航和控制就更显得必要了。

3. 航天器温度控制

航天器温度控制又被称为航天器热控制。简单来讲,航天器温度控制就是控制航天器内外的热交换过程、使其热平衡温度处于要求的范围内。

航天器是在十分严酷的温度条件下工作的，飞行中会受到太阳等恒星强烈的热辐射，同时航天器也要向温度仅为4K（接近绝对零度，即−269℃）的外太空辐射热量，而航天器的移动速度很快，因而处于一个随时变化的热辐射环境中。例如，航天器朝向太阳的一面和背向太阳的一面可以产生200~300℃以上的温差，而航天器的返回舱在重返大气层时则要经历−200℃以下到数千乃至上万度的温度变化。如果不对航天器采取恰当的温度控制手段，那么航天器的舱体结构、仪器设备和所载生物都无法承受这样剧烈的温度变化。另外，航天器上的一些红外遥感器还需要有超低温工作环境，一些电子设备要求均匀而恒定的温度环境，航天飞机则需要解决多次重复使用的防热问题等。

航天器温度控制一般可分为空间运行段温度控制和过渡段温度控制。空间运行段温度控制是各类航天器所共用的技术，是航天器温度控制的主要内容；除地面段温度控制以外，过渡段温度控制主要是返回式航天器和进入其他有大气层的行星时需要采用的技术。

（1）空间运行段温度控制

宇宙空间是超高真空环境，所以航天器在轨道上运行时是以辐射方式与周围环境进行热量交换的。空间运行段温度控制可分为被动式和主动式两类。

被动式温度控制是依靠选取不同的热控材料和合理的总装布局来处理航天器内外的热交换过程，使航天器的各部分温度在各种工作状态下都不超出允许的范围。被动式温度控制本身没有自动调节温度的能力，但它简单可靠，是温度控制的基本手段。

主动式温度控制是通过控制装置自动调节航天器内部设备的温度，使其保持在规定的范围之内。主动温度控制根据不同的传热方式分为辐射式、对流式和传导式3种。辐射式温度控制是通过自动改变热辐射率来调整航天器内的温度，如电动百叶窗等；对流式温度控制分液体循环和气体循环两种，流体在泵或风扇的驱动下将航天器内部的热量引出，并流经外部的热辐射器排向宇宙空间；传导式主动温度控制是通过自动调节热传导系数，将内部设备的热量通过传导的方式散至外壳表面并排向宇宙空间，如可变热导的热管等。另外，电加热器也是航天器常用的主动温度控制器件，电加热丝（片）安装在被加热部件上，通过遥控或自动控制加热。

（2）过渡段温度控制

这是航天器在发射前的地面段、发射段（上升段）和再入地球大气段或进入其他行星大气段所采取的温度控制技术。

地面段温度控制主要指航天器在发射场的温度控制。发射场存在四季和昼夜的气温变化，为保证航天器的正常测试和适宜的起飞温度，在发射塔架上设有温度调节系统。地面段的温度控制比较容易实现，可以充分利用地面的电源、气源和低温系统等设施来进行温度调节。

发射段（上升段）温度控制用于航天器在运载器运送下飞离地面，穿过大气层并进入轨道的过程中的温度控制。对于外面套有整流罩的航天器，用运载火箭发射时，航天器内部可以保持良好的温度环境。对于用航天飞机运送的航天器，航天器装在其货舱内，环境条件也很容易调节和控制。但有些航天器用运载火箭发射时不带整流罩，发射环境比较恶劣，这些航天器在发射段直接经受气动加热，温度会迅速增加。温度控制的任务就是防止航天器和仪器设备过热，主要的措施是减少高温外壳传给内部仪器设备的热量，增加仪器设备的热容量，降低航天器在发射时的初始温度等。

再入段或进入段温度控制是进入行星大气层技术中的一项关键技术。利用大气阻力可有效地消除航天器返回地球表面时的巨大动能，但是气动加热会引起航天器表面产生高温。解决方法主要是降低气动加热量，加强航天器的对外辐射散热和增加壳体的热容和潜热等。除此之外，还可以在航天器进入返回轨道前先尽可能地降低航天器的温度，同时可以将乘员舱与一种可以改变气动力的壳体组装在一起，构成所谓的"升力体"，以便在下降过程中能够提供有效的气动升力，这种升力对再入大气层期间航天器速度、方位和温度的控制是很重要的。

就我国的神舟系列载人飞船而言，其温度控制系统充分应用了主动温度控制技术，而且在采用被动温度控制和电加热主动控制的同时，还使用了主动流体冷却回路控制技术，为航天员提供了适宜的舱内温度环境。

3.9.5 航天测控网

人类迄今已将各种卫星、飞船、航天飞机、空间站、深空探测器等5000多个航天器送入了太空。然而，太空并未因此变得杂乱无序，每一个航天器始终按照自己的轨道飞行，偶尔偏离轨道，也能很快"迷途知返"，这主要依靠庞大的航天测控网。

航天测控网是对航天器及运载火箭的飞行状态进行跟踪测量，并控制其运动和工作状态的系统，通常由航天控制中心、若干航天测控站（包括测控船、测控车、测控飞机、测控卫星等）以及航天器上的测控系统组成，配备有精密跟踪雷达、光学跟踪望远镜、多普勒测速仪、遥测解调器、遥控发射机、电子计算机、通信设备等。测控网可以测定和控制航天器的运动、检测和控制航天器上各种装置和系统的工作、接收来自航天器的专用信息、与载人航天器的乘员进行通信联络等。

航天测控网一般包括以下几类系统：

1）跟踪测量系统。用于跟踪航天器、测定其弹道或轨道。

2）遥测系统。测量和传送航天器内部的工程参数和用敏感器测得的空间物理参数。

3）遥控系统。运用无线电对航天器的姿态、轨道和其他状态进行控制。

4）计算系统。用于弹道、轨道和姿态的确定和实时控制中的计算。

5）时间统一系统。为整个测控系统提供标准时刻和时标。

6）显示记录系统。显示航天器遥测、弹道、轨道和其他参数及其变化情况，必要时予以打印记录。

7）通信和数据传输系统。作为各种电子设备和通信网络的中间设备，通信和数据传输系统用于沟通各个系统之间的信息，以实现统一的指挥调度。

航天测控网的发展经历了从地面建网到建立天基测控网的过程。20世纪70年代以前，为了提高轨道覆盖率，美国和前苏联都追求全球布站。20世纪70年代以后，两国都将重点转向发射通信卫星以及跟踪与数据中继卫星上，建立天基测控网，以便减少地面台、站的数量，减少地面支持费用，并完善测控手段。我国也在2008～2012年连续发射了3颗地球同步轨道数据中继卫星，即"天链一号"01星、02星和03星，可为各种应用卫星、神舟飞船、探月飞行以及未来的空间实验室和空间站建设提供数据中继和稳妥高效的天基测控服务。我国的航天器测控网经历了从陆地到海上、从海上到太空、从国内到国外、从单一体制到多频段多体制等发展阶段，目前已从过去只能同时监控十几颗卫星的测控网，发展到可从容应对几十个乃至上百个航天器的测控管理体系，并已形成了以西安卫星测控中心为中枢（见图3-89），以数十个海内外固定台站、移动测控站、远望号海洋测控船和测控卫星为骨干的现代化综合测控网。

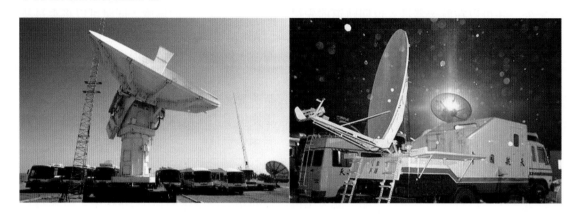

图 3-89　西安航天测控中心及其移动测控设备

为了对月球、行星和星际空间的各种探测器进行测控，美国、俄罗斯、日本等国家还发展了大型的深空跟踪测控网。美国的深空网从1958年就开始建设，俄罗斯在前苏联（前苏联于1959年1月发射了第一个月球探测器）的基础上开始建设深空测控网，日本则在1984年建成了其第一个深空测控网。深空网的主要特点是作用距离要求很远，目前已达40多亿千米，因此需要在大口径、高效率、低噪声天线技术，低噪声接收技术，大功率发射技术，信号处理技术等方面不断开发和应用最尖端的技术，这使得深空网成为最先进的测控网，其技术水平总是处于测控领域的最前沿。我国已于2012年在黑龙江和新疆建成了两个深空测控站，其天线口径目前为亚洲最大，覆盖到了深空探测领域所需要的全部频段。由这两个深空测控站和将要在南美建设的第三个深空测控站联网组成的深空探测网，将用于支持中国未来的月球探测器返回地球、载人登月、火星探测和其他深空探测任务。

1. 陆地测控

航天测控的基本组成是遍布全球的陆地测控中心和测控站。为确保对航天器轨道的有效覆盖并获得足够的测量精度，通常利用在地理上合理分布的若干航天测控站组成基本的航天测控网。由于受到地理、经济、政治等条件的限制，一个国家不可能通过在全球各地建立测控站的方式来满足所有航天测控需求。因此，为了弥补陆地测控站无力触及的测控盲区，就有必要发展其他测控方式。同时，陆地测控站自身也正在向高功能、国际联网测控和综合利用方向发展。

地面测控是一件非常重要、非常精细和非常复杂的工作，例如，卫星的地面测控由测控中心和分布在各地的测控台、站进行，在卫星与运载火箭分离的一刹那，测控中心要根据各台站实时测得的数据，算出卫星的位置、速度和姿态参数，判断卫星是否入轨；卫星入轨后，测控中心要立即算出其初始轨道参数，并根据各测控台站发来的遥测数据，判断卫星上各种仪器是否工作正常，以便采取对策。在卫星的整个工作过程中，测控中心和各测控台站还有许多繁重的工作要做：其一是不断地对其速度、姿态和轨道参数进行跟踪测量；其二是对卫星上仪器的工作状态进行测量、分析和处理；其三是接收卫星发回的科学探测数据；其四是在需要时对卫星实施轨道修正和管理。对于返回式卫星，在返回的前一圈，测控中心必须计算出是否符合返回条件；如果符合，还必须精确地计算出落地的时间及落点的经纬度。这些计算难度很大，精度要求很高，因为失之毫厘，将差之千里。做出返回决定后，测控中心应立即做出返回控制方案，包括向卫星发送各种控制指令的时间、条件等。卫星进入返回圈后，测控中心要命令有关测控台站发送调整姿态、反推火箭点火、抛掉仪器舱等一系列遥控指令。在返回的过程中，各测控台站仍需对其进行跟踪测量，并将数据送至测控中心。

由此可见，为了保证航天器的正常工作，必须有一个庞大的地面测控系统夜以继日地紧张工作，而航天测控中心则是这个系统的核心。测控中心的计算大厅聚集着众多的各型计算机，除了看得见的硬件外，还有许多看不见的软件。这些硬件和软件既有计算功能，又有控制功能，它们是测控系统的"大脑"。测控中心的神经网络则是通信系统，它通过大量的载波电路、定向无线电线路、高速数据传输设备等，把卫星发射场、回收场以及各测控台站等联系起来。

2. 海洋测控

世界上第一艘航天远洋测量船是于 1962 年下水的美国"阿诺德将军号"。1963 年，不甘落后的前苏联也造出了"德斯纳号"测量船。海上测量船是对航天器及运载火箭进行跟踪测量和控制的专用船。它是航天测控网的海上机动测量站，可以根据航天器及运载火箭的飞行轨道和测控要求配置在适当海域位置。其任务是在航天控制中心的指挥下跟踪测量航天器的运行轨迹、接收遥测信息、发送遥控指令、与航天员通信以及营救从太空返回后溅落在海上的航天员；还可用来跟踪、测量和试验弹道导弹的飞行轨迹，接收弹头遥测信息，测量弹头海上落点坐标，打捞数据舱等。

航天测量船可按需要建成设备完善、功能较全的综合测量船和设备较少、功能单一的遥测船。综合测量船的测控系统一般由无线电跟踪测量系统、光学跟踪测量系统、遥测系统、遥控系统、再入物理现象观测系统、声呐系统、数据处理系统、指挥控制中心、船位船姿测量与控制系统、通信系统、时间统一系统、电磁辐射报警系统和辅助设备等组成。

中国是继美、俄、法之后第四个拥有航天远洋测量船的国家，早期的"远望一号"和"远望二号"是在 1977 年下水的，目前最先进的是"远望六号"，如图 3-90 所示。我国虽然在时间上比其他 3 个国家晚了十几年，但在测量和控制的技术水平上却毫不逊色。海上测控有许多

图 3-90　我国的"远望六号"航天测控船

困难，其中之一就是在船动、测控仪动、目标也动的情况下，如何保证测量精度。我国在这方面摸索出了一整套的解决方案，使远望号测量船在测量精度上完全可以和国外的陆上航天测量站相媲美。

3. 飞机测控

测控飞机是航天测控网中的空中机动测控站，可部署在适宜的空域，配合和补充陆上测控站和海上测量船的工作，加强测控能力。

测控飞机的作用灵活而多样。具体来说，在运载火箭和弹道式导弹的主动飞行段，可接收、记录和转发遥测数据，以弥补地面遥测站因火焰衰减而收不到某些关键数据的缺陷；装备光学跟踪和摄影系统的飞机，可对多级火箭进行跟踪和拍摄各级间分离的照片；在航天器再入段，可有效地接收遥测数据并经通信卫星转发；配备有紫外光、可见光和红外光光谱测量仪的飞机可测量飞行器再入大气层时的光辐射特性；在载人航天器的入轨段和再入段，可保障天地间的双向语音通信，接收和记录遥测数据，并实时转发给地面接收站，必要时给航天器发送遥控指令。测量飞机的发展趋势是选用更高性能的运输飞机，并用相控阵天线取代抛物面天线，对多目标进行跟踪和数据采集，提高其测控能力。

4. 卫星测控

卫星在太空中"站得高、看得远"，具有其他测控方式无可比拟的优势，天基测控卫星的使用大大拓展了航天测控网的覆盖范围。工作在地球静止轨道上的通信卫星和跟踪与数据中继卫星组成星座，便可覆盖地球上除南、北极点附近盲区以外的全球所有区域。如果与极地轨道的卫星相配合，还可实现全球覆盖。

美国第一代天基测控网由7颗跟踪与数据中继卫星组成，可同时覆盖20多颗中、低轨道卫星，数据传输速率可达300Mbit/s，可为12种航天器提供服务；目前正在部署的第二代天基测控网功能更加先进，一颗跟踪与数据中继卫星可同时接收5个航天器传来的信号，可以实时传输各类航天器的数据信息，传输速率将增至1.2～2Gbit/s，并实现对中、低轨道的全部覆盖。目前，美国、欧盟、日本和中国都在发展新一代跟踪与数据中继卫星系统，数据传输速率越来越高，通信频段也在不断扩展。随着新一代测控卫星性能的提高和陆续投入使用，天基测控将成为未来航天测控的重要发展方向。

3.9.6 航天飞行的发展历程及展望

几十年来，在探索太空的征程中，航天技术得到了快速发展，世界各国先后研制出100多种运载火箭，修建了数十个大型航天发射场，建立了完善的航天测控网，并发射了各类航天器5000多个，其中包括4000多个各类卫星、100多个载人航天器、接近200个空间探测器等。开展航天飞行的国家很多，包括美国、前苏联（俄罗斯）、加拿大、中国、意大利、澳大利亚、德国、日本、荷兰、西班牙、印度等，但在航天飞行的发展早期，很长一段时间里都主要以美国和前苏联为主，相互之间既开展竞争，同时又进行一定程度上的合作。即使到了今天，美国和俄罗斯仍然在航天技术领域名列前茅。

下面按航天器的类别分别说明各自的发展过程和主要特点。

1. 人造地球卫星

航天飞行的历史是从研制人造地球卫星开始的。前苏联在1957年成功发射了世界上第一颗人造卫星，揭开了人类向太空进军的序幕，大大激发了世界各国研制和发射卫星的热情。之后，美国很快就在1958年发射了其第一颗"探险者1号"人造地球卫星。其他国家也相继发射了其各自的第一颗人造卫星，法国是1965年发射的，日本和中国的"东方红1号"是1970年，英国是1971年。除上述国家外，加拿大、意大利、澳大利亚、德国、荷兰、西班牙、印度和印度尼西亚等也分别自行发射或委托别国发射了人造地球卫星。

尽管太空浩瀚无垠，但环绕地球的轨道空间却很"拥挤"。据粗略统计，目前在轨运行的人造地球卫星数量已达到 800 多颗，其中美国拥有的卫星数量位列榜首，有 400 多颗，超过其他国家的卫星总和。人造地球卫星如果按用途分类，主要有科学卫星、技术试验卫星和应用卫星。科学卫星是用于科学探测和研究的卫星，主要包括空间物理探测卫星和天文卫星，用来研究高层大气、地球辐射带、地球磁层、宇宙射线、太阳辐射等，并可以观测其他星体。技术试验卫星是进行新技术试验或为应用卫星进行试验的卫星。航天技术中有很多新原理、新材料、新仪器等必须在天上进行试验，一种新卫星的性能如何，也只有把它发射到天上去进行实际检验，试验成功后才能应用；人上天之前必须先进行动物试验或模拟试验等，这些都是技术试验卫星的使命。应用卫星是直接为人类服务的卫星，它的种类最多，数量最大，和人类的关系最为密切，其中包括通信卫星、气象卫星、侦察卫星、导航卫星、测地卫星、地球资源卫星、截击卫星等。

2. 载人飞船

前苏联于 1961 年发射了人类第一艘载人飞船，航天员加加林乘坐飞船绕地球一周并安全返回地面。美国也不甘落后，于 1962 年发射了其第一艘载人飞船。之后，两个国家还分别实现了宇航员出舱进行太空行走（见图 3-91）和载人飞船的交会与对接，而且两国的飞船还进行了联合对接飞行，两国的航天员还实现了飞船间的互访和交流，为下一步建造空间站奠定了基础。我国的载人航天事业虽然起步较晚（1999 年才开始发射"神舟"飞船），但在发展上充分借鉴了其他国家的成功经验，少走了很多弯路，具有"后发优势"，在技术上已经达到国际先进水平，并拥有大量的自主知识产权。

图 3-91　已出舱行走到远处的美国宇航员

1961 年，美国正式开始实施举世闻名的"阿波罗"载人登月计划，这是在与前苏联之间展开的谁第一个把人送上天的竞赛中失利后，美国发起的又一个竞赛项目。美国在一系列试验飞行的基础上，于 1968 年发射了载有两名宇航员的"阿波罗 8 号"飞船，进入距月面112km 的月球轨道上飞行了 10 圈后返回。这是世界上第一艘绕月飞行的载人飞船。1969年，美国发射了"阿波罗 11 号"飞船（图 3-92），第一次把人送上月球，航天员阿姆斯特朗成为世界上第一个踏上月球的人，并在踏上月球时说出了一句广为流传的名言："这对一个人来说，只不过是小小的一步，可是对人类来讲，却是巨大的一步"。

目前，很多国家都在积极研制新型载人飞船，美国和俄罗斯还公布了载人火星飞行的计划，20多年以后，人类就可能登上火星这个红色的星球。

3. 航天飞机和发展中的新型运输工具

为了建造一种可重复使用的航天运输工具，美国在 1972 年开始了研制航天飞机（Space Shuttle）这一空间运输系统的计划，并于 1981 年在肯尼迪航天中心成功发射了第一架航天飞机——"哥伦比亚号"，这是航天技术发展史上的又一个里程碑。前苏联也在 1988 年首次发射了"暴风雪号"航天飞机。"暴风雪号"在无人驾驶的条件下自动返航并准确降落在狭长跑道上，其难度比 1981 年美国航天飞机的有人驾驶试飞大得多。"暴风雪号"原计划一年后进行载人飞行试验，但由于机上系统的安全可靠性尚未得到充分保证，加之其后政治和经济等方面的原因，载人飞行计划便被搁置了。

图 3-92　"阿波罗 11 号"飞船发射

航天飞机是一种垂直起飞、水平降落的载人航天器，它集火箭、飞船和飞机的技术特点于一身，既能像火箭那样垂直发射进入空间轨道（见图 3-93），又能像飞船那样在太空轨道飞行，还能像飞机那样再入大气层滑翔着陆，而且可以多次往返于地球表面和近地轨道之间，是一种新型的多功能航天飞行器。它由轨道器、固体燃料助推火箭和外储箱三大部分组成。固体燃料助推火箭共两枚，发射时它们与轨道器的 3 台主发动机同时点火，当航天飞机上升到 50km 的高空时，两枚助推火箭（回收后经过修理可重复使用20 次）停止工作并与轨道器分离。外储箱是个巨大壳体、内装供轨道器主发动

图 3-93　正在发射的航天飞机

机用的推进剂，在航天飞机进入地球轨道之前主发动机熄火，外储箱与轨道器分离，进入大气层烧毁。外储箱是航天飞机组件中唯一不能回收的部分。航天飞机的轨道器是载人的部分，有宽大的机舱，可容纳大型设备，可搭载多名航天员，并可重复使用约 100 次。

虽然世界上有许多国家都陆续进行过航天飞机的开发，但只有美国与前苏联实际成功发射并回收过这种交通工具。然而由于苏联解体，相关的设备由哈萨克斯坦接收后，缺乏足够的经费来维持运作，因此后来仅有美国的航天飞机可以实际使用并执行任务。美国的航天飞机已进行了 100 多次飞行，并完成了在太空施放卫星、搭载空间站的材料和设备到太空轨

道、发射宇宙探测器、安装和维修空间望远镜、进行卫星的空间回收和空间修理、开展科学实验等一系列活动，取得了丰硕的探测和实验成果。

虽然航天飞机在航天运输中发挥了重要作用，但使用的技术是数十年前开发出来的，已经显得陈旧，而且航天飞机存在安全性差和成本太高等缺点，因此已于 2011 年全部退役。2011 年 7 月，美国"亚特兰蒂斯"号航天飞机完成了最后一次飞行，在佛罗里达州肯尼迪航天中心安全着陆，标志着航天飞机时代的终结。航天飞机退役之后，美国的载人航天不得不依靠俄罗斯的联盟系列飞船为国际空间站运送人员与物质，并需要为此支付高昂的费用。目前，美国正在积极研制可以取代航天飞机的新一代飞船式载人航天器，包括"猎户座"探索飞行器、波音公司的 CST100 飞船、SpaceX 公司的"Dragon"飞船等。与此同时，俄罗斯也在发展自己新的载人航天运输工具，准备用于取代已服役多年的联盟系列飞船，并研制了可重复使用的"罗斯号"新型载人宇宙飞船，计划于 2017 年首次升空，2018 年正式启用。

在研制新型飞船的同时，多个国家还在积极研制新一代的航天运输工具——空天飞机。空天飞机是航空航天飞机的简称，它集飞机、运载器、航天器等多重功能于一身，既能在大气层内作高超音速飞行，又能进入太空轨道运行，还可以像普通飞机一样地水平起飞和降落，因此不仅可以完全取代航天飞机，而且在设计理念和运行成本上明显优于航天飞机。

空天飞机的奥妙之处在于它的动力装置。这是一种混合配置的动力装置，安装有涡轮喷气发动机、冲压发动机和火箭发动机。涡轮喷气发动机可以使空天飞机水平起飞，当时速超过 2400km 时，就使用冲压发动机，使空天飞机在离地面 6 万米的大气层内以 3 万 km/h 的速度飞行；如果再用火箭发动机加速，空天飞机就会冲出大气层，像航天飞机一样，直接进入太空轨道；返回大气层后，空天飞机又能像普通飞机一样在机场着陆，成为自由往返天地间的输送工具。

空天飞机的主要优点如下：

1）水平起降，可实现完全的重复使用，使用和维护费用低，运输成本约为航天飞机或一次性使用火箭-飞船系统的几十分之一。

2）飞行速度快，在大气层内的飞行马赫数可达到 12 ~ 25，是现代作战飞机的 6 ~ 12 倍。

3）可以在一般的大型飞机场起降，无须专用的发射场。

空天飞机的应用前景非常广阔，它可以快速、远距离地运送人员和物质、向空间站运送或接回宇航员和各种设备给养、把卫星送入地球轨道、对卫星进行维修或回收等，当然也可以对敌国的卫星实施破坏，甚至"据"为己有，还能执行诸如拦截、侦察和轰炸等各种军事任务，是颇具威力的空天兵器。空天飞机的出现将使人们对太空和航空的观念发生革命性的变化，它将是 21 世纪各国控制空间、争夺制天权的关键装备之一，具有巨大的政治、经济、军事和战略价值，世界上越来越多的国家把目光投向了空天飞机。继美国实施空天飞机计划后，俄罗斯、德国、英国、法国、日本、印度等国家也提出了各自的空天飞机计划，我国也一直在开展这方面的研究，并进行了一些初步的试验。空天飞机中知名度最大、技术上也最为成熟的当数美国的 X 系列试验飞行器。X 是"Experimental"这个单词的缩写，即"试验的"之意，同时也蕴含着"未知的"深层含义，X 系列飞行器发展的初衷是用于军事领域，其中相当一部分项目是研制空天飞机。从 1945 年的第一架火箭动力试验机"X-1"开始，目前已发展到了"X-50"以上，影响较大的主要有 X-33、X-34、X-37、X-43（见图 3-94）等系列，在很多技术指标上都属于世界领先，并创造了多项人类飞行史上的记录。

4. 空间站

人类并不满足于在太空短暂飞行的航天活动，为了能够在太空中长期生活与工作，空间站由此应运而生。空间站又被称为轨道站或航天站，是一种可供多名航天员巡访、居住和工作的大型载人航天器，是人类在太

图 3-94　美国的 X-43A 型试验航天器

空开展航天活动的重要基础设施，如同一艘不落的"航天母舰"。空间站通常由对接舱、轨道舱、服务舱、生活舱、太阳能电池帆板等组成，在长期运行期间，航天员的替换和物资设备的补充可以由载人飞船、货运飞船或航天飞机运送。

空间站分为单一式和组合式两种，单一式空间站由运载火箭或航天飞机直接发射入轨；组合式空间站由多枚运载火箭多次发射或航天飞机多次飞行，把空间站组合件运送到轨道上组装而成。美国与前苏联的空间站都是从发展试验性单一式空间站开始的，利用它为建造实用型的组合式永久性载人空间站进行探索与试验。

1971 年，前苏联发射了世界上第一个载人空间站——"礼炮 1 号"，共飞行了 175 天。运行期间对接了两艘联盟飞船，航天员进站工作了 3 个星期。1973 年，美国发射了名为"天空实验室"的第一个载人空间站，并与多艘"阿波罗"飞船对接，先后有 3 批航天员到上面工作。

1986 年，前苏联发射了第三代能长期运行的"和平号"载人空间站的核心舱，后历时 10 年，直到 1996 年才建成由 6 个舱段组成的完整的"和平号"空间站。"和平号"是世界上第一个长期载人空间站，在其运行期间共接待了来自 10 多个国家和国际组织的航天员 100 多人次，科学家们利用它进行了包括生命科学、微重力科学与应用、空间科学、对地观测等众多领域的成千上万项科学实验，并取得了丰硕的成果。"和平号"比原计划的 5 年运行期超期服役近 10 年，于 2003 年坠毁在太平洋预定海域。

引人注目的国际空间站计划是 20 世纪 90 年代初启动的，由美国和俄罗斯牵头、欧洲 11 国（即德国、法国、意大利、英国、比利时、荷兰、西班牙、丹麦、挪威、瑞典和瑞士）、日本、加拿大和巴西共 16 个国家参与，几乎囊括了除中国以外所有具有航天实力的国家。1998 年，俄罗斯将国际空间站的第一个部件——"曙光号"多功能舱送入太空，建造国际空间站的宏伟而艰巨的任务从此拉开了帷幕。"曙光号"在 2006 年基本建成。此后仍在不断地进行扩充、增加舱段和改造环境，2011 年，最后一个组件发射上天，完成了组装工作。建成后的国际空间站长 110m，宽 88m，大致相当于两个足球场大小，总质量达 420 余吨，是有史以来规模最为庞大、设施最为先进的"人造天宫"，如图 3-95 所示。国际空间站运行在高度为 397km 的地球轨道上，设计寿命为 10 ~ 15 年，可供约 7 名航天员在轨工作，原计划运行至 2020 年左右，但多个国家打算延长它的服务时限。国际空间站的建造标志着载人航天活动又进入了一个新的发展阶段，为人类提供了一个长期在太空轨道上开展科学研究、开发太空资源、进行对地观测和天文观测的绝佳平台。

图 3-95　国际空间站

5. 空间探测器

空间探测器是对月球和月球以外的天体和空间进行探测的无人航天器，又称为深空探测器。空间探测器可实现对月球、行星和宇宙空间的逼近观测和直接取样探测，可探索太阳系内外天体及空间环境。

月球是地球唯一的天然卫星，自然成为空间探测的第一个目标。月球同时也是未来航天飞行理想的中间站和人类进入太阳系空间的第一个定居点。因此，直接考察月球有助于更好地了解月球的形成、演变和地质构造等。月球探测已经实现的主要方式有：

1）在月球近旁飞过或在其表面硬着陆，利用这个过程的短暂时间来探测月球周围环境和拍摄月球照片。

2）以月球卫星的方式获取信息，其特点是探测时间长并能获取较全面的资料。

3）在月球表面软着陆，可拍摄局部地区的高分辨率照片和进行月面土壤分析。

美国和前苏联从 1958 年~1976 年共发射过 83 个无人月球探测器，还派遣了航天员登月考察。此后经过近 20 年月球探测的宁静时期后，美国又提出了"重返月球"计划，并分别于 1994 年和 1998 年两次发射了月球探测器。1990 年，日本发射了其第一颗月球探测器，成为第三个向月球发射探测器的国家。我国自 2007 年起已成功发射了 3 个月球探测器，不仅实现了绕月飞行探测，而且实现了在月球表面软着陆和巡视探测。

在其他行星和星际探测方面，多个国家共发射了 200 多个行星和星际探测器，各种空间探测器相继考察了太阳系的水星、金星、火星、木星、土星、天王星、海王星以及"哈雷"彗星等，对金星和火星不仅拍摄和绘制了地形图，而且还多次发射无人探测器在金星和火星表面着陆进行科学考察。科学家们由此揭开了太阳系各大行星的不少奥秘，破解了过去天文学家们争论不休的许多不解之谜。

火星是太阳系中最近似地球的天体之一，有类似地球的四季交替，自转周期为 24 小时 37 分，几乎和地球一样，因而在太阳系中，火星对人类而言是最为神秘的，其存在生命的可能性也最大，对人类有着巨大的吸引力，是除了地球以外人类了解最多的行星。到目前为止，已经有超过 30 个探测器到达过火星，对火星进行了详细的考察，并向地球发回了大量数据，但火星探测同时也充满了坎坷，大约 2/3 的探测器，特别是早期发射的探测器，都没能成功完成它们的使命。对火星的探测是从 1962 年苏联发射"火星 1 号"探测器开始的，但"火星 1 号"在飞离地球 1 亿公里时与地面失去联系，从此下落不明。

迄今为止较为成功的火星探测主要是由美国宇航局和欧洲航天局完成的。2003 年，欧洲航天局发射了"火星快车"探测器，发现了火星南极存在冰冻水，这是人类首次直接在火星表面发现水。美国于2003年连续两次发射了"勇气号"和"机遇号"火星探测器，在火星上巡游时向地球发回了很多火星的全景图像和显微图像，并获得了大量针对火星表面的探测数据；2007年8月，美国发射了"凤凰号"火星探测器，于2008年5月在火星着陆后，在着陆点周边挖掘火星土壤，探寻地表之下的冰以及土壤中可能存在的有机化合物；2011年，美国又发射了"好奇号"火星探测器，它搭载的火星探测车如图3-96所示，其大小相当于一辆小型机动车，造价高达25亿美元，使用核能提供动力，拥有前所未有的机动性能，携带了一整套完整的化学实验室和高清晰度照相设备等各种先进的仪器，采集和分析了火星土壤样品与岩芯成分，测量了元素成分、元素同位素及其含量、矿物和有机化合物等，以探寻能够支持生命存在的环境条件，确定行星的形成过程等；最近的一次则是2013年11月发射的"火星大气与挥发演化"探测器，并将于2014年9月抵达火星轨道，其主要任务是探测火星的高层大气，通过对火星大气进行直接采样，了解火星大气层为何会变得如此稀薄以及这种大气流失过程在整个火星气候演变中所起到的作用，这将有助于实现人类未来登陆火星的计划。美国宇航局已拟订了载人登陆火星的计划，打算在2030年左右派宇航员"远征"火星。俄罗斯也宣布将争取在2035年前把宇航员送上火星。

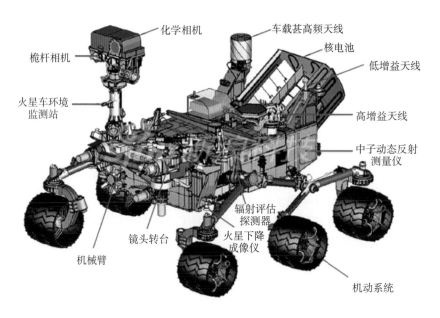

图3-96 "好奇号"搭载的火星探测车

为了探索宇宙的奥秘，自从1957年第一颗人造卫星上天以后，各国先后发射了数以百计的人造卫星及宇宙飞行器用于天文观测，其中最著名的是美欧联合研制的"哈勃"太空望远镜（见图3-97），于1990年4月发射升空，并一直运行在绕地球轨道上。"哈勃"太空望远镜是为纪念天文学家E. P. Hubble而命名的，它成功地弥补了地面观测的不足，帮助天文学家解决了许多天文学上的基本问题，使得人类对天文物理有了更全面而深刻的认识。"哈勃"太空望远镜重11t，配备有光谱仪及高速光度计等多种设备，由高增益天线通过中继卫星与地面联系。由于没有大气湍流的干扰，它所获得的图像和光谱具有极高的稳定性和可重复性。这项计划获得了巨大的成功，"哈勃"太空望远镜观测了大约 1 万多个天体，向地球发回了有关黑洞、衰亡中的恒星、宇宙诞生早期的"原始星系"、彗星撞击木星以及遥远星系等许多壮观图像，是人类空间天文观测工作的一个里程碑。"哈勃"太空望远镜在 20 多年的运行期间，多次由航天飞机上的宇航员对其进行维修和维护，故其至少可以工作到 2014 年以后。预计在 2015 年或更晚一些，

图 3-97　"哈勃"太空望远镜

更为先进的"詹姆斯·韦伯"太空望远镜将发射升空，并逐步接替哈勃的工作。

除此之外，美国还于 2009 年发射了全世界首个用于探测太阳系外类地行星的"开普勒"太空望远镜，它围绕太阳运转，不会受到地球的遮挡，可以全时段探测目标天区。"开普勒"的观测能力非常强大，从太空观察地球时，甚至能发现居住在小镇上的人在夜里关掉家里的门廊灯。在 4 年多的运行期间，"开普勒"太空望远镜观测了大约 10 万个恒星系统，以寻找类地行星和生命存在的迹象。2013 年 5 月，"开普勒"因机械故障而结束了搜寻太阳系外类地行星的任务，但仍可以被用于其他科研工作。

在深空探测方面，美国在 1977 年发射的"旅行者 1 号"核动力探测器（见图 3-98）于 2005 年到达了太阳系边缘，发回了有关太阳系边界的大量数据，清楚地描述了边界的物理性质，并于 2012 年脱离太阳系，进入了寒冷黑暗的恒星际空间，成为第一个飞出太阳系的航天器。同期发射的"旅行者 2 号"是"旅行者 1 号"的姊妹探测器，二者具有相似的设计，只是以不同的轨迹飞行。"旅行者" 2 号飞越了土星，拜访了天王星和海王星，目前仍在对太阳系环境进行探测，在若干年后也会到达恒星际空间。这两个探测器极大地丰富了人类对于太阳系和太阳系以外空间的认知，"旅行者 1 号"目前已经离地球约 180 亿千米，"旅行者 2 号"离地球约 140 亿千米，并都携带了镀金唱片，唱片的一面录制了 90min 的"地球之音"，包括地球人 60 多种

图 3-98　"旅行者 1 号"核动力探测器

不同民族语言的问候语、30 多种自然界的音响和 20 多首古今世界名曲；另一面录制了 100 多张反映地球人类文明的照片等，没有人知道它们能否在未知的星际空间中给更为智慧的外星球高级生命带去这些问候。预计 2025 年左右，它们的电池将耗尽，再也无法向地球传回数据。

6. 航天发展过程中的挫折和失败

虽然航天技术取得了举世瞩目的成就，但其发展过程并不是一帆风顺的，其间经历了多次失败，付出了很多生命的代价，造成了巨大的经济损失，这使全世界对征服太空的艰巨性

有了更清醒的认识。下面只简述一些涉及牺牲生命的重大事件。

1967 年 1 月 27 日，美国"阿波罗 4A"飞船在发射台上进行登月飞船的地面试验时，充满纯氧的座舱突然起火爆炸，3 名航天员不幸遇难。

1967 年 4 月 23 日，苏联发射了第三代飞船"联盟 1 号"，4 月 24 日飞船返回时，因降落伞故障，飞船不幸坠毁，航天员科马罗夫遇难。

1971 年 6 月 6 日，苏联发射载有 3 名航天员的"联盟 11 号"飞船，成功实现了和"礼炮 1 号"空间站的对接，在轨运行 24 天后，在返回途中，返回舱空气泄漏，返回地面时，人们发现未穿航天服的 3 名航天员全部遇难。

1986 年 1 月 28 日，美国"挑战者"号航天飞机在第 10 次发射升空后，因助推火箭发生事故导致凌空爆炸，舱内 7 名宇航员全部遇难，造成直接经济损失 12 亿美元，航天飞机停飞近 3 年，成为人类航天史上最严重的一次载人航天事故。

2003 年 2 月 1 日，载有 7 名宇航员的美国"哥伦比亚"号航天飞机在结束了为期 16 天的太空任务之后，返回地球时在着陆前 16min 发生意外，航天飞机解体坠毁，全体船员不幸遇难。据报道，失事原因是外挂燃料箱隔热泡沫脱落，尽管这块泡沫仅仅只有 0.77kg，但还是在航天飞机左翼防热瓦上砸了个小洞，在降落时与大气层摩擦的巨大热量透过这个洞进入机体，引起爆炸。

7. 结束语

从前面的描述可以看出，人类在航天领域虽然经历了多次失败，但已经取得了巨大的进步和引人瞩目的成就，而且毫无疑问地将取得更大的成功。每一次宇宙飞行的成功与否在很大程度上取决于自动化水平的高低。无论是过去、现在还是将来，自动控制和自动化技术都是支撑宇宙飞行的核心技术，而且随着自动控制水平的不断提高、自动化技术的不断发展，运载火箭和宇宙飞行器的控制精度、控制成本、控制的可靠性、控制功能的多样化和综合化等很多方面都会得到进一步改善，宇宙飞行的事故率会不断降低，载人航天会更加安全。在不远的将来，人类将登上火星等太阳系内的其他星球，并实现星际飞行，普通人也可能实现遨游太空的梦想，同时将有更多的空间探测器飞出太阳系，去探索广阔无垠而又神秘莫测的宇宙空间。

就纯粹理想状态而言，发展航天事业的根本目的应当是探索未知世界奥秘、推动科学技术进步，因而不应该有太多功利目的。然而，从世界航天事业过去半个多世纪走过的道路来看，这项原本是为满足人类追求自然真理的崇高理想而开展的科学试验活动，实际上给人类带来了巨大的现实利益。原因就在于最初专为宇宙探索而开发的许多技术，日后往往能够大规模地民用化和商业化。

据估算，航天产业的直接投入产出比约为 1:2，而对相关产业的辐射则可达到 1:8 至 1:14。当年美国的"阿波罗登月计划"虽耗资 200 多亿美元，但由这项太空科研计划产生的 3000 多项专利技术很多都转为了民用，带动了民用技术的快速升级，并产生了 4 ~ 5 倍的经济效益。将高新科技应用于民用，是很多发达国家以科技带动经济增长的法宝。

对一个国家而言，发展航天技术不仅具有巨大的军事价值和战略价值，同时也具有很大的经济价值和商业价值。在很多国家，航天事业的发展已经和经济发展、社会民生紧紧联系在一起。人们生活中常用的电视、广播、电话等通信信号，很多都是通过卫星来传播的，汽车导航、天气预报、地质勘探、地球资源考察等也都要靠卫星来支持。目前，在航天尖端技术成果向民用技术的科技转化中，可开发和利用的空间很大，把航天技术转为民用，不仅可以促进民用技术的发展，也将促进整个国家工业体系的发展。航天技术具有巨大的潜在经济效益和广阔的发展前景。

3.10 办公自动化

办公自动化是近年来发展非常迅速的一项技术，它涉及行为学、管理学、社会学、系统工程学、人机工程学等多种学科，并以计算机、通信、自动化等技术为支撑，借助新的技术、设备和理念，实现办公活动的科学化和自动化，降低人们的劳动强度，提高办公的效率和质量，提高管理和决策的科学水平，从而在国内外得到了广泛的运用，成为现代化管理中的一个重要组成部分。

下面概要介绍办公自动化系统的基本概念、发展历史、层次结构、分类以及功能。

3.10.1 办公自动化的基本概念

1. 办公自动化的定义

办公自动化（Office Automation，OA）是20世纪70年代中期在发达国家迅速兴起的一门综合性技术，它以先进的机械和电子设备武装办公系统，从而提高办公效率及管理水平，达到使办公系统信息灵通、管理方便、决策正确的目的。

关于办公自动化的定义有多种说法，不同的单位有不同的需求。一般认为，办公自动化就是综合利用计算机技术、通信技术、自动化技术、系统科学、管理科学和行为科学等先进的科学技术，不断地提高办公效率、业务处理能力以及管理决策水平，自动和智能地服务于某种办公目的。通俗地说，办公自动化就是利用现代化的设备和技术，代替办公人员的部分业务活动，优质高效地处理办公信息和事务。

2. 办公自动化的特点

1）办公自动化是信息时代的产物，是在信息量激增、信息业务空前繁忙，而计算机、通信等设备又得到普遍应用的情况下产生出来的。

2）办公自动化系统是一个人机信息系统，具有信息采集、信息加工、信息传递和信息保存等基本功能，可以协助各级办公人员采集和处理信息。它一般采用Internet/Intranet（互联网/局域网）技术，基于工作流概念进行设计，使办公人员能高效、协同工作，从而提高办公效率。在办公自动化系统中，信息是加工的对象，机器是加工的手段，人是加工过程的设计者、指挥者和成果的享用者；机器是重要条件，但人始终是决定因素。

3）办公自动化是包括语音、数据、图像、文字等多媒体信息的一体化处理。它将计算机、打印机、扫描仪、电话、传真机、复印机等基于不同技术的办公设备联成一体，把语音、数据、图像、文字处理等功能组合在一个系统中，使办公室具有综合处理这些信息的功能。

4）办公自动化加快了信息的流通速度，提高了办公的效率和准确性；它为决策人员提供了更多的信息和决策方案，提高了决策质量；它使办公过程智能化、办公工具机械化和电子化、办公活动无纸化和数字化，促使办公工作规范化和制度化。

3.10.2 办公自动化的发展

1. 办公活动的3次变革

人类的办公活动随着生产劳动和科学技术的进步不断地变革和发展。

由于生产劳动中需要进行信息交流，于是人们开始进行信息传递，这便形成了早期的办公活动。从文字的发明，到完整的办公用品——文房四宝的出现，然后是印刷术的发明，这一系列的技术进步，使农业时代人们的办公活动发生了第一次重大变革。

当人类社会进入到以机器大生产为特征的工业时代后，新技术不断涌现出来，人们发明了打字机、电话、电传机等设备，促进了办公活动的发展，使办公活动产生了第二次重大变革。

由于科学技术的飞速发展，人类社会进入了信息时代，计算机、通信以及智能办公设备不断更新换代，信息成指数级地爆炸式增长，人们对信息的依赖性也大大增强，并日益迫切，这就促使人们在办公活动中大量使用计算机、通信和自动化等新技术，使用传真机、打印机、扫描仪等新设备，从而使办公活动发生了第3次重大变革。这次变革不仅促进了信息处理方式的改变，而且通过引进计算机技术、信息技术、通信技术和软科学等4大支持技术，促进了办公活动的管理手段和决策方式的改变，实现了管理科学化，从而发挥了更大的经济效益和社会效益。

办公活动的3次变革，是人类社会发展和进步的标志，也是社会需求和科学技术相结合的产物。

2. 办公自动化的发展概况

自20世纪70年代，发达国家提出"办公自动化"的概念以来，办公自动化发展非常迅速，特别是美、日等先进的工业国家，更是大力推进办公自动化。目前，国内外各类办公机构均已使用文字处理软件、各种电子报表软件和电子邮件系统，还增加了管理支持软件、文件查询和报告生成系统、数据库管理系统等。

总体来看，办公自动化的发展过程大致可分为以下4个阶段：

第一阶段是单机设备应用阶段，它主要以单个独立的计算机为中心，主要进行单项数据处理，完成单项办公业务的自动化，是事务处理级的办公自动化系统。

第二阶段是局域网阶段，主要是在单机应用的基础上，逐步建立了局部计算机网络系统，实现关键部分办公业务运行的自动化。其特点是加强办公信息通信联系，把办公自动化从事务处理级提高到信息管理级和计算机辅助决策级。图3-99形象地表示了这一阶段办公活动的特点。

第三阶段是一体化阶段，主要由局部网络向跨单位、跨地区的联机系统发展，建立了企业间向地区间的计算机网络，实现了办公业务综合管理的自动化，如图3-100所示。计算机和通信技术的高度结合，是这一阶段办公自动化的主导思想。

第四阶段是当前办公自动化的最新阶段，它的目标是整个办公室的高度自动化、办公自动化系统的智能化以及信息决策与事务处理的一体化。在这一阶段中，信息技术的进一步发展推动了信息处理和信息通信两种技术的紧密结合，从而将办公自动化统一到广义的信息处理概念中，形成一体化的大型信息管理系统。

与发达国家相比，我国的办公自动化起步较晚，但近年来，随着计算机、通信和自动化

图 3-99 基于局域网的办公活动

图 3-100 基于企业间和地区间网络的办公活动

技术在我国的快速发展，我国的办公自动化正步入一个高速发展的时期。我国的办公自动化系统最初主要是由政府部门和大中型企业使用，现在越来越多的中小型甚至微小型企业也意识到使用办公自动化系统的好处，并开始着手建设自己的办公自动化系统。办公自动化系统也由简单的事务处理型，向管理信息系统和决策支持系统发展。

3. 办公自动化发展趋势

（1）集成化

办公自动化的集成主要在于网络的集成、数据的集成和应用程序的集成。网络的集成用于将分散各处的单个事务处理系统连接在一起，解决远程数据的传输问题。数据的集成则解决分散系统的数据共享问题，使不同地域的用户能进行数据的相互操作、查询和更新。应用程序的集成则试图让分散在各地、由不同人员使用不同工具开发的应用程序集成在一起，协调地完成所需的功能。通过这些集成方式，可以实现异地办公、居家办公、移动办公等新的办公模式。

（2）智能化

所谓智能化，就是利用知识库和各种专家系统实现决策支持、电子秘书、预测和战略规划及自然语言理解，把各种办公服务集成到一个统一的应用环境中，自动地、智能地向用户提供综合管理服务。目前办公自动化系统的智能化程度还比较低，它的进一步发展将取决于数据挖掘、人工智能等技术的突破。

（3）多媒体化

20世纪90年代以后发展成熟起来的多媒体技术，集声音、文字、图形、图像、音乐、动画和视听技术于一体，使办公人员以视觉、听觉和感觉等多元化方式获得信息，从而大大提高了工作效率，降低了劳动强度。目前，已开发出了视频会议、可视电话、红外线触摸屏、文字识别、语音识别等多种多媒体办公软件和硬件，可以协助办公人员更好地管理和使用信息。

总之，办公自动化的发展在很大程度上取决于信息技术的发展。现代办公设备将朝着高性能、多功能、复合化、智能化、系统化和易使用等方向发展；以计算机为核心构成的办公系统正向能同时处理文字、数据、图形、图像、声音等多种功能扩展；办公自动化软件由C/S（客户机/服务器）模式转为B/S（浏览器/服务器）模式，用户界面更加友好，升级维护也更为方便；通信在办公自动化系统中的地位将进一步增强，全球性通信网络体系的逐步建立以及无线通信技术的发展使移动办公、居家办公和远程办公逐步得以实现，这些都将进一步提高办公自动化的水平。

4. 发展办公自动化需要注意的问题

近年来，依靠网络的开放式现代办公自动化系统的应用日益广泛，从而带来了一些负面影响，产生了一些需要认真思考和应对的问题。

首先，由于互联网的飞速发展，通过互联网传输的计算机病毒、木马、黑客等不良程序种类繁多，传播的速度快、地域广，危害巨大，办公自动化系统需要有可靠的防范手段，以确保数据安全和系统安全。

其次，互联网没有国界、法律、军队和警察，管理这个比普通世界更自由、更隐蔽的网络世界也更加困难。现在，网络管理已经成为世界各国均感头痛的难题之一。

第三，由于互联网已成现代办公自动化系统传输信息的主要手段，因此互联网技术的许多负面因素也影响着办公自动化系统。发展现代办公自动化系统应当注意如何在开放式的网络环境中规范言论自由，避免知识产权侵权、虚假信息泛滥、信息污染等，当前在这方面的法律和规章明显滞后于技术进步；同时还应注意工作时间如何规范员工行为，避免员工网上炒股、玩游戏、聊天、看电影等。

最后，越来越依靠网络的办公自动化系统，一旦出现意外事故，系统受到破坏或因泄密而被迫关闭时，整个单位或企业将处于瘫痪，需考虑应急措施；同时也应处理好电子文档与纸介质文档的关系，分类、存档等。

3.10.3 办公自动化层次结构

办公自动化是一种在现代科学技术的支撑下、用于辅助办公的先进手段。从业务性质来看，它的主要任务有日常事务处理、部门信息管理和辅助决策等 3 项。因此，办公自动化可分为事务型、管理型和决策型 3 个层次。

1. 事务型办公系统

事务型办公系统又称基础级办公自动化系统（Enterprise Office Plantform，EOP），是支持日常事务处理的办公系统。它面向具体的办公事务，主要完成文字处理、创建图表、幻灯片制作、日程安排、打印报告、组织安排会议等量大重复的基础事务工作，以及行政管理、人事管理、劳资管理、财务管理、公共设施管理、后勤管理等行政事务工作，还有手续处理和单据制作等日常经营业务。

事务型办公系统一般采用分立式的单台计算机为中心的处理方式，使用打印机、复印机、传真机、缩微设备、轻印刷系统和邮件处理设备等办公设备以及通用的办公软件。此外，该系统可使用计算机局域网和无线通信技术实现内部通信和移动办公，并建有用于存储内部数据的小型数据库系统，以形成系统的信息中心。

事务型办公系统是办公自动化系统的基础，一般由基层单位和专业人员、辅助人员使用。

2. 管理型办公系统

管理型办公系统又称管理信息系统（Management Information System，MIS），是由事务型办公系统支持的、以管理活动为主的办公系统。与事务型办公系统相比，管理型办公系统增加了管理信息系统的功能，侧重于面向信息流的处理，即工业、交通、农贸等经济信息流的加工、处理或人口、环境、资源等社会信息流的加工、处理等。

管理型办公系统中的设备需要担任信息管理的功能，因此一般使用计算机网络，采用分布式处理方式，采用专门编制的管理信息系统，实现信息的交换和资源的共享，完成对信息流的控制管理。其数据库系统除具有基础数据库外，还应建立各专业数据库，以存储来自与本系统有关的下属和横向部门的信息。

管理型办公系统是比事务型办公系统更高一级的办公系统，它一般由中层单位和管理人员使用。

3. 决策型办公系统

决策型办公系统又称决策支持系统（Decision Support System，DSS），它以事务处理、信息管理为基础，既包含了事务型和管理型办公系统的功能，又具有辅助决策的功能。它在信息管理工作中收集、存储大量信息，建立能综合分析、预测发展、判断优劣的计算机模型，根据大量的原始数据信息，自动选择或制订出较好的决策方案，是一种高层次、智能型的系统。

决策型办公系统是智能型系统，它以数据库为基础，综合应用模型库、方法库，建立了具有一定使用范围的知识库系统和专家库系统，内嵌了多种决策模型和方法，使用综合型的数据库和通信网络的交互式计算机系统。

决策型办公系统是办公自动化系统的高级阶段，它服务于面向某一决策问题的管理人员，一般由高层单位和决策人员使用。

一种基于网络的现代办公自动化系统构成如图 3-101 所示。

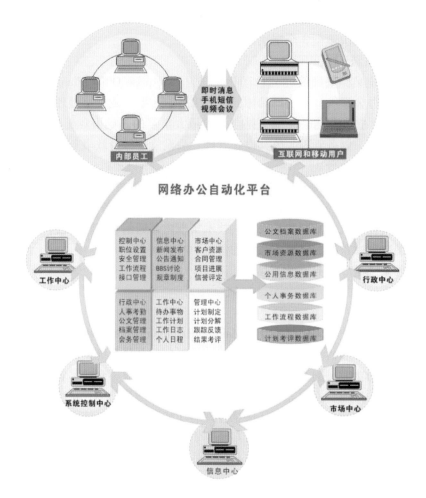

图 3-101　基于网络的办公自动化系统构成图

3.10.4　办公自动化系统的功能

办公活动常使用文字信息、数值信息和声音、图形、图像、视频等多媒体信息，办公自动化就是处理上述信息的一种现代化手段，因此尽管不同种类、不同性质的办公自动化系统在功能上千差万别，但主要是下述各种功能的组合。

1. 文字处理

文字处理工作是办公室的主要工作之一，是办公工作中最基础、最常用的一项工作，主要是完成撰写报告、指示、通知、文章等文字工作。

长期以来，办公人员都要靠笔、纸、打字机等来完成这项工作。随着微型计算机技术的发展，现在一般使用计算机来完成这项工作，这主要得益于各种文字处理、图文编辑排版软件（如 MS Word，WPS Office 等）的大量应用。

2. 电子表格

在办公活动中，要进行信息交流和查询，就需要保存大量的资料、文件和档案等数据，并对这些数据进行增加、删除、修改和更新。办公活动的数据种类很多，包括财务数据、人事数据、文档数据、产供销数据、市场数据、人口数据、气象数据等各种数据的处理。在办公业务中这是一项数据量大，要求准确和实时更新的工作。利用计算机进行数据管理和查询，可以快速完成大量数据的分析、处理、统计、报表等工作，为办公人员做规划、预测、决策提供依据。

办公活动中要处理的数据很多都用表格进行处理、存储和管理，如财务账单、统计报表、发票等。与文字相似，表格也是办公人员处理信息的一种重要手段。表格处理是办公系统中继文字处理后较早实现计算机处理的部分。

目前，一般使用电子表格软件（如 MS Excel，WPS 表格等）进行表格处理，能方便地实现表格、数据的显示、组织和分析，这些表格软件是办公人员进行数据表设计、统计的得力工具，也是管理人员进行数据分析的好帮手。

3. 数据库管理

在办公活动中，数据是广泛存在的。在办公自动化系统中需要存储这些浩如烟海的信息，并快速准确地从中找出所需要的数据，为办公服务。

计算机的数据管理经历了由零散数据、数据文件到数据库 3 个阶段。数据库（Data Base，DB）是存储数据并帮助用户进行数据查找、修改和更新的机构。数据库的数据高度组织化和结构化、具有共享性和独立性、可方便地进行集中管理和维护。数据库管理系统（Data Base Management System，DBMS）可以对数据库进行定义、建立、维护、管理以及数据通信，并通过报表生成器、程序生成器、屏幕生成器等辅助手段使用户能更方便地使用数据库，以获取所需信息。

目前数据库的种类很多，如 Microsoft SQL Server、MySQL、Oracle、DB2 等。在办公自动化系统中，一般不使用通用软件，而是由开发人员根据办公工作的具体任务，开发出相应的管理信息系统来进行数据管理。这样可使数据库管理更贴近办公工作的实际，更易于为计算机知识不很丰富的办公人员所使用。现在，数据库技术是办公自动化系统的主要支撑技术，从大型信息服务系统到个人桌面应用系统，都离不开办公数据库。

4. 多媒体信息处理

办公室中经常需要使用以文字、声音、图形、静态影像、活动影像等为表现形式的多媒体信息。多媒体信息处理就是指多媒体信息在计算机运算下的综合处理。从狭义上讲，就是计算机系统对数字化声音文件、动画视频文件、图形、图像文件等进行的综合处理，包括语音信号、图像信号、动画与视频信号的处理与检索以及文字图像的分离处理等。

语音处理是利用微机对语音进行处理的技术，分为语音合成和语音识别两大类。语音合成用于使微机具有说话的能力，语音识别则用于使微机有聆听和理解语音的能力。使用语音处理技术，办公人员能通过语音与计算机进行交流，从而提高办公效率。

图形、图像处理包括图形的制作与再现，图像的扫描、编辑、无失真压缩、快速解压、色彩一致性再现以及图像识别等，它可以使办公系统具有处理各种统计图表，管理电子签名、电子印章等新的功能。

动画与视频信号处理包括动画和视频的获取制作、压缩存储、传输与回放等，它使办公系统的信息更加丰富。

文字图像的分离处理技术用于从图像中分离出文字信息，包括手写体文字识别和印刷体文字识别，它可使普通办公室人员减轻文字录入的工作量。

另外，办公系统还需具有各种多媒体信息的存储和查询等功能。

总之，由于多媒体技术表现出的信息的生动性和完整性，其应用使群体协作更加有效，从而提高了工作效率、改善了工作质量。

5. 电子邮件

电子邮件（Electronic Mail，E-mail）是互联网上使用最广泛的一种服务，它用电子手段提供信息交换，改变了人们传统的通信方式。现在的办公自动化系统一般使用以电子邮件为基础构建的电子邮政系统进行信息沟通。现在的电子邮件系统一般直接使用浏览器即可进行操作，使用方便、快捷、廉价，已成为现代办公自动化系统的一个重要组成部分。

6. 电子会议

现代化的会议系统要求会议程序简单化、功能多样化，特别要求能够对会议实施控制和管理，包括基本的话筒管理、代表认证和登记、电子表决、同声传译等。电子会议系统（Electronic Meeting Systems，EMS）提供了一种新型的会议环境，主要通过信息技术及计算机技术的应用来提高会议效率、降低会议成本。

电子会议的应用范围很广，如商业电子会议、远程会议、电化教育、各种报告会和产品交流会等。电子会议可分为电话会议、视频会议和计算机会议。

电话会议是最简单最普及的一种电子会议，它可以只传送声音，也可以传送图像。它使用一种特殊的电话——语音终端，还装备有传真机、电子终端、扫描仪和数字照相机等设备以实现图像传送功能。其他常用的设备还有电子书写器、电子黑板等。

视频会议也称电视会议，是典型的多媒体会议系统。现在的电视会议系统主要包括大型电视会议系统、桌面电视会议系统、可移动电视会议系统和可视电话等。电视会议运用范围较广，如工业项目进展情况交流、多媒体远程教育、工业制图、作战指挥、应急会议、智囊会议和人员培训等。

计算机会议系统一般由大屏幕图像显示系统、音频会议系统、中央控制系统、音响系统、普通会议厅、同声传译国际会议厅、业务演示厅、指挥中心、调度中心、网管中心、远程会议网等组成。它为各种应用提供了充分的信息表达和交流手段，可实现在中央控制系统的管理下，将电视、录像带、光碟、网络、现场摄像信号及文稿书写等各种信息使用多语种进行远程联网和交互讨论，是电子会议系统的最新发展方向。

7. 文档管理

在各种办公室中，有大量的公文档案。这些档案，是人们社会活动的原始记录，具有查考、凭证、依据和参考作用。使用电子手段进行文档管理，主要是运用数据库对文档、电子表格、图形和影像等资料进行存储、分类和检索，是建设办公自动化系统的基础性工作。

文档管理是指对文档这一整体形式进行的各种处理，如文档的复制、印刷、输入、存储、传输以及文档记录的管理等。要注意文档管理不只是文字处理，文字处理只局限于对文字信息的输入、编辑、加工、输出等处理，而文档管理则不区分其内容，以统一的形式进行处理。文档管理的大部分功能是依靠各种办公设备和软件的支持来实现的。

目前，对文档的储存及管理是将纸质文档、电子文档和缩微系统等多种介质在最大程度上结合起来，以适应文档系统的不同要求。此外，利用网络技术，使用分布式系统来存储和管理电子文档，可实现文档的集中存放、分散调用，从而更好地管理和使用文档。

8. 工作日程管理

日程管理用于记录需安排在特定日期和时间段中的工作和事务，并适时加以提醒，以方便管理日常工作和事务，提高办公效率。

电子日程管理是以电子手段提供个人或单位对时间的管理。它通常以文件形式存放在电脑里，并能在适当的时候，自动地以明显的方式提醒人们查看；用户可通过日程活动表安排活动日程、请求使用办公资源，以及与其他用户约会或安排会议。一般具有个人时间管理、会议自动安排、常设备忘录和重大事项备忘录等基本功能，还可具有时区转换、万年历等附加功能。

9. 行文办理

电子行文就是通过计算机网络，借助电子邮件系统、文档管理系统，实现对机关行文的收发、批示、签阅、登记、追踪、检查等业务办理的电子化。它具有很多优点，如登记简便易行，批阅、分发、转发、办理方便快捷，可节省大量的传递和查询时间；承办人分级负责，根据系统授权进行相关操作，便于明确责任；通过电子签名进行用户、文档的认证，有较强的安全性；自动提示办理时限，便于掌握进度；预设行文格式，行文更加规范，节省了人工审核时间；统计、查询更方便，便于随时掌握最新办理情况，追踪办理状态；存档资料齐全，有利于综合分析，提高业务水平等。现在，政府部门和大多数企业的办公自动化系统中都已实现这一功能。

3.11　电子商务与商业自动化

随着计算机技术的飞速发展、Internet 的推广普及以及一系列相关的技术创新，数据处理和信息传递突破了时间、空间和地域的限制，商业信息化时代的到来成为不可抗拒的潮流，人们的商业活动方式因此而发生急剧变化。20 世纪 90 年代，美国、欧洲等发达国家将信息技术引入到商贸活动中，进而产生了一个新概念——电子商务（Electronic Commerce）。电子商务已成为信息时代的产物和宠儿，获得了迅速的发展，成为信息时代最具活力的代表，并对世界经济的发展形成了强大的推动力。

随着现代商业步入高速发展时期，需要处理的信息量不断加大加快，传统的商业管理模式、手段和工具都受到新的冲击和挑战，商业领域迫切需要信息与自动化技术来解决各个环节的效率问题，实现商业自动化。信息技术和自动化技术在商业领域的广泛应用，使传统的商业环境、商业设施、经营手段、经营方式等发生了根本的变革，商业活动的效率大幅度提高，同时也给客户和消费者带来了极大的便利。

3.11.1　电子商务的基本概念

20 世纪 90 年代中期以后，Internet 迅速走向普及，从而使电子商务成为 Internet 应用的最大热点之一，典型代表就是当时的网络新贵贝索斯创建的亚马逊（Amazon.com）网上书店，如图 3-102 所示。

1994 年，贝索斯还仅仅是一名拥有普林斯顿大学教育背景的金融分析师。有一天，他坐在对冲基金公司 D. E. Shaw 的办公桌前，忽然发现一个令人瞠目结舌的统计数字：商业互联网用户每年增加 2300%。这个数字激发了他内心潜伏着的商业灵感和创业激情。不久

图 3-102 亚马逊网上书店

后，他带着妻子周游美国，在此过程中，萌生了创办一家销售书籍的网络公司的想法。贝索斯于 1995 年在西雅图正式开始创业，并使亚马逊网站逐步从一家单纯销售书籍的网络公司，发展成为全球最大的网络零售商。2007 年，亚马逊网站年收入 148 亿美元，位居当年《财富》500 强之 171 位，比 2006 年提升了 66 位，而且预测 2015 年的收入或能达到 1000 亿美元。当然，贝索斯的胃口并不仅限于将亚马逊网站打造成全球顶尖的网络零售商，还要成为最大的数字媒体网络销售商，可以在线下载图书、音乐和电影。贝索斯认为，如果零售能够做到无需配送，那就可节约相当大的一笔成本。在线下载就是这种盈利模式的最好案例。

1. 电子商务的含义

迄今为止，人们尚未对电子商务有一个统一、明确的定义。最广泛的解释是：通过 Internet 和 WWW（World Wide Web，也称万维网），使用电子数据传输进行的商务活动。

从宏观上讲，电子商务是计算机网络的第二次革命，是在通过电子手段建立一个新的经济秩序。它不仅涉及电子技术和商业交易本身，而且涉及诸如金融、税务、教育等社会其他层面。从微观角度上讲，电子商务是指各种具有商业活动能力的实体（生产企业、商贸企业、金融机构、政府机构、个人消费者等）利用网络和先进的数字化传媒技术进行的各项商业贸易活动。从广义上讲，电子商务还包括企业内部的商务活动，如生产、管理和财务等，以及企业间的商务活动。发展到今天，人们提出了通过网络实现包括从原材料的查询、采购、产品的展示、定购、到制造出品、储运以及电子支付等一系列商业活动在内的完整电子商务的概念。

电子商务的内容包含两个方面，一是电子方式；二是商贸活动。电子方式包括电子数据交换、电子支付手段、电子订货系统、电子邮件、电子公告、系统条码、智能卡等。商贸活动包括通过 Internet 买卖产品和提供服务。产品可以是实体化的，也可以是数字化的。

从商业活动的角度分析，可以将电子商务分为两个层次。较低层次的电子商务如电子商情、电子贸易、电子合同等；最完整也是最高级的电子商务应该是利用 Internet 网络能够进行全部的商务活动，即在网上将信息流、商流、资金流和部分的物流完整地实现，也就是说，你可以从寻找客户开始，一直到洽谈、订货、在线付（收）款、开具电子发票以致到电子报关、电子纳税等均通过 Internet 完成。

2. 电子商务的主要特点和特性

Internet 网上的电子商务之所以受到重视，是因为它具有明显的优点和诱人的发展前景，可以使企业开展物理环境下无法进行的业务，有助于降低企业的成本，提高企业的竞争力，对各种各样的企业都提供了广阔的发展天地和无限商机。中小企业可以用更低的成本进入国际市场和参与竞争，同时也为广大的消费者增加更多的消费选择，使消费者得到更多的利益。

网上购物给客户提供了极大的方便，因而电子商务对任何规模的企业而言，都是一种机遇。通过电子商务可以扩展市场，增加客户数量；通过将万维网信息连至数据库，企业能记录下每次访问、销售、购买形式和购货动态以及客户对产品的偏爱，这样企业方面就可以通过统计这些数据来获知客户最想购买的产品是什么。

在电子商务环境中，客户不再像过去那样受地域的限制，忠实地只做某家邻近商店的老主顾，他们也不再仅仅将目光集中在最低价格上，因而服务质量在某种意义上成为商务活动的关键。企业通过将客户服务过程移至万维网上，使客户能以一种比过去简捷得多的方式获取服务。如将资金从一个存款户头移至一个支票户头，查看一张信用卡的收支，记录发货请求，乃至搜寻购买稀有产品，这些都可以足不出户地实时完成。

要使电子商务正常运作，必须确保其相关设备的可扩展性。万维网上有数以百万计的用户，而传输过程中，时不时地出现高峰状况。倘若一家企业原来设计每天可受理 40 万人次访问，而事实上却有 80 万，就必须尽快配置一台扩展的服务器，否则客户访问速度将急剧下降，甚至还会拒绝可能带来丰厚利润的客户来访。

在电子商务中，安全性是必须考虑的核心问题。欺骗、窃听、病毒和非法入侵时刻都在威胁着电子商务。对于客户而言，无论网上的物品如何具有吸引力，如果他们对交易安全性缺乏把握，他们根本就不敢在网上购物，企业和企业间的交易更是如此。因此要求网络能提供一种端到端的安全解决方案，包括加密机制、签名机制、分布式安全管理、存取控制、防火墙、安全万维网服务器、防病毒保护等。为了帮助企业创建和实现这些方案，国际上多家公司联合开展了安全电子交易的技术标准和方案研究，并发表了安全电子交易（Secure Electronic Transaction，SET）和安全套接层（Secure Sockets Layer，SSL）等协议标准，使企业能建立一种安全的电子商务环境。

3.11.2　电子商务的发展情况

1. 第一阶段：20 世纪 60 年代末至 20 世纪 90 年代中——基于 EDI 的电子商务

电子商务并不是一个新概念，从技术的角度来看，人类利用电子通信的方式进行贸易活动已有几十年的历史了。早在 20 世纪 60 年代，人们就开始了用电报报文发送商务文件的工作。20 世纪 70 年代，人们又普遍采用方便、快捷的传真机来替代电报，但是由于传真文件是通过纸面打印来传递和管理信息的，不能将信息直接转入到信息系统中，随着处理和交换信息量的剧增，该过程变得越来越复杂，这不仅增加了重复劳动量和额外开支，而且由于过多的人为因素，影响了数据的准确性和工作效率的提高。另一方面，计算机技术和通信技术的不断完善和普及使得人们开始尝试在贸易伙伴之间的计算机上能够自动交换数据，电子数据交换（Electronic Data Interchange，EDI）技术应运而生。EDI 是将业务文件按一个公认的标准从一台计算机传输到另一台计算机上去的电子传输技术。由于 EDI 大大减少了纸张票据，因此，人们也形象地称之为"无纸贸易"或"无纸交易"。采用 EDI 作为企业间电子商务的应用技术，这就是电子商务的雏形。

2. 第二阶段：20 世纪 90 年代中期以来——基于 Internet 的电子商务

20 世纪 90 年代之前的大多数 EDI 都是通过租用的电脑线在专用网络上实现，这类专用的网络被称为增值网（Value-Added Network，VAN）。这样做的目的主要是考虑到安全问题，但由于使用 VAN 的价格昂贵，仅大型企业才会使用；且 EDI 的功能单一，加上网络技术不成熟，因此限制了基于 EDI 的电子商务应用范围的扩大。

20 世纪 90 年代中期后，随着 Internet 技术的不断发展，各种商务活动都可以利用 Internet实现，Internet 为电子商务的发展提供了强有力的工具和广阔的发展空间。

基于 Internet 的电子商务对企业和消费者都具有巨大的吸引力，用户通过普通电话线就可以方便地与贸易伙伴传递商业信息和文件。由于 Internet 是国际的开放性网络，使用费用很便宜，一般来说，其费用不到 VAN 的 1/4，这一优势使得许多企业尤其是中小企业对其非常感兴趣。Internet 可以全面支持不同类型的用户实现不同层次的商务目标，如发布电子商情、在线洽谈、建立虚拟商场或网上银行（见图 3-103）等。基于 Internet 的电子商务可以不受特殊数据交换协议的限制，任何商业文件或单证可以直接通过填写与现行的纸面单证

图 3-103　网上银行的网页例子

格式一致的屏幕单证来完成，不需要再进行翻译，任何人都能看懂或直接使用。

3. 国际与国内现状

毋庸讳言，电子商务代表着未来贸易方式的发展方向，其应用和推广将给社会和经济带来极大的效益，电子商务将成为全球经济的最大增长点之一，具有强大生命力的现代电子交易手段已越来越被人们所认识。发达国家已纷纷制定政策，发展中国家正在加紧制定总体发展战略，大力促进电子商务在国民经济各个领域的应用，力争在新一轮国际分工中占领制高点，赢得新的竞争优势。

（1）国际现状

电子商务的发展非常迅速。1994 年全球电子商务销售额为 12 亿美元，1997 年达到 26 亿美元，增长了一倍多，1998 年销售额达 500 亿美元，比 1997 年增长近 20 倍。联合国最近发表的一份报告表明，2010 年电子商务交易额已接近 1 万亿美元。据中国电子商务研究中心监测数据显示，2013 年全球电子商务企业面向个人的销售额已达到 1.22 万亿美元，同比增长 17%。截至 2014 年 1 月，亚马逊 Marketplace 已在全球拥有大大小小共 200 万个商家，在 2013 年 12 月 2 日的"网购星期一"，Marketplace 在全球范围内共销售了 1300 万件商品，同比增长 50%。目前全球网购人数已超过 10 亿，较之 2012 年的 9.036 亿人有明显提高。

未来 10 年超过 1/3 的全球国际贸易将以网络贸易的形式来完成。由此可见，电子商务有着巨大的市场与无限的商业机遇，蕴含着现实的和潜在的丰厚商业利润。

正因为电子商务潜在的巨大经济利益，世界各国，特别是发达国家，对电子商务高度重视并着力推动。日本于 1996 年投入 3.2 亿美元推行电子商务计划；在拥有世界 3/4 以上的互联网资源的美国，电子商务的应用领域与规模远远超过其他国家。目前，美国机场售票超过 1/3 通过互联网完成，网上销售量按 60% 左右的速率增长。美国政府认为，电子商务的发展是未来经济发展的一个重要推动力，甚至可以与 200 年前工业革命对经济发展的促进作用相比。因此，自 1999 年开始，美国每年约 2000 亿的政府采购计划也通过电子商务方式进行，这一举措被认为是"将美国电子商务推上了高速列车"。据世界银行估计，未来各国将为吸引资本以构筑信息基础设施而展开激烈竞争。基于网络、通信等信息技术的电子商务将顾客、销售商、供应商和雇员联系在一起，使供需双方在最适当的时机得到最适用的市场信息，大大地促进供需双方的经济活动。

（2）国内现状

我国电子商务的发展始于 20 世纪 90 年代初，并已逐渐成为一个热门领域。我国政府敏锐地意识到电子商务对经济增长的巨大推动作用，于 1996 年就推动成立了中国国际电子商务中心。1997 年，国务院电子信息系统推广办公室联合 8 个部委建立了中国电子数据交换技术委员会，电子商务开始在我国启动。2000 年 6 月，经国务院批准，在各部门的大力支持下，中国电子商务协会在京正式成立，架起了国内外电子商务发展的桥梁。

据第 31 次中国互联网络发展状况统计报告显示，2012 年，中国互联网用户已达 5.64 亿人，互联网普及率为 42.1%，与此同时，移动互联用户呈爆发式增长，规模为 4.2 亿，习惯用手机上网的用户占比已超全国人口的 2/3。统计数据显示，2013 年中国电子商务市场交易规模为 9.9 万亿元，同比增长 21.3%，预计 2017 年将达 21.6 万亿元。2013 年中国移动购物市场交易规模 1676.4 亿元，同比增长 165.4%

目前，我国电子商务网站如网上商店、商城、专卖店、网上订票、旅游、教育、医疗以及各种电子商务资讯和交易站点仍不断涌现。境外风险投资的大量进入也促进了国内网站的发展。"新浪"、"搜狐"、"8848"、"阿里巴巴"等相继获得境内外上千万美元的风险投资。国家互联网信息办公室主持的有关中国电子商务的法律、制度、标准等规范框架方案已基本形成，并正在抓紧制定出台中国电子商务发展实施纲要。各大银行也都相继推出了网上支付服务，电子商务认证授权机构（CA）也即将出台相应规范。

从行业应用看，证券公司、金融结算机构、信用卡发放、酒店及机票预订、网上购物等均已成功进入电子商务领域，并进行了大量可靠的交易，这些已构成电子商务发展的基础，同时也为进一步发展积累了丰富的经验。

3.11.3 电子商务系统的组成

目前，已有3种不同但又相互密切关联的网络计算模式：互联网（Internet）、企业内部网（Intranet）和企业外部网（Extranet）。对绝大多数人来说，首先进入的是互联网。企业为了在 Web 时代具有竞争力，必须利用互联网的技术和协议，建立主要用于企业内部管理和通信的应用网络，这就是企业内部网，又称为"内联网"。各个企业之间遵循同样的协议和标准，建立非常密切的交换信息和数据的联系，这就是企业外部网，又称为"外联网"，"外联网"大大提高社会协同生产的能力和水平。

这3种计算模式在电子商务中各有各的用途，图3-104所示的电子商务系统网络平台就充分说明了这一点。由图3-104不难发现，电子商务不仅仅是买卖，也不仅仅是软硬件的信息，而是在 Internet、Intranet 和 Extranet 上，将买家与卖家、厂商和合作伙伴紧密结合在了一起，因而消除了时间与空间带来的障碍。

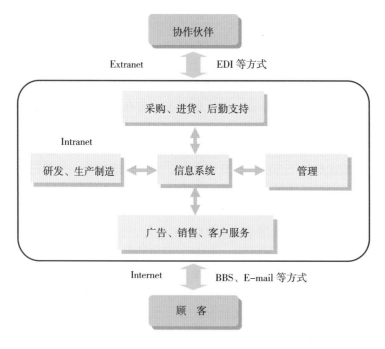

图 3-104　电子商务系统网络平台

1. Intranet

Intranet 可让企业内部各公司、职能部门和员工共享重要的程序和信息，增加其间的互助和合作，提高企业内部运作的效率。

Intranet 由 Web 服务器、电子邮件服务器、数据库服务器以及电子商务服务器和客户端的 PC 组成。所有这些服务器和 PC 都通过先进的网络设备集线器（Hub）或交换器（Switch）连接在一起。Web 服务器最直接的功能是可以向企业内部提供一个 WWW 站点，借此可以完成企业内部日常的信息访问；邮件服务器为企业内部提供电子邮件的发送和接收；电子商务服务器和数据库服务器通过 Web 服务器对企业内部和外部提供电子商务处理服务；协作服务器主要保障企业内部某项工作能协同工作，例如，在一个软件企业，企业内部的开发人员可以通过协作服务器共同开发一个软件；账户服务器提供企业内部网络访问者的身份验证，不同的身份对各种服务器的访问权限将不同；客户端 PC 上要安装有 Internet 浏览器，借此访问 Web 服务器。在 Intranet 中，每种服务器的数量随企业的情况不同而不同，例如，如果企业内访问网络的用户比较多，可以放置一台企业 Web 服务器和几台部门级 Web 服务器，如果企业的电子商务种类比较多样性或者电子商务业务量比较重，可以放置几台电子商务服务器。

2. Extranet

Extranet 涵盖企业和与其相关的协作厂商，可以让协作厂商通过网络进行沟通和交易。为了实现企业与企业之间、企业与用户之间的连接，企业内部网必须与互联网进行连接，但连接后，会产生安全性问题。所以在 Intranet 与 Internet 连接时，必须采用一些安全措施或具有安全功能的设备，这就是所谓的防火墙。为了进一步提高安全性，企业往往还会在防火墙外建立独立的 Web 服务器和邮件服务器供企业外部访问用，同时在防火墙与 Intranet 之间，一般会有一台代理服务器。代理服务器的功能有两个：一是安全功能，即通过代理服务器，可以屏蔽 Intranet 内的服务器或 PC，当一台 PC 访问 Internet 时，它先访问代理服务器，然后代理服务器再访问 Internet；二是缓冲功能，代理服务器可以保存经常访问的 Internet 上的信息，当 PC 访问 Internet 时，如果被访问的信息存放在代理服务器中，那么代理服务器将把信息直接送到 PC 机上，省去对互联网的再一次访问，可以节省费用。

3. Internet

Internet 为企业和企业，以及企业与客户提供了一条沟通的新渠道，不仅可以使全球的消费者都了解企业的产品和服务，还可以促进发展和客户之间的关系。通过 Internet 可实现查询、采购、产品介绍、广告、订购、电子支付等一系列的网上交易活动。

在建立了完善的 Intranet 和实现了与 Internet 之间的安全连接后，企业已经为建立一个好的电子商务系统打下良好基础，在这个基础上，再增加电子商务应用系统，就可以进行电子商务了。一般来讲，电子商务应用系统主要以应用软件形式实现，它在已经建立的企业内部网上运行。电子商务应用系统分为两部分，一部分是完成企业内部的业务处理和向企业外部用户提供服务，比如用户可以通过 Internet 查看产品目录、产品资料等；另一部分是极其安全的电子支付系统，电子支付系统使得用户可以通过 Internet 在网上购物、支付等，真正实现电子商务。

3.11.4 电子商务的安全问题

电子商务的自身特性决定了其具有开放性，而它所基于的 Internet 更是开放和不设防的，所以它们从一诞生开始就与安全性紧密联系在一起。随着电子商务的日益普及，安全问题成为了电子商务系统的核心问题。

1. 电子商务的安全目标

保密性：主要指信息只能在所授权的时间、所授权的地点暴露给授权的人。

完整性：电子商务系统应该提供对数据完整性的验证手段，确保能够发现数据在存储或传输过程中是否被改动。

不可否认性：是指数据的原发送者对所发送数据不可以否认，数据的接收者对所接收数据同样不可否认，交易双方更不可以否认已经进行的商业活动。

身份认证：指交易双方可以相互确认彼此的真实身份，确认对方就是本次交易中所称的真正交易方。

可审计性：是指每个经授权的用户的活动是唯一标识和受监控的，以便对其所操作内容进行审计和跟踪，使交易的任何一方都不能抵赖已经发生的交易行为。

2. 电子商务的安全机制

（1）加密技术

电子商务信息一般都有保密的要求，尤其涉及机密和敏感信息内容，是不能随意被他人获取的。而数据在传输过程中有可能遭到侵犯者的窃听而失密，加密技术是电子商务采取的主要保密安全措施，是最常用的保密安全手段。

加密技术也就是利用技术手段把重要的数据变为乱码（加密）传送，到达目的地后再用相同或不同的手段还原（解密）。加密包括两个元素：算法和密钥。一个加密算法是将普通的文本（或者可以理解的信息）与一串数字（密钥）相结合，产生不可理解的密文的步骤。密钥和算法对加密同等重要。

（2）防火墙技术

防火墙是在可信赖的网络（内部）与不可信赖的网络（外部）之间设置的一个或多个电子屏障，可能是纯硬件的，也可能是纯软件的，即运行于路由器或服务器上的一个独立或一组紧密结合的进程，它监测、限制和更改通过的数据流来加强网络间的访问控制，对外屏蔽内部网的信息、结构和运行状况。但防火墙无法防御来自内部和绕过防火墙的攻击，无法防止病毒感染程序和文件的传输，无法防御数据驱动型攻击，如邮件炸弹（因为扫描分析主要针对 IP 地址和端口号或者协议内容，而非数据细节）。

（3）安全认证手段

数字签名：防止消息发送方抵赖以及消息被篡改。

数字摘要：用于验证消息在发送过程中是否被篡改。

数字信封：保证加密密钥在传输中的秘密性。

数字证书：证实实体身份及访问权限的电子手段数字水印。

3.11.5 商业自动化的基本概念

以 Internet 为基础的信息技术不仅催生了电子商务，而且也引发了一场商业自动化的革命。前面讲述的电子商务，从广义上讲已经包含了商业活动的所有环节，但是其重点是基于数字化网络的交易活动。电子商务可以看作商业自动化的一个重要组成部分，并使商业自动化上升到一个新的台阶。现代的商业自动化系统已经离不开电子商务，然而商业自动化除了电子商务外，还有更多、更广的内容。

商业自动化是综合应用现代管理技术、计算机技术、网络通信技术、数据库技术、条形码和二维码技术、自动控制技术等现代科技手段，对不同的业种（如批发、储运、零售等）和业态（如连锁经营、大型百货、超市、专卖店等）的商流、物流、资金流和信息流进行控制，以实现从商品的采购批发、运输存储、经营销售、直至商品到达消费者手中以及商品的售后服务全过程的自动化。所以商业自动化并不是简单地以"商店自动化"为主来定位的。

商业自动化的目的是使商流、物流、资金流、信息流等均畅通无阻，达到最佳的有效利用，从而改善经营环境，降低中间成本，提高商品的竞争力。

商业自动化的内容包括信息处理自动化、商品销售管理自动化、商品配送自动化、商品仓储管理自动化、会计记账处理自动化等。

商品销售自动化主要借助于条形码或二维码技术、电子收款机和计算机管理系统来实现的，当然也包括自动销售机和无人销售商店等。

商品配送自动化主要指建立自动化的批发配送物流中心，是商品集中进货、存储、加工、包装、分类、装货及配送的基地；配送中心采用综合货架、各种用计算机管理和控制的自动存取设备、输送设备等，极大地改善了商品流通的速度，提高了流通效率。商品配送自动化与仓储管理自动化密切相关。

现代化的库存管理系统采用条形码或二维码货架，计算机控制的输送带等自动存取设备；仓储计算机信息系统记忆商品存放位置、数量、保质期等信息，在商品出库时能迅速找到并自动取出；同时可随时提供现有库存信息的查询，提示缺货进货，并兼有检货、分类、包装、运送等功能。

会计记账处理自动化主要指通过计算机管理系统来自动记录和处理财会数据，包括采购、存储、流通、销售等各个环节财务情况。例如前台的电子收银机在销售的同时会自动将商品信息输入计算机进行处理，随时进行记账，并输出有关报表；而后台的计算机管理系统则自动将前台的销售情况进行分类、汇总和进行财务处理，并可根据需要提供各种财务报表。

3.11.6 　商业自动化的重要技术

一个商业自动化系统由软件系统和硬件系统两部分构成。软件系统包括前台销售点实时管理系统（Point of Sales，POS）、电子订货系统（Electronic Ordering System，EOS）、电子数据交换（Electronic Data Interchange，EDI）、商业增值网络（Value-Added Network，VAN）、后台商业管理系统（Business Management Information System，BMIS）、条形码或二维码技术、信用卡技术和多媒体技术等。其中，POS、EOS、EDI 和 VAN 是实现商业自动化的 4 大物质基础。商场内部的管理自动化是通过 BMIS 实现的，POS 则是 BMIS 的前台和核心；商场与外部企业的信息交换自动化是通过 EOS 实现的，而 EOS 依赖于 EDI 技术，EDI 技术又依赖于增值网 VAN 或 Internet。硬件系统则包括自动仓储系统、配送中心、连锁店、商场、防盗报警装置、公共数据网、局域网、电子收款机（ECR）和终端设备等。

1. 条形码

商业是最早应用条形码（Bar Code）技术的领域。商品条形码是商品的身份代码和商品国际化的标志。商品条形码的应用和普及是实现商业自动化和商品管理自动化的基础。条形码技术是各种自动识别技术中发展最快、应用最广的，与其配套的各种技术也相当成熟。在商品流通管理中，它与系统的通信网络技术成为实现商店自动化的重要标志。在欧、美、日等发达国家和地区，商品条形码普及率达98%以上。条形码技术的应用十分广泛，应用领域包括商品自动销售管理、仓库管理、物流作业管理，以及人事管理、劳务管理、会议管理、图书管理、自动控制、流水作业线等。

商品条形码可分为原印条形码和店内码两种。

（1）原印条形码

指产品在出厂前即已印制的国际通用条形码。因此原印条形码又称国际商品条形码。这种原印条形码是商品唯一的"身份证"，它是开放的，是商品流通在国际市场上通行无阻的共同语言。

1970年美国超级市场委员会制定了通用商品代码UPC码，美国统一编码委员会（UCC）于1973年建立了UPC条形码系统，并全面实现了该码制的标准化。UPC码的成功使用促使了欧洲编码系统（EAN）的产生。到1981年，EAN已发展

图3-105　EAN/UPC条形码

成为一个国际性的组织，且EAN码与UPC码兼容。EAN/UPC条形码作为一种消费单元代码，被用于在全球范围内唯一标识一种商品，如图3-105所示。

在编制商品项目代码时，厂商必须遵守商品编码的基本原则，保证商品项目与其标识代码一一对应，即一个商品项目只有一个代码，一个代码只标识一个商品项目。如听装健力宝饮料的条形码为6901010101098，其中690代表我国EAN组织，1010代表广东健力宝公司，10109是听装饮料的商品代码。这样的编码方式就保证了无论在何时何地，6901010101098唯一对应该种商品。

目前国内商店中的商品原印码率很低，难以适应商业自动化的发展。依照国外经验，商品原印码率达60%以上，才具备使用条形码识别来阅读和采集商品信息的基础。因此，在我国目前商品条形码普及率很低的情况下，提倡开发店内条形码系统，尤其是已建立计算机信息管理系统和普遍使用电子收款机的商店，开发自己的封闭的店内条形码系统可以更好地发挥系统的作用。

（2）店内条形码

顾名思义，店内条形码是由商店内部为了自动化管理上的需要自己编制并印制的条形码标签，贴在商品包装上，这种由商店自己印制的条形码，就叫做"店内码"。这种条形码只限于本商店自己使用，一旦商品售出就失去使用价值。因此又可说是一个封闭条形码系统。当然，由于印制条形码无形中增加劳务和印制费用的支出，因此在当前推行店内码也还受到一定的制约，难以普遍推广。

2. 二维码

二维码（2-dimensional Bar Code）是一种比一维码更高级的条码，是在一维条码的基础上扩展出另一维具有可读性的条码。二维码是用计算机软件编码技术形成的某种特定的几何图形，其中按一定规律在平面（二维方向）分布的黑白矩形图案表示二进制数据，如图3-106所示。在几何图形中可以存储数字、汉字或图片，而且这个图形可以通过打印、印刷、屏显等形式出现，其成本远远低于电子存储器。

图3-106 矩阵式二维码

由于二维码在水平和垂直方向都可以存储信息，且能存储汉字、数字和图片等信息，因此二维码的应用领域要比一维码广得多。在商业活动中，特别是在高科技行业、存储运输业、批发零售业等需要对物品进行廉价快捷的标示信息的行业用途广泛。在一些国家，已经采用PDF417二维码作为身份识别的标签，并直接印制在身份识别的证件上，以便快速读取。目前，手机二维码应用广泛，通过将手机二维码印刷在报纸、杂志、广告、图书、包装以及个人名片上，用户通过手机扫描二维码，或输入二维码下面的号码即可获取二维码内信息，并随时随地下载图文、了解企业产品信息等。

3. 电子收款机与POS系统

电子收款机（Electronic Cash Register，ECR）和POS系统在商业自动化中，尤其在商店自动化中占有极重要的位置，可以说是不可缺少的最基本的电子设备（图3-107）。它与网络技术、条形码和二维码技术的结合成为实现商店自动化信息管理的基础。

ECR是一台销售管理专用的计算机系统，一般由主机板和打印机、条形码阅读器、票据打印机、显示器、钱箱等外设组成。能完成销售数据、支付方式、人均劳效等方面的统计，有的还具有促销、综合查询等功能。由于应用领域的不同，对ECR的要求也不同，比如对于连锁店，要求其具有远程通信和较强的抗干扰能力；对于餐饮业，要求其有一个放在厨房用于打印菜单的远距离打印机；对于百货店，其要求就更复杂，需有较长距离的通信能力和联网能力、完善的数据采集和报表处理能力等。

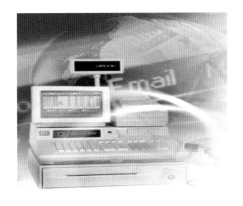

图3-107 ECR和POS

现在国内谈到POS系统有两种说法：一种是商业应用的POS系统，是由ECR和计算机联机构成的商店前台网络管理系统，该系统对商业零售柜台的所有交易信息进行收集、加工整理、分析、传递反馈，强化了商品营销管理；另一种是指银行应用的POS系统，它是由银行设置在商业网点或特约商户的信用卡授权终端机，是银行计算机联机通过公用数据交换网构成的电子转账服务系统。银行部门称这种转账系统为POS机或POS系统。它们的确切用语是"销售点电子转账服务作业系统（Electronic Fund Transfer Point of Sales System），缩写为EFT-POS或E-POS。它的功能是提供持卡人在销售点购物或消费后，通过电子转账系统直接扣账或信用记账的服务。

4. 商业管理信息系统

商业管理信息系统（BMIS）是对商业企业内部人、财、物的全面管理，包括合同管理、进货管理、库存管理、财务管理、人事管理、统计分析、经理查询等，几乎涵盖了现行的全部业务。BMIS 通过网络与前台系统互传信息，使前后成为有机的整体，实现了商业的自动化管理，可以全面提高商业企业的管理水平和管理效率。详细情况可参考本书"3.10 办公自动化"内容。

其他重要技术如电子数据交换（EDI）、电子订货系统（EOS）、网络银行、电子货币等与电子商务的情况类似，不再赘述。

3.11.7 商业自动化的发展

美国、日本等发达国家早在 20 世纪 70 年代就开始采用商品条形码、电子收银机 ECR 以及 POS 系统，80~90 年代就基本上普及了。以美国为例，1983 年，百货店、专门店和普通商店 POS 系统的使用率分别为 66%、38% 和 12%；到了 1985 年，则分别为 78%、62% 和 60%；而到了 20 世纪 90 年代，则已达 95% 以上。在日本，1986 年食品业使用条形码的商品就达到 97%，其他商品达 90%，目前基本上所有商品均采用了条形码或二维码，所以几乎所有商场均使用电子收银机，绝大部分商店均采用了 POS 系统。新加坡，中国台湾、香港等地 POS 系统的发展也很迅速，目前已基本得到普及。

除此之外，由于 BMIS 可完成对各种情报数据的集中处理及信息的咨询、管理、决策支持等工作，发达国家的大型商场普遍在 POS 系统的基础上建立了 BMIS 系统，将商场涉及的所有信息汇集在 BMIS 系统中进行集中管理，从而完全实现了对商场管理的计算机化和自动化。

在我国，由于商品条形码的推广与普及起步较晚，我国在商业自动化方面与先进国家相比较为落后，发展较慢，整体水平也较低，但近年来在大、中城市发展较快，大部分中、大型超市和百货商店都已配备了 ECR、POS 和 BMIS 系统。目前，很多小型商场虽然也使用了 ECR，但大多档次较低，有些还是只能用于收款的第一代收款机，没有组成 POS 系统，有的商店 POS 系统只有前台销售管理软件部分，没有或仅有不完整的后台管理软件系统，因此限制了 POS 系统优越性的发挥，体现不出商店引入 POS 系统的好处和效益。因此就全国范围来看，商业自动化还有很大的发展空间。

从目前的发展趋势看，商业自动化正快速地向数字化和网络化方向发展，商业自动化领域对互联网等现代通信手段的利用将会越来越多、越来越深入，电子商务将会迅速普及。数字化、网络化和自动化的商业不仅会给消费者和客户带来极大的便利，而且也会改变商业企业的运作模式和消费者的购物方式，同时还会直接影响到生产企业的生产方式。主要体现在以下几个方面：

1）传统的商业模式有批发、零售等许多中间环节，电子商务的出现从根本上减少了传统商务活动的中间环节，缩短了企业与用户需求之间的距离，使生产"直达"消费，同时也大大减少了各种经济资源的消耗，使人类进入了"直接经济"时代。"虚拟商店"、"网上购物"、"网上营销"、"网络银行"等多种新型商业模式已经进入我们的生活，各种网络在线服务为传统服务业提供了全新的服务方式。

2）对于生产企业而言，数字化定制生产与直销营业变得简单可行。企业通过构建各种数据库，记录全部客户的各种数据，通过网络与顾客进行实时信息交流，掌握顾客的最新需求动向，并准确、快速地把信息反馈到企业的设计、供应、生产、配送等各环节，从而实现"准确生产"和"准时生产"，并最大限度地减小库存，甚至可能实现"零库存"。这方面一个成功的例子是戴尔计算机公司。戴尔公司每年生产数百万台个人计算机，每台都是根据客户的具体要求组装的。尽管客户的需求千差万别，但戴尔公司通过网络与客户建立了直接的联系，只生产客户签下了订单的计算机，不仅显著降低了生产经营成本，而且让客户更加满意。

3）金融业的服务形式和服务内容将迅速改变。由于在线电子支付是电子商务和现代商业的关键环节，也是其能够顺利发展的基础条件，随着电子商务在电子交易环节上的突破，网上银行、银行卡支付网络、银行电子支付系统以及网上接入服务、电子支票、电子现金等服务，将传统的金融业带入了一个全新的领域。

4）数字化和网络化必然导致商业的"全球化"。现代商业活动借助于 Internet 已超越了国家与地区的地理限制，国际市场和国内市场不再有明显的界限，国内竞争与国际竞争也不再有明显的区别。"全球化"一方面给企业提供了更多的商机，同时也使企业面临着严峻的挑战。由于不同国家和地区的同类商品都可以在 Internet 上展开激烈的竞争，"优胜劣汰"的法则体现得更加充分，伪劣商品和落后企业必然会被淘汰出局。

5）自动售货机、无人售货店和智慧型无人商店将越来越普及。在公园、车站、广场等公共场所设置自动售货机，既方便顾客购买，又可减少人工管理，降低成本。自动售货机在发达国家应用较广，我国使用的数量还不多，但正在加快推广步伐。据报道，大连市在几年前就建立了中国第一家大规模制造和销售自动售货机的中外合资企业，到 2008 年，年生产能力已达到 5 万台以上，大连也作为应用自动售货机的样板城市，设置了数千台自动售货机。

简单的无人售货店是由自动售货机组合而成的顾客自助型商店。在一个不大的营业面积中排列若干台自动售货机，就可以销售较多品种的商品。

智慧型无人商店是一种全自动的高科技无人销售商店（见图 3-108）。简单地说，智慧型无人商店实际上就是数字化、网络化、智能化的自动销售系统，不仅有各种自动销售设备和安全监控装置，而且还有 POS 系统、后台的管理系统 BMIS。商店的屏幕上会显示当天可供应的商品品种、外观、价格和有关的商品介绍，顾客选好商品后既可以用现金，也可以用银行卡支付。若有任何问

图 3-108　一家智慧型无人商店

题，顾客可只需要按下"客服按钮"，便会连通后台的"客服中心"，工作人员会解答顾客的问题。后台管理系统可以自动获取商店自动售货机的销售情况，并通过电子订货系统自动进行采购和补货。这种无人销售商店是一种较理想的销售模式，目前在美国、日本等经济发

达国家已经有一些这种商店的雏形了，而且正在加速推广。

综上所述，发展电子商务和商业自动化是中国商业走向现代化的必由之路。事实证明，在商业领域推行电子商务和商业自动化具有巨大的优越性。ECR、POS 系统、BMIS 系统、电子商务的应用将使商业企业的经营管理更加合理、效率更高、市场更广阔，会给商业企业带来明显的效益，同时也是企业提高竞争力的关键。

随着我国信息基础设施的逐渐完善和相关技术的成熟，中国电子商务及商业自动化的前景将充满光明。

3.12 自动化应用面临的挑战与展望

前面介绍了一些自动化科学与技术的典型应用情况，从中可以看出自动化的应用领域是非常广泛的，如今的自动化早已从主要面向工业生产和国防建设扩展到了能源、环境、交通、建筑、经济、管理、家居等领域。与此同时，伴随着信息技术的快速发展，新概念、新技术以及新问题不断涌现，自动化应用在深度和广度上也不断拓展，一方面给自动化的发展提供了前所未有的机遇，同时也使自动化面临着众多的挑战。

涉及自动化应用的问题和挑战不胜枚举，自动化应用的发展方向也数不胜数，下面只能突出重点，围绕几个较重要的方面进行简要介绍。

3.12.1 自动化应用面临的问题和挑战

1. 综合自动化系统的整体水平有待提高

目前很多应用领域的自动化系统都在朝综合自动化方向发展，无论是应用于工业生产，还是应用于国防、电力、交通、建筑、家庭等，自动化系统的目标都是要把管理功能和控制功能结合起来，实现"管控一体化"。就一个生产企业而言，综合自动化涉及了产品的全生命周期，包含市场分析与决策、原料采购、产品设计、产品生产、产品销售、产品配送、资金结算、售后服务、客户服务等多个业务过程和相应的自动化子系统，各个环节和各个子系统既相对独立又相互关联、相互影响。综合自动化需要所有这些子系统有机地结合起来，而不是简单地组合起来，使其能真正融为一体，形成一个平稳、协调运转的大系统。这是一个相当艰巨的任务，同时也是一个渐进的过程，不可能一蹴而就。可喜的是，目前已经有一些知名的自动化系统生产厂家推出了一些综合工业自动化系统的成套产品和完整解决方案，但还不够完善，很多方面有待改进，离全面和深度融合尚有一定距离。另外，虽然综合自动化在工业、军事、电力、交通等一些领域已经有所突破，取得了引人瞩目的成就，但还有很多其他领域，如楼宇自动化、家庭自动化、农业自动化等还处于发展的初级阶段，需要加大投入，逐步完善和推广。

综合自动化具有广阔的发展前景，但综合自动化系统的设计、构建和实施是一项复杂的系统工程，涉及众多的技术领域，需要不同专业背景的科技人员和管理人员共同参与、统一认识和更新观念，同时还必须在很多关键技术上深入开展研究，主要有以下几个方面。

（1）综合自动化的体系结构

体系结构是指系统的组成要素以及它们之间的关系。通过对体系结构的研究，可以提供一套完整的、共同的和一致的理念与方法，用来指导对综合自动化系统进行规划、设计、实施和运行。体系结构不仅是一个技术问题，而且也是理论和方法学问题，是规划设计综合自动化系统要首先确定和解决的问题。目前在有些领域已经产生了一些体系结构的总体框架并得到广泛应用，如机械制造业的 CIMS、军事指挥的 C⁴I 系统等，但在其他很多行业和领域，还没有一个被普遍认同的方案。

（2）信息集成技术

各种不同类型信息的集成是实现综合自动化的基础。随着信息技术的应用，任何系统内部和外部都随时在产生大量不同类型的信息，包括不同结构、非完整的以及冗余数据。为了很好地利用这些信息，必须根据系统的特点和对信息的需求建立能实现信息共享的信息集成平台，提供数据处理服务，支持异构信息资源的互操作等。

（3）管理信息系统

综合自动化系统要实现综合集成和优化，就必须在信息集成的基础上实现管理和控制技术的集成，从而构成"管控一体化"的综合系统。目前，在很多领域对管理信息系统的开发与研究远远落后于其下层的控制系统，而且没有充分考虑控制系统的特点，难以发挥综合优势。管理信息系统的开发应在现代管理理念的指导下，将控制系统纳入整体框架，并结合不同行业的性质、特征、运行机制、工作环境、业务流程、组织机构的形式及相互关系等实现综合优化。

（4）检测与识别技术

综合自动化系统是一个复杂系统，一些反映运行状态或系统性质的数据难以直接测量，一些图像与物态需要实时识别，对大量传感检测装置获取到的信息需要进行综合处理，需要从海量信息中找出需要的内容等，这些都是用常规检测手段难以实现的。为此需要发展新型传感器及智能处理手段，进一步研究基于微处理器的软测量技术与虚拟仪表技术、多传感检测与信息融合技术、数据挖掘与知识发现、模式识别与图像处理等方面的内容，以提高信息的实时性和准确性，并扩大有用的信息源。

（5）决策支持系统

管理与控制的核心是决策。综合自动化系统包含大量信息，如何有效地利用这些信息，并自动完成分析、评估和决策，为决策者提供参考方案，这就是决策支持系统的任务。为此，需要对相关的资源、环境、质量、安全、成本、效益等建立相应的评估标准与评价体系，并在此基础上开发相应的决策支持系统，以保证实现系统的整体优化。

2. 复杂系统的研究尚处于探索阶段

复杂系统包括大型电力系统、综合工业生产系统、交通系统、社会经济系统、生物系统、人体系统等。特别是互联网的普及和系统的网络化更是加剧了系统的复杂性，即使一个原本很简单的系统也可以通过联网而转变为复杂系统。由于这一变化具有普遍性，迫使人们不得不正视复杂系统所带来的新的控制与管理问题。

在自动化领域，人们面临的系统越来越复杂、规模越来越庞大。从纵向看，系统包含了许多功能不同的层次；从横向看，系统分成了许多互联的子系统。例如，CIMS 等综合自动化系统就属于典型的复杂大系统，而且还是当前研究比较热门的"混杂系统（Hybrid System）"。CIMS 不仅包含了分析、设计、生产、销售等很多子系统，而且拥有连续与离散、模拟与数字、线性与非线性、定性与定量等各种不同性质、不同类型的部分。对这种复杂大系统仅仅依靠一般的数学方程和手段来进行描述和分析是远远不够的，再加上综合自动化所形成的复杂系统越来越趋向于把人的因素考虑进来，形成人机一体的复杂系统，由于人的个人意识也在起作用，这类系统更是难以用常规的数学方程来描述了，需要寻求新的思路和方法。

现有"大系统理论"的主要成果基本上是线性系统理论在具有复杂结构下的推广，远远不能满足上述复杂系统的研究需要，而"复杂系统理论"近年来虽然取得了一些进展，但尚处于探索阶段，离实际应用还有较大距离。目前比较明确的是，复杂系统问题一般不能采用单一的优化指标，有时甚至连确定一个量化的综合优化指标也很困难，而采用多层次、多目标的优化指标往往会造成多个甚至无数个解决方案。另外，由于系统本身所具有的复杂性，常常会遇到无法得到最优解决方案的情况。因此，对复杂系统的分析和求解不一定要追求最优方案，而应当接受有效解决方案的概念，而且还要接受一般情况下存在多个有效解决方案的事实。

面对上述复杂系统研究和应用上的挑战，国内外较普遍的看法是应当走智能化和综合集成的道路，综合运用人工智能和自动化的理论与方法，定性和定量分析相结合，在实践中探索，在探索中建立起理论体系，并反过来指导实践。

今后较长一段时间内，复杂系统的研究都将是一个极具应用价值和挑战性的方向。研究内容主要有：①复杂系统的结构、功能与行为；②复杂系统的建模与仿真；③复杂系统的定性分析方法；④复杂系统的控制与优化方法等。

3. 系统建模及其与系统分析、控制、决策等的结合问题

为了实现有效的管理和控制，离不开系统建模，建立恰当的系统模型是分析和研究系统的基础。系统模型若过于复杂，即使能精确地反应系统特性，但会给后续的系统分析、控制器设计、决策机制的确定等带来很大困难；反之若模型过于简单，则无法反映真实特性，基于这样的模型进行分析、设计和决策是不可靠的。因此系统建模不是一个独立的过程，应充分考虑控制和管理上的需要，在满足要求的前提下使模型尽量简单。

系统建模与控制及管理是一个相辅相成的过程，若模型可靠则必然能实现有效的控制和管理，而在控制和管理的过程中又不断加深对模型特性的了解，从而改进模型，反过来又会促进控制和管理水平的提高。

目前对于线性系统建模的研究和应用已比较成熟了，但对于时变、非线性、不确定动态系统、复杂系统等的建模方法的研究和应用成果不多，而且现有的建模和控制大多建立在数值分析的基础上。事实上人的思维有两种，一种是数值（定量）的，一种是文字（定性）的，后者常常含有更多的智能信息。人在进行控制和管理时并不一定需要知道精确的数字，常常只需要了解某些动态特征，例如系统响应快还是慢、是否会振荡、稳定度大不大等。因此在线或离线的定性建模、特征提取、行为分析就显得很重要了，对实现智能化的控制和管理具有重要意义。目前定性模型的研究虽然有一些初步的成果，如基于规则的模糊模型、经验模型、专家模型等，但尚不够深入和完善，而且综合考虑与控制和管理的结合问题也远远不够。

定量模型和定性模型各有优劣，如何把两者结合起来、加以综合运用，并结合控制和管理的需要尚待深入研究。总而言之，对建模与控制、管理的关系要有新的考虑、新的突破。

4. 先进控制策略的推广应用

控制方法和控制策略是自动控制系统的灵魂。传统的 PID 控制已有 100 多年的历史，至今仍占统治地位。在一个网络化的自动控制系统中，往往有 85% 以上是简单的 PID 控制，有 5% ~ 10% 是包含了多种方式的复合控制，而先进控制系统的比例只有 5% 左右。究其原因，主要还是 PID 控制简单实用，实施简便，容易为工程技术人员所接受。然而随着控制系统规模的日益扩大、复杂程度的不断提高，很多情况下简单的 PID 控制已不能满足要求，或者即使能满足要求，但并不能获得很好的效果，例如，大型发电机组作为控制对象十分复杂，发电过程存在着大延迟、强耦合、非线性和大量的未知干扰，使得锅炉燃烧过程的控制、大范围变工况时的过热汽温及再热汽温的控制等用传统控制策略很难获得满意的控制效果，目前多种先进控制策略和方法已逐渐开始应用于这些领域。

先进控制策略是一个统称，一般指控制性能优于 PID 控制、而且必须借助于计算机来实现的一类控制算法，如自适应控制、预测控制、鲁棒控制、最优控制、智能控制等。现代的自动化系统绝大部分都已实现了数字化或计算机化，这就给先进控制策略的实施提供了良好的平台。就实施的难易程度而言，在计算机中以软件（控制算法的程序）的形式实现先进控制或 PID 控制并无本质差别；就控制效果而言，先进控制会明显优于 PID 控制。对一个生产企业来讲，采用先进控制可以显著提高生产效率、改善产品质量、降低生产成本，从而创造出巨大的经济效益。

尽管要让第一线的工程技术人员完全理解先进控制策略的原理有一定难度，但现在国内外已有几十家专门从事先进控制应用的公司，推出了上百种先进控制和优化软件产品，工程技术人员并不需要完全搞懂其原理就能够很方便地使用。这就好比很多人并不懂计算机的原理，却能得心应手地使用计算机一样。因此，大力推广和应用先进控制策略不仅切实可行，而且对全面改善系统性能、提高自动化水平、实现国家倡导的节能减排降耗以及提高资源利用率等都具有十分重要的意义。

5. 自动化在很多领域的应用水平急待提高

自动化在工业、军事等很多领域已经取得了巨大的成功，但仍有不少领域需要深入开展研究，拓展应用范围，提高应用水平。下面举几个这方面的例子来说明。

家庭自动化由于实施成本的问题，基本上还停留在单机自动化水平上，虽然已经出现了具有网络接口的冰箱、空调等"信息家电"产品，但还难以实现不同系统的互连和组网，要推广和普及网络化的控制系统尚需时日。另外，目前很多所谓的"智能小区"和"智能建筑"不过是配备了电话、电视和计算机接口以及低水平的门禁系统而已，离真正的智能自动化还差得很远。例如在节能降耗方面，自动化大有"用武之地"，可以使房间内和建筑公共部位的照明根据光线和有人无人自动调光和开关、空调在无人时自动调到节能模式、百叶窗根据太阳光强度自动调节角度和自动升降等；通过建立计算机能源管理系统，可以统一控制和管理所有的能源使用设备，实现最大限度地节约能源。

在农业自动化方面，发达国家早就提出了"精准农业"的概念以及相应的实施方案，开发了种类繁多的农业自动化设备和系统，包括遥感遥测系统、环境监测系统、地理信息系统、GPS 定位系统、农业专家数据库、自动灌溉系统、自动化的农业机械和机器人、自动化饲养设备、工厂化蔬菜生产、网络化管理系统等。我国也有不少这方面的研究成果，但推广应用还远远不够，大部分地区还停留在机械化的水平上，有些地方甚至连"机械化"也谈不上，仍采用较原始的耕作方式。因此要提高农业的生产效率、实现农业自动化还有较长的一段路要走，同时也说明农业自动化具有广阔的发展空间。

　　煤矿自动化是实现煤矿高效安全开采的关键技术之一，我国是产煤大国，在一次能源构成中煤炭约占75%，但由于煤矿的生产环境恶劣，瓦斯与煤尘爆炸、水灾、火灾、冒顶等事故都对安全生产构成严重威胁，而且现代科技的推广应用远远滞后于需求，因而煤矿自动化的总体水平一直不高，不仅落后于发达国家10多年，而且还大大落后于其他行业，再加上法律法规和监管上存在的种种问题，造成煤矿事故频繁发生，人员死亡率远远高于美国等发达国家。美国的煤矿每百万吨死亡率在0.04以下，全世界的平均水平大约是1.6，而我国则是世界平均水平的2.3倍左右，这充分说明了煤矿安全生产形势的严峻性。

　　美国煤矿安全事故很少的一个重要原因就是在煤矿业不断推广和采用新技术，例如，各种传感检测、故障诊断、模式识别、计算机模拟、虚拟现实等现代信息技术的广泛采用增强了煤矿开采的计划性和对安全隐患的预见性，可以大幅减少煤矿挖掘中的意外险情；通过机械化和自动化煤炭采掘和输送，提高了工作效率，减少了下井人员数量，也就减少了容易遇险的人员数量。

　　我国的煤矿自动化虽然已逐步开发和完善了局部生产环节的自动化系统，并向全矿井综合自动化方向发展，但主要应用于较大型的煤矿，大量中、小型煤矿的自动化水平还非常低，有些甚至完全没有自动化设备。尊重人的生命是第一位的，煤矿自动化的首要任务应当是保证人员安全，需要建立和健全煤矿安全监控系统。除此之外，煤矿自动化还包括采掘机械自动化、运输提升机械自动化、管理自动化等内容。我国煤矿自动化的现状还远远不能满足煤矿企业高效安全生产的需要，应当不断利用新技术、新手段完善和提高煤矿生产的自动化水平，最终实现煤矿开采作业的全自动化、机器人化以及控制和管理的综合集成化。

　　在交通运输自动化方面，对智能交通系统（ITS）的研究已有40年左右的历史，在欧美等发达国家已有较高的应用率，如美国的ITS应用率高达80%，但在我国的推广应用还远远不够，很多城市的信号灯控制还停留在定时切换的传统方式上，交通诱导和疏导主要还是靠警察的现场指挥，大量公路收费站还依靠人工收费等。我国的ITS发展起步较晚，20世纪70年代开始ITS的研究和应用，后来北京、上海等大城市引进、消化并开发了一些交通信号控制系统和综合管理系统，在一些高速公路和高等级公路上安装了电子收费系统、监控系统和信息服务系统，1999年成立了"全国智能交通系统（ITS）协调小组"，2000年完成了中国ITS体系框架研究和标准规范的制定，很多城市已经开始了以智能控制和综合管理为手段、以实现"一路绿波"为目标的城市交通系统的改造和升级，并初见成效，但要全面实现交通自动化，还需要加大资金投入，在技术上有所突破。目前应当进一步细化和完善ITS的发展标准，针对我国汽车、非机动车、行人混行的特点，完善城市交通的控制与管理系统，大力发展基于GPS定位和计算机调度指挥的公共交通系统、快速货运系统、信息服务系统等。

6. 网络化控制系统的现场总线技术标准有待统一

　　现场总线是安装在现场仪表、控制装置与更高层自动化设备之间的数字式、双向传输、多分支结构的通信网络，现场总线使测控设备具备了数字计算和数字通信能力，提高了信号的测量、传输和控制精度，改善了系统与设备的功能和性能。

　　基于现场总线的控制系统FCS将系统的控制功能彻底分散到现场设备中，简化了系统结构，提高了系统的可靠性，降低了开发成本，是全分散、全数字化、全开放和可互操作的新一代自动化系统。FCS可以实现现场设备的智能化，通过现场仪表就能实时地获取运行状态和故障信息、处理各种参数、直接进行调节和控制等，给传统网络控制系统的体系结构带来了革命性的变化。

然而作为 FCS 核心部分的现场总线技术却一直没有统一起来，国际电工技术委员会（IEC）从 1985 年起就致力于推出世界上单一的现场总线标准，但并没成功，于是出现了"群雄争霸"的局面，产生了数十种标准。经过努力，到 2000 年 IEC 才在公布的 IEC61158 标准中将现场总线标准压缩到 8 种，还是没有实现统一。多种现场总线标准并存的局面将会持续较长一段时间。

不同的现场总线标准有不同的通信协议，且互不通用，阻碍了 FCS 的推广应用，增大了使用成本，并给用户带来了诸多困惑和不便。解决途径一方面是力争尽快地"一统天下"，另一方面是让自动化系统不再局限于支持某种特定的现场总线，而是着眼于设备信息集成，给用户以选择不同类型设备的自由。目前的一个发展趋势是利用统一、开放的 TCP/IP 通信协议和以太网（Ethernet）标准，使现场总线技术与工业以太网结合起来，最终实现"e 网到底"。

工业以太网已成为现场总线中的主流技术和焦点，国际上有多个组织从事其标准化工作。当前主要在研究应用于工业控制现场的高速以太网关键技术，开发基于以太网技术的现场设备、网络化控制系统和相应的系统软件。从目前的情况看，以太网技术可能是未来控制网络的最佳解决方案，以太网一直延伸到企业现场设备（即控制层）是控制网络发展的必然趋势。

7. 控制系统网络化带来了新的挑战

控制系统网络化不仅使系统成为复杂系统，而且还产生了一系列必须面对的新问题。这里重点谈一下与 Internet 相关的问题。

基于 Internet 网络的控制系统已成为近年来的研究和应用热点，它主要具有如下 4 个方面的优点：

1）网络设施是现成的，能以较小的信息传输代价实现远程操作和远程控制。

2）可以利用网上大量的计算资源，包括各种软件、没有满负荷运行的微机和处理器等。

3）基于网络的分布式控制可以突破地域的限制，并不同程度地减少中间环节的信息处理设备，降低控制成本。

4）可以实现从决策管理层、规划调度层到现场设备层的全系统控制和全过程综合优化。

基于 Internet 的控制系统在具有很多优点的同时，它的缺点也是显而易见的，利用 Internet 来传送控制和反馈信息存在可靠性差的弊端，主要体现在如下 4 个方面：

1）网络在传输数据的过程中，会造成较大的传输延迟，而且传输延迟的大小不确定或不相同。

2）对信号的等间隔采样经网络传输后将变得不再等间隔，而现有成熟的控制理论是基于等间隔采样的。

3）信号在传输过程中可能丢失或被修改（涉及网络安全问题）。

4）与时间相关的信号序列在传输过程中顺序会发生变化，即后一时刻的信号先传到，前一时刻的信号后传到。

由于信息在传输过程中存在上述问题，给分析和设计控制系统带来了新问题和新挑战，在现有的理论体系和方法中是找不到现成答案的，必须有所创新、有所突破。目前在网络化控制系统的研究方面，虽然已取得了一些进展，有了一些初步的应用，但总的来讲还处于探索阶段。相关的研究内容主要有如下几个方面：基于网络的控制系统的性能分析，包括稳定性、鲁棒性等；基于网络的算法收敛性；网络拓扑结构的优化；网络的拥塞控制与路径分配算法；嵌入式网络计算资源的高效调配协议与算法等。

3.12.2 自动化应用的前沿领域和发展趋势

1. 基于 PC 和以太网的分布式控制系统将成为工业自动化的主流

工业自动化主要包含 3 个层次，从下往上依次是基础自动化、过程自动化和管理自动化，其核心是基础自动化和过程自动化。自 20 世纪 70 年代可编程序逻辑控制器（PLC）和分布式控制系统（DCS）问世以来，发展极其迅猛，已经成为工业自动化系统的主流产品，但长期以来，各个厂家的 PLC 和 DCS 产品都属于专用的系统，有各自的总线标准、通信标准、编程软件和运行支持软件，开放性较差，致使用户长期依赖某一厂家的产品，损害了用户的利益。用户要求是开放的、多厂家产品的集成。在这种形势下，以 PC（个人计算机）为基础的分布式控制系统开始崭露头角，进军工业自动化的领域。

在开放和集成这两个方面，目前流行的 PLC 和 DCS 是无法与基于 PC 的分布式控制系统相比的。PC 具有开放的体系结构和无与伦比的市场占有率，形成了极其强大的市场产品支持和技术支持。由于基于 PC 的控制系统被证明可以像 PLC 一样可靠，并具有很多高级功能，易于安装使用，维护成本低，因此近几年来，PC 技术迅速地渗透到工业控制领域，其作用已由最初的人机界面装置过渡到可以覆盖从现场设备的 I/O、基础自动化、过程控制直至生产管理的全部工厂自动化领域。

另一方面，以太网在世界范围的局域网市场上处于领先地位，市场份额超过 80%，特别是近年来，由于 Internet 通信协议 TCP/IP 已成为事实上的工业标准，工业自动化系统中越来越多地采用工业以太网。工业以太网是一种开放式、多供应商、高性能的区域和单元级网络，其实质是在开放的以太网协议基础上再各自定义了用户层协议。值得注意的是以太网由于极好的开放性和使用方便性，正在成为现场总线的一种标准。

由于以 PC 和工业以太网为基础的自动化系统具有一系列优点，因此各个 PLC 和 DCS 的生产厂家正在吸取 PC、现场总线和工业以太网的技术成果，改造自己生产的 PLC 和 DCS，使其越来越 PC 化，并大多配置了以太网标准接口。总的来看，PLC 将不断向开放式控制系统方向转移，基于 PC 的 DCS 将朝小型化、多样化和开放性方向发展。

曾经有不少人预言，现场总线控制系统（FCS）将取代 DCS，但事实上两者在走向融合。目前以 PC 为基础的 DCS 向下可兼容多种现场总线、现场仪表及其他数字化设备，向上可与工厂管理网络相连。这样同时向上和向下的双向延伸，使来自生产现场的数据可以在整个企业内部自由流动，实现了信息技术与控制技术的无缝连接，从而形成测量、控制、管理一体化的自动化系统。

以 PC 为基础的分布式控制系统，不仅可以实现基础自动化级的控制，而且由于客户机/服务器结构模式的出现，各种档次的 PC 既可以作为服务器也可以作为客户机，形成按区域或流程的 PC 群，通过网络构成管理和控制一体化的信息系统，不仅实现企业内部的互联和信息交换，而且可以同客户、管理部门、金融业等信息系统互联，形成作用范围更广的全球化信息系统。

目前，以 PC 为基础的分布式控制系统正以每年约 160%的速度增长，按照国际电工技术委员会（IEC）的估计，以 PC 为基础的分布式控制系统已经占到工业自动化系统的 60%以上，成为主流的产品，工程造价已大幅度降低，系统的开放性和互联性、软件的模块化和标准化也大大提高。

2. 综合自动化发展前景广阔

综合自动化系统包括计算机集成制造系统（CIMS）、集散控制系统（DCS）、计算机集成过程系统（Computer Integrated Processing System，CIPS）等。CIMS 主要应用于机械制造业，而 DCS 和 CIPS 则主要应用于石油、化工等过程工业，但这种区别现在已不明显，很多石化生产企业也采用了 CIMS，而很多过程工业以外的企业也采用了 DCS。事实上，这些综合自动化系统的界限已并不明显，共性的东西越来越多，其共同具有的最大特点就是多种技术的"综合"与全企业信息的"集成"，体现了信息时代企业自动化发展的方向，具有非常广阔的发展前景。

CIMS 通过计算机技术把分散在产品设计、制造过程中各种孤立的自动化子系统有机地集成起来，形成适合多品种、小批量生产的集成化和智能化制造系统，可实现"柔性制造"、"敏捷制造"和"精良生产"，最终提高企业的整体效益。现代 DCS 已经较普遍地采用工业 PC 作为其操作站或节点机，构成通用工作站，并结合开放式的互联标准和通信协议，有效地克服了以前开放性差的弊端。CIPS 在体系结构上与 CIMS 类似，被称为"过程工业中的 CIMS"，并兼有 DCS 的一些特征。

无论上述哪种自动化系统，都实现了数字化、网络化和智能化，都体现了综合集成的概念，都包含了功能丰富完善的组态软件、各种各样的管理软件和先进的控制软件包等，而且其功能不断扩展、内涵不断延伸，从企业内部延伸到企业外部，也就是从企业资源计划向供应链、电子商务发展，从企业内部的经营决策扩展到相关企业间的合作与协调等。

另外值得一提的是，近年来随着网络与综合集成技术的发展，产生了工厂软件（Plant Software）和制造执行系统（MES），即生产过程控制系统与管理系统的集成技术，对推动综合自动化系统的发展和应用具有重要意义。工厂软件是在企业信息集成软件技术链上，位于常规意义的控制软件和管理软件之间、以核心工业过程的优化为目的的一系列应用软件。工厂软件是位于企业信息集成系统 3 层结构中的中间层的应用软件系统，包括实时数据库、历史数据库、数据发布、数据挖掘、模型计算、过程仿真、配方设计、运行优化、参数检测、偏差分析和故障诊断等内容。工厂软件向下可以为控制软件提供智能的决策，向上可以为管理软件提供有价值的数据。工厂软件建立在实时数据库和关系数据库平台上，运行在 Internet/Web 应用网络环境之上，是实现综合自动化的重要一环。

据预测，到 2030 年，80%以上的美国企业都将实现综合自动化。我国的综合自动化近年来也取得了很大进展，全国已有一大批企业进行了试点，实施了示范工程，并正在向更多的企业推广，涉及机械制造、石油化工、电子产品生产、制药、造纸等众多行业，对提高我国工业的整体水平起到了重要作用。

3. 从追求"无人化"向人机结合的综合自动化发展

传统自动化追求的目标是"无人化"，而新的自动化则追求"智能自动化"和"综合自动化"，希望达成人和自动化系统的和谐统一。现代自动化系统无论如何高明，其综合智能水平也无法与人相比，因此，人作为具有高级智慧的生命个体，应成为广义自动化系统的重要组成部分，充分发挥其在自动化过程中的作用，同时还要考虑其他与自动化系统相关的人员因素。对于一个生产企业来讲，自动化的范围不仅要从传统的仅仅考虑机器、设备和生产过程扩展到现今的全厂范围内的原材料供应、资金运作、资产优化、市场销售、综合效益等，还应考虑自动化系统的运行和管理人员、相关的组织机构和决策者、产品推销人员、供应商、客户等多种因素。

对于一个较复杂的系统，追求完全的"无人化"不仅意味着很高的成本、很大的代价，而且通常没有必要，同时在技术上也常常无法实现，或即使能够实现，能达到的整体智能化水平也不高。因此人与自动化系统的有机结合将成为自动化应用的发展方向。

4. 各种自动化手段相互借鉴，各种自动化系统相互融合并走向开放

单片机、工控机、PLC、数字信号处理器（DSP）、嵌入式系统、机电一体化、数控系统、CIMS、DCS、现场总线与FCS、工业以太网与基于PC的分布式控制系统等都是目前很活跃、很流行的技术，都有各自的产生背景和发展历程、各有特色、各有适宜的应用范围和领域。在今后相当长的一段时间内，这些技术都将继续发挥各自的优势、彼此共存、相互竞争、共同发展，但同时也会相互学习、相互促进、相互借鉴、相互渗透和融合，使彼此之间的界限越来越模糊，并逐渐走向融合、集成和开放。这是发展的大势所趋，既适应了实际的需要和发展的需要，也是技术发展的必然。例如，PLC正越来越PC化，或者说PC增加一些PLC特有的功能就成了PC化的PLC；现代的计算机数控系统已经融入了嵌入式系统和机电一体化的概念；单片机、DSP、工控机、嵌入式系统在功能上越来越接近，在很多应用场合可以相互取代；DCS、FCS以及基于PC的控制系统正在走向融合；原来开放性较差的PLC、DCS、数控系统等无论在硬件还是软件方面都越来越开放。

5. 传感与检测技术向微型化、数字化、智能化和网络化方向发展

自动化系统一般包含传感与检测、通信、控制、执行等环节。传感器的作用是获取信息，是反馈系统的信息源头。随着各种自动化系统的规模和复杂性不断增加，需要获取和处理的信息量越来越大、种类越来越多，因此迫切需要开发各种先进的传感与检测技术。近年来，微电子、微机械、新材料、新工艺与计算机、通信技术的结合创造出新一代的传感器与检测系统，其主要特点是微型化、数字化、智能化和网络化。

微型化是指敏感元件的体积小，其尺寸一般为微米级，是由微机械加工技术制作而成的，包括光刻、腐蚀、淀积、键合和封装等工艺。通过将微结构与特殊用途的薄膜和高性能的集成电路相结合，已成功制造出各种微传感器和多功能的敏感元件阵列，能够检测诸如力、压力、加速度、角速率、应力、温度、流量、成像、磁场、湿度、pH值、气体成分、离子和分子浓度等变量。

数字化和智能化是指以专用微处理器控制的具有双向通信功能的先进传感器系统，微处理器按照给定的程序对传感器实施控制，并对检测信息进行处理，使传感器从单功能变成多功能，包括自补偿、自校正、自诊断、远程设定、状态组合、信息存储和记忆等功能。

网络化包含两层意思，一是指现代传感与检测装置很多都具有联网和通信功能，二是指可以将很多传感器相互连接，组成传感器网络或传感器阵列，这些传感器可以相同或不同，可以分布在相同或不同的区域。例如，在被测量或被识别的目标具有多种属性或受多种不确定因素干扰的情况下，使用网络化的多种传感器协同完成共同的检测任务便是必然的选择，由此而衍生出的多传感器信息融合技术已成为当前的研究热点。

近十年来传感与检测技术发展非常迅速，已出现了很多种新型传感器、新型检测手段以及内置 CPU 并具有网络功能的智能检测装置，包括无线传感网络、虚拟仪表（用软件方式实现仪表的功能）、软测量技术（通过软件，由可测变量计算出不可测变量）等，并获得广泛应用。目前传感器领域较重要的研究方向有：

1）改善和提高微传感器的性能。

2）提高微传感器的集成度，微传感器、微电子系统以及微执行器可能全部制造在一个芯片上形成单片集成，构成一个闭环系统。

3）传感器的阵列化，利用同类传感器组成阵列，可比单一传感器大幅度提高测量的可靠性和准确性；不同类型的传感器组成阵列，可获得一个功能优良的检测和控制单元，如在发动机中，可把气体压力、温度、湿度传感器制成一个阵列单元，并根据检测信息控制发动机，以实现最佳的燃烧过程。

4）分布式单元和智能结构，例如把微机电系统阵列单元（微传感器 + 微执行器 + 专业集成电路）嵌入飞机机翼中，便可连续地对机翼振动、应力和结构完好性等多种状态实施监测和处理。

5）开发各种新型传感器，利用现代物理学、生物电子学、纳米电子学以及各种新材料、新工艺等探索和发现新的传感原理，研制新的传感器件。

6. 虚拟技术在自动化系统中的应用将会越来越普遍

虚拟技术主要包括"虚拟现实（Virtual Reality）"技术和"虚拟仪器（Virtual Instruments）"技术。两者的提出和研究都已经有 20 多年的历史，但应用于自动化领域则是近年来的事情，而且还处于不断发展与完善过程中。

虚拟现实技术是基于三维计算机图形技术与计算机硬件技术发展起来的高级人机交互技术，让用户通过视觉、听觉、触觉、甚至嗅觉和味觉等多种知觉方式虚拟地与计算机所构建的仿真环境发生交互。比如，进入"虚拟房间"、拿起"虚拟茶杯"、操纵"虚拟汽车"等。借助带显示器的数字头盔、数据手套、定位器、跟踪器等外部设备，人们就可沉浸在仿真环境之中，有"身临其境"的感觉，从而完成在现实世界中可能或不可能完成的工作。

在自动化系统中，借助虚拟现实这一拟人化的人机交互方式，可以构建一种有临场感的、更直观友好的前台信息监控界面。这样，监控中心的工作人员或远程用户可以借助网络和虚拟环境身临其境地考察某一局部的生产过程或整个企业的运营情况。现场用户还可通过对虚拟对象的多层次监视和诊断，得到甚至连现场摄像也无法得到的内部状态的三维可视化造型，从而更直观、便捷地监视和操作底层的现场设备。在制造业，虚拟现实技术已被成功应用来进行虚拟设计、虚拟实验、虚拟装配、虚拟生产等，如波音 777、787 客机的设计和制造过程就大量采用了虚拟现实技术。这项技术还可应用于服装、建筑、交通、军事、计算机等很多领域。微软公司也正在研究如何利用虚拟现实技术来改进 Windows 可视化界面，这项研究的成功将会影响到千家万户。

虚拟现实中还有一种称作"增强现实（Augment Reality）"的技术。它是一种"虚实结合"的人机交互技术，可以将计算机生成的图像（虚体）叠加在实物（实体）之上，能看到物理世界与虚拟世界的混合体。例如，轿车整车装配时，车身是计算机产生的图像，而底盘、装配环境则是实物，用户可以操作车身使之逼真地安放在真实底盘上，从而进行装配分析。这种技术发展也很快，并有很多实际应用，发展前景良好。

虚拟仪器的概念是1986年由美国国家仪器公司（National Instruments）首先提出来的。虚拟仪器是利用高性能、低成本的模块化硬件及驱动软件，通过以计算机为核心的硬件平台，用软件实现测量和控制的一种仪器系统。传统仪器的功能和操作面板是由厂家固定好的，用户只能根据自己的需要进行选用；而虚拟仪器的功能和虚拟面板则是通过软件实现的，因此可以由用户自己进行定义，非常灵活方便，一台虚拟仪器的作用可以相当于多台传统仪器。虚拟仪器应用于自动化领域将对传统的工业测控系统产生巨大的影响。

虚拟仪器的优越性主要体现在下面几个方面：

1）功能强大，设置灵活。利用计算机卓越的信息处理和I/O功能，可以实时地进行数据和信号的存储、分析、处理和传输。

2）扩展性强。"软件就是仪器"是虚拟仪器的重要标志，它的扩展和升级只需更新少量的测量硬件并适当调整软件。

3）开发简单。通过简单直观的编程方式、众多的设备驱动程序、多样实用的分析表达和支持功能，可使用户轻而易举地完成配置、创建、发布、维护和修改，是实现高性能、低成本测量与控制的理想解决方案。

4）无缝集成。虚拟仪器软件的高效率来自软件与硬件的无缝集成，用于测试、测量和控制系统的虚拟仪器软件还包括各种应用广泛的I/O功能，可帮助用户轻松地集成多个测量设备，减少系统的复杂性。

由于基于虚拟仪器构建的工业控制系统具有控制性能优良、设备使用灵活、系统开发方便、经济效益突出等优势，因而特别适合应用于复杂的工业现场。基于虚拟仪器的控制系统的出现代表着以硬件为主的传统测控系统向以软件为主的测控系统的根本性转变，它实现了软硬件的无缝集成，是电子测量技术与计算机技术深层次的结合，是具有良好发展前景的新一代测控系统。

7. 多智能体技术正在兴起

很多人类活动都涉及多个人构成的社会群体，每个人各有分工，相互配合、协同工作，共同来完成一件事情。与此类似，工程上也需要多个具有一定智能的设备、装置或程序软件通过协调和协作来共同完成一项任务，这就是所谓的"多智能体技术"。

"智能体（Agent）"是人工智能与智能自动化领域的一个术语，是美国在20世纪80年代提出来的。简单地讲，智能体就是具备一定智能的个体，它可以是一个机器人或其他智能装置，也可以是机器人中的某个子系统，如语音识别子系统、环境识别子系统、规划决策子系统、自主移动控制装置等。智能体一般具有知识、目标和能力。知识主要包括领域知识、通信知识、控制知识等；目标可以根据变化情况分为静态目标和动态目标，目标的获得可以通过多种方式，如算法编入或通信输入等；能力是指智能体具有学习、推理、决策、规划和控制等能力。

多智能体（Multi-agent）系统是由多个相互关联的单智能体组成的集合，通过统一协调和相互配合来协同地完成一个任务或求解一个问题。例如，将每个机器人看作一个智能体，建立多智能体机器人协作系统，可实现多个机器人的相互协调与合作，完成复杂的并行作业任务；也可以将某个机器人中的多个子系统分别看作智能体，每个智能体都有各自的目标和任务，通过相互协调和信息共享，才能有效地完成总体任务；在制造系统中，各个智能化的加工单元可看作智能体，从而使加工过程构成一个多智能体制造系统，完成加工任务的监督和控制。研究和构建多智能体系统的目的就是把多个单智能体有机地组织起来，完成单个智能体无法完成的任务。

多智能体系统的主要研究内容包括：多智能体系统的体系结构、多智能体系统间智能体的通信、多智能体系统间的协调和协作、基于多智能体的分布式智能控制或智能决策系统等。由于多智能体系统一般工作在复杂动态实时环境下，需要在时间和资源有限的情况下，进行资源分配、任务调配、冲突解决等协调工作，因而智能体间的协作与协调是多智能体系统完成好任务的关键。

多智能体技术是人工智能技术的一次质的飞跃，是目前智能自动化领域中最重要的研究方向之一。尽管多智能体技术的研究和应用还处于起步阶段，各方面都不成熟，但该领域的研究非常活跃，发展相当迅速，应用范围也在不断扩大，涉及许多领域，包括远程通信、网络管理、机器人、电子商务、知识表示、问题求解、规划与决策、人机界面等，是很有前途的一个研究领域。

8. 工业控制网络向有线和无线相结合方向发展

有线局域网以其广泛的适用性和技术及价格方面的优势，获得了成功并得到了迅速发展。然而，在工业现场，由于有一些工业环境禁止、限制使用电缆或很难使用电缆，这些场合有线局域网很难发挥作用，因此无线局域网技术得到了发展和应用。随着微电子技术的不断发展，无线局域网技术将在工业控制网络中发挥越来越大的作用。

在工业自动化领域，常常有成千上万的传感器、检测装置、计算机、PLC、读卡器等设备，需要互相连接形成一个控制网络，通过无线局域网技术可以非常便捷地以无线方式连接网络设备，工作人员可以随时、随地、随意地访问网络资源，是现代工业数据通信的重要发展方向。无线局域网可以在普通局域网基础上通过无线 Hub、无线接入站（Access Point）、无线网桥、无线 Modem 及无线网卡等来实现，其中以无线网卡使用最为普遍。无线局域网的未来的研究方向主要集中在安全性、移动漫游、网络管理以及与其他移动通信系统之间的关系等问题上。

计算机网络技术、无线技术以及智能传感器技术的结合，产生了基于无线技术的网络化智能传感器。这种无线传感网络使得工业现场的数据能够通过无线链路直接在网络上传输、发布和共享。无线局域网技术能够在工厂环境下，为各种智能现场设备、移动机器人以及各种自动化设备之间的通信提供高带宽的无线数据链路和灵活的网络拓扑结构，在一些特殊环境下有效地弥补了有线网络的不足，进一步完善了工业控制网络的通信性能。因此，有线和无线网络相结合代表了未来工业控制网络的发展方向。

9. 物联网与云计算的迅猛发展给自动化带来新的机遇

信息产业在经历了计算机和互联网两次浪潮之后，又迎来了第 3 次浪潮——物联网（Internet of Things）。物联网的意思是"物物相连的互联网"，属于互联网的应用拓展，将用户端延伸并扩展到了任何物体与物体之间的连接。物联网的首要目标是要广泛地获取连接物体的相关信息，其次是实现对信息的智能化处理和利用。具体一点讲，物联网主要通过无线传感、射频识别（Radio Frequency Identification，RFID）、红外感应器、全球定位等各种传感检测技术，按约定的协议，把任意物品与互联网连接起来，进行信息交换和通信，以实现智能化识别、定位、跟踪、监控和管理，从而赋予物体智能，实现人与物或物与物的沟通和对话。物联网整合了传感器技术、通信技术和信息处理等技术，实现了物理世界与信息网络的无缝连接，等同于传感网、通信网和应用系统的有机组合，能显著提高社会生产效能、促进全社会的信息化发展，是信息技术发展的又一场革命。

物联网的应用领域极其宽广，目前已在智能电网、智能交通、智能物流、智能家居、工业自动化、环境与安全检测、医疗卫生、金融与服务业、国防军事等领域有了一些初步应用，并出现了"农业物联网"和"车联网"等延伸概念。"农业物联网"关注于农业信息的整合，目标是实现对农产品从生产、流通到消费以及后续处理等全生命周期的联动监管，完善农产品的安全追溯体系，保障农产品安全可控。"车联网"通常是指利用先进的传感、网络、控制、智能化处理等技术，对道路和交通进行全面感知，实现人与车、车与车等多个系统之间数据的即时交互，以提高交通效率和保障交通安全。物联网的广泛应用为优化资源配置、实现信息的智能化共享提供了技术保障，同时也为建设"智慧工厂"、"智慧城市"乃至"智慧地球"提供了强有力的技术支撑。

随着在物联网中大规模应用传感器和电子标签，势必面临传感器节点测量或感知到的海量数据如何处理的问题，云计算（Cloud Computing）技术也就应运而生，并成为物联网发展的技术支撑和服务支撑。所谓"云"实际上是互联网的一种比喻说法，云计算是一种基于互联网的超级计算模式。在很多远程的数据中心里，成千上万台电脑和服务器联接成一片"电脑云"，共享的软硬件资源和信息可以按需求提供给用户的计算机、平板电脑、笔记本、智能手机、车载智能终端等设备，因此云计算甚至可以让一台普通计算机终端的使用者体验到每秒约 10 万亿次的运算能力。拥有这么强大的计算能力，就可以模拟核爆炸、分析和预测气候变化及市场发展趋势等。当然，云计算的目标并非仅仅是提高运算能力，其核心思想是要整合网上的所有资源给其中的每一个成员使用，包括对海量数据和信息的高速处理及利用，因此物联网和云计算的关系是相辅相成的，云计算的技术进步将会带动物联网产业更快地发展。

物联网与自动化是息息相关、难舍难分的。自动化系统包含信息采集、传输、计算、控制等环节，而物联网则是全面感知、可靠传递、智慧处理，二者是一脉相承的，物联网只是更加强调海量采集、无线传输和智能计算。因此基于物联网的自动化系统将能够更加广泛而充分地获取信息，以更为高速和智能化的方式处理和利用信息，实施更为精准的判断、决策和控制。物联网与云计算相结合将给自动化带来新的机遇和新的发展，物联网的发展将极大地促进自动化系统的网络化、智能化和综合优化。在工业自动化领域，通过物联网技术可以实现对工业全流程的"泛在感知"，并在此基础上实施优化控制、自动故障诊断与征兆预测、设备的自动检修与维护等，可以显著提高企业的综合自动化水平，实现精细化和精准化管理，达到提高产品质量和节能、降耗、减排的目标。物联网与工业自动化和先进制造技术相结合，将形成新的智能化的制造体系，并将引发制造行业一场新的技术革命。制造业从以往的产品竞争到现今的服务竞争，而物联网的引入又将引发技术的竞争，进而引发产业的升级优化。

近年来，全球很多发达国家纷纷制定了与物联网相关的信息化发展战略与规划，希望借助物联网来突破互联网的物理限制，实现无所不在的物联网络，我国也制定了相关的物联网发展规划，并正在积极研究和推进。在不远的将来，物联网将会像现在的互联网一样高度普及，世界上物物互联的业务将远远超过人与人通信的业务，物联网产业的市场规模将迅速增长，孕育着巨大的商机和市场空间。物联网产业的火爆发展，将给自动化领域带来不可阻挡的发展良机，把握物联网为自动化发展创造的新机遇，将为自动化行业带来新的飞跃。

第4章

自动化教育的内涵与体系

总体上看，自动化教育主要有3种类型：一是大学内面向大学生的课程学习教育；二是大学外面向中、小学生及一般民众的体验认识教育和科普教育；三是针对自动化工程技术人员的继续教育。大学阶段的学习是目前自动化教育的主体，具体又可细分为自动化专业、类自动化专业和非自动化类专业3种情况。对于自动化专业的学生来说，需要全面而系统地学习自动化的相关内容；对于"电气工程及其自动化"、"机械设计制造及其自动化"、"测控技术与仪器"、"过程装备与控制工程"、"探测制导与控制技术"、"轨道交通信号与控制"、"农业机械化及其自动化"等类自动化专业，则主要学习自动控制以及与各自领域密切相关的自动化知识；对于非自动化类的很多工科及管理类、经济类等专业，重点是学习系统、建模、控制和优化的知识；而反馈控制的思想和方法则几乎适合于所有专业，甚至有些学校要求所有理工科专业必须学习反馈控制的基本原理和方法。

近几十年来，自动化科学与技术的飞速发展使自动化学科发生了很大的变化，目前的自动化系统不仅普遍实现了"数字化"，而且很多还在此基础上实现了"智能化""网络化""管理控制一体化"以及"综合自动化"，从系统的分析设计到系统的运行维护都充分体现了自动控制、信息技术、系统工程方法、管理理念、相关应用领域技术等的综合集成。自动化学科的不断进步和演变，对自动化教育的教学理念、内涵、定位等产生了深刻的影响，使自动化教育的形式和内容都发生了很大的变化。无论在国内还是国外，自动化教育一个总的发展趋势是不断拓宽专业口径，增加体现发展主流的最新理论和技术的内容，除了加强"网络与控制""人工智能""智能控制""智能机器人""嵌入式系统""图形图像识别"等内容外，还突破了原来狭义的控制概念，增加了复杂产品设计过程的自动化、管理与决策过程的自动化、综合自动化等方面的内容，力求为学生今后的发展创造更大的空间。

4.1　国外自动化教育的现状及发展

纵观世界各国大学的学科及专业设置情况，自动化教育一般有两种模式：一种是专门设置了自动控制或自动化的学科、系及专业；另一种是将控制与自动化的内容融入到相关的学科、系及专业中，实行更宽口径的培养。前者的典型代表有中国、俄罗斯以及北欧的一些学校，如丹麦的 Aalborg 大学在电子系统（Electronic Systems）系设有"自动化与控制（Automation & Control）"专业；瑞典的 Lund 大学设有自动控制系和"自动控制（Automatic Control）"专业，瑞典的 Lund 理工学院（Lund Institute of Technology）则既有自动控制系，也有电气工程与自动化系，自动控制系面向全校开设自动控制和自动化方面的课程，而电气工程与自动化系则主要为"电气工程"和"机械工程"专业开设工业过程控制和自动化系统方面的课程。

即使在英国、美国、日本等一些国家，也有部分学校采用了第一种模式，例如，英国的 Sheffield 大学拥有自动控制与系统工程（Automatic Control and Systems Engineering）系，并号称是全英国最大的系，该系设有"系统与控制工程（Systems and Control Engineering）"专业；美国的华盛顿大学（Washington University in St. Louis）在电气与系统工程（Electrical & Systems Engineering）系就设有"过程控制系统（Process Control Systems）""控制工程（Control Engineering）"和"系统科学与工程（Systems Science and Engineering）专业；加州理工大学（California Institute of Technology）在工程与应用科学部设有控制与动态系统（Control and Dynamical Systems）学科，为全校开设该领域的辅修课程，并培养该领域的博士生；日本的东京工业大学在工学部设有控制与系统工程系以及"控制系统工程"专业，大阪大学在基础工学部设有系统科学系，拥有"控制工程"和"系统科学"专业。

然而，欧美的大部分学校实行的是后一种模式，也就是将自动化教育融入到更宽口径的学科和专业中，通常是放在"电气工程""电气工程与计算机""电气与电子工程"这一类系和专业中。这实际上反映了目前大学教育一个总的发展趋势，即专业面越来越宽，专业界限越来越淡化，学科的交叉综合越来越明显，本科阶段的人才培养越来越"通才化"。

虽然欧美的大部分学校没有专门设置自动化专业（实行按大类学科培养），但丝毫不影响自动化的重要性，也没有改变自动化所具有的重要地位。这些学校在电气、电子、计算机、机械、化工、航空等很多学科和专业培养计划中都包含了大量自动化和自动控制的内容，同时还面向全校的大部分专业开设了涉及自动化基本原理和方法的入门课程，例如，美国的麻省理工学院（Massachusetts Institute of Technology，MIT）设有电气工程系、电气工程及计算机科学系、工程系统学科（Engineering Systems Division）等，有关自动化的课程基本上都由这些系或学科开设，不仅面向本系的学生，同时也面向其他系的学生；美国斯坦福大学（Stanford University）的电气工程系也面向全校开设了很多自动化的课程，既有介绍入门性知识的课程，也有涉及前沿领域和最新研究方向的课程，而且范围之广，可以说几乎涵盖了自动化的所有领域（包括自动控制、检测、计算机网络、通信、信号与图像处理、人工智能、机器人等）。下面列举一些较具代表性的课程：

Signal Processing and Linear Systems（信号处理与线性系统）

Linear Dynamical Systems（线性动态系统）

Feedback Control Design（反馈控制设计）

Introduction to Control Design Techniques（控制设计技术概论）

Control System Design and Simulation（控制系统设计与仿真）

Optimal Control and Hybrid Systems（最优控制与混合系统）

Modern Control Design（现代控制设计）

Analysis and Control of Nonlinear Systems（非线性系统的分析与控制）

Advanced Nonlinear Control（高等非线性控制）

Introduction to Linear Dynamical Systems（线性动态系统概论）

Embedded System Design Laboratory（嵌入式系统设计实验）

Introduction to Computer Networks（计算机网络概论）

Introduction to Communication Systems（通信系统概论）

Introduction to Digital Image Processing（数字图像处理概论）

Probabilistic Systems Analysis（概率系统分析）

Object – Oriented System Design（面向对象的系统设计）

Advanced Topics in Computation for Control（关于控制计算的前沿话题）

Introduction to Computer Vision（计算机视觉概论）

Mathematical Methods for Robotics，Vision and Graphics
（针对机器人技术、视觉和图像的数学方法）

Digital Processing of Speech Signals（语音信号的数字处理）

Digital Video Processing（数字视觉处理）

Artificial Intelligence：Principles & Techniques（人工智能：原理和方法）

Probabilistic Models in Artificial Intelligence（人工智能中的概率模型）

Machine Learning（机器学习）

Information Theory（信息理论）

Adaptive Signal Processing（自适应信号处理）

Adaptive Neural Networks（自适应神经网络）

Global Positioning Systems（全球定位系统）

Radar Remote Sensing（雷达遥感）

Mobile and Wireless Networks and Applications（移动无线网络及其应用）

Wireless Sensor Networks Concepts and Implementation（无线传感网络的概念及实现）

Internet Routing Protocols and Standards（因特网路由协议和标准）

Multimedia Communication over the Internet（因特网上的多媒体通信）

Database System Principles（数据库系统原理）

Dynamic Programming and Stochastic Control（动态规划与随机控制）

Analysis and Control of Markov Chains（马尔科夫序列的分析与控制）

Approximate Dynamic Programming（近似动态规划）

Convex Optimization with Engineering Applications（凸优化方法及其工程应用）

Stochastic Decision Models（随机决策模型）

除了列举的上述课程外，斯坦福大学的电气工程系还开设了很多其他课程，例如电力电子技术、固态电子器件、集成电路的设计与加工、激光原理、光纤器件、计算机编译原理、操作系统、电磁场与电磁波、能源系统、环境科学等。

从上面介绍的情况看，有的学校采用第一种模式，单独设置了自动化领域的学科、系及专业，有的学校采用第二种模式，将自动化的内容融入到相关的学科、系及专业中，还有学校是两种模式兼有。但无论哪种情况，自动化教育在其专业教育中都占有重要地位，在与自动化关联性强的电气、电子、机械、化工、能源、航空等学科，自动化的课程还占有相当大的比重，区别只是不同的专业有不同的侧重点。

随着自动化研究领域的不断拓展和延伸，自动化学科不仅与计算机、网络与通信、图形图像处理、传感与检测等信息技术关系密切，而且横跨了多个学科，几乎涉及所有应用领域。自动化具有非常丰富的内涵，其自身就是一个相当宽口径的交叉学科。发达国家的高校无论是否单独设置了自动化专业，其相关专业基本上都是宽口径培养，强调宽基础、重实践以及综合素质的提高，特别注重培养研究与创新能力和获取新知识的能力。对于学生而言，专业面宽当然会拓展视野，增加选课的自由度，有利于学科交叉与综合，有利于培养复合型人才，但同时也会增加选课的难度。面对如此多的课程、涉及如此多的学科和领域，学生会不会感到迷茫、感到不知所措呢？

为了解决这个问题，很多大学都一方面针对本科生实行了导师制，帮助学生选课和制订学习计划；另一方面在教学计划的制订上，采用了 3 种方便学生选课的模式。一种是把课程模块化，即把联系紧密、相互依赖的课程"打捆"成一个一个的模块，如"电机基础""电力电子变流技术"和"电机控制系统"可以构成一个模块，这样每一个模块都形成一个相对独立、而且较完整的知识体系，学生按模块选课很容易。第二种教学模式是"主修（Major）—辅修（Minor）—选修（Electives）"制，如麻省理工学院电气工程系给出的一个供学生参考的例子是主修"通信、控制及信号处理"，辅修 1 为"计算机系统及结构工程"，辅修 2 为"计算机理论科学"。主修和辅修以外的课程都可作为选修，学生可根据自己的兴趣爱好进行选择。第三种模式是"必修—选修"制，将学生必须具备的理论基础和专业知识列为必修，属于知识拓展的课程列为选修，这样学生只需要决定选修部分，操作也很方便。实际上，以上 3 种模式各有利弊，很多学校常常是同时结合了两种、有时甚至 3 种模式来运作的。

除此之外，在欧美等发达国家中，尽管只有少部分大学设置了自动化领域的本科专业，但一个值得注意的现象是普遍都独立设有自动化领域的硕士和博士培养计划，这充分说明了自动化教育的广泛性和重要性。

自动化领域的研究和应用发展迅猛，各个国家在自动化教育方面的改革和发展也"方兴未艾"，从目前的发展趋势上看，有几点值得大家关注：

1）具有自动控制或自动化背景的工程师和专家在工程项目中常常扮演"系统集成者"的角色。他们对项目的成败至关重要，因此很多国家都在自动化教育中不断加强管理方面的课程，培养交流、沟通、合作及协调的意识与能力，提高决策水平及决策能力。

2）自动化虽然涉及多个学科和领域，但不应当每个领域都只是泛泛地了解，而应当将专业的宽口径和深入学习其中一个领域相结合，或者讲"通才"与适当的"专才"相结合。只有这样，学生才能将所学的知识融会贯通，深入理解相互的关系和联系，并真正建立起开展研究的习惯，提高独立研究能力。

3）无论是否专门设置了自动控制或自动化专业，自动化的相关课程都是很多专业必须学习的，而作为自动化核心的反馈控制，其重要性越来越为大家所关注，已经扩展到了工科以外的很多专业，只是其课程内容的深浅不同，对基础知识的要求不同而已。很多有识之士都认为反馈控制原理的思想和方法对所有科技工作者和很多管理人员来讲都是必需的。

4) 兴趣是最好的老师，也是学科发展的强大动力。为了使更多的人对自动化产生兴趣，了解自动化，熟悉自动化，发展自动化，很多国家都在大力加强自动化的科普教育，例如，广泛宣传自动化所取得的各种成就和作用，针对不同层次的人群编写引人入胜的科普书籍，在中学教材中适当地引入一些自动化的内容，在科技馆中设置与自动化相关的互动和演示装置，举办各种科技竞赛，如 RoboCup 机器人足球比赛、能自主行驶的智能汽车大赛、能自主飞行的无人机竞赛、FIRST 智能机器人竞赛等（FIRST 的全称是 For Inspiration and Recognition of Science and Technology，是美国一个鼓励青少年成为科技先锋的非盈利性组织）。

4.2 我国自动化教育的发展历程和发展趋势

我国的自动化教育可以追溯到 20 世纪 40 年代。伴随经典控制理论的形成及其在第二次世界大战和工业控制中的成功应用，美国、西欧和前苏联的一些大学率先开设了"伺服控制系统"和"自动调节原理"课程，我国的一些大学也随之开设了这方面的课程，而设置自动化类的专业则基本上是 20 世纪 50 年代才开始的。

自动化教育分专科、本科、硕士、博士 4 个层次。专科层次教育注重的是自动化技术和技能的培养，目标是使学生能胜任自动化领域的某种职业岗位，具备相关的职业技能、技艺及其运用能力。在其发展初期主要是仿照本科的人才培养模式，基本上属于"本科压缩型"，后演变为针对职业岗位所必需的技能来构建学生的知识、能力和素质结构体系，在知识结构上以"够用"和"实用"为限，在能力培养上以实践教学为基础和主要内容，强调职业能力和职业素质，充分体现了高等职业教育人才培养的技能性和实用性特点。下面重点介绍本科和硕士、博士教育的发展概况。

在自动化的专业建设方面，我国在起步阶段主要是借鉴了前苏联的培养模式和课程设置，专业面比较窄，专业划分比较细，自动化对应不止一个专业，并要求学生专业对口，招生和分配都有严格的计划，学生毕业后绝大多数都在与专业对口的单位从事技术工作。

自动化本科专业的前身是"工业企业电气化"和"自动控制"专业，前者组建于 1952 年，主要针对当时发展工业的需要，后者组建于 1956 年，主要缘于我国国防、军事建设中对自动控制人才的急需。"工业企业电气化"专业早期比较偏重于"电气化"，后来到了 20 世纪 60 年代，随着自动化的发展和教学内容的增加，专业名称改为"工业电气化及自动化"后来又改名为"工业电气自动化"。同一时期还衍生出了"生产过程自动化""检测技术与自动化仪表"等多个专业。

进入 20 世纪 80 年代以后，为进一步拓宽专业口径，以适应我国经济建设和科学技术发展的需要，通过借鉴西方发达国家的自动化教育体系，各高校将原有的多个自动化类专业（如自动控制、生产过程自动化、工业电气自动化、检测技术与自动化仪表等）合并为"工业自动化"专业和"自动控制"专业。两个专业的理论基础基本相同，只是专业应用领域各有偏重、理论要求略有区别而已。"工业自动化"专业偏重强电、偏重应用一些，而"自动控制"专业偏重弱电、偏重理论一些。在国家公布的《普通高等学校本科专业目录》中，"工业自动化"属于强电专业类的"电工类"，而"自动控制"属于弱电专业类的"电子信息类"。

20 世纪 90 年代以后，学科交叉、渗透和融合的趋势越来越明显，自动化学科的发展异常迅速，其主要特征是"数字化""网络化""智能化"和"综合集成化"。与此同时，高校毕业生的就业制度也由"计划经济"向"市场经济"转变，国家取消了统包统分，代之以实行"供需见面，自主择业，双向选择"。在这一背景下，为了进一步扩大专业口径，增加学生就业的适应性，与国际"通才教育"模式接轨，教育部在 1998 年修订了"普通高等学校本科专业目录"，将原来偏强电的"电工类"和偏弱电的"电子信息类"合并为强弱电合一的"电气信息类"，并合并了"工业自动化"和"自动控制"，加上原来的"液压传动与控制""电气技术"及"飞行器制导与控制"专业的一部分，组成了新的属于"电气信息类"的"自动化"专业。时至 2012 年，由于自动化专业规模越来越大，全国已有 450 多所大学设置了这个专业，而且与电气工程类专业在学科基础、应用背景、培养目标和专业基础课程等方面存在较大的差异，继续归属于"电气信息类"已不再合适，因此教育部于 2012 年在重新修订后的"普通高等学校本科专业目录"中，单独设立了"自动化类"，下设"自动化"专业。经过最后这两次调整，自动化专业真正成为了一个跨多个学科、多个行业的宽口径专业。自动化专业毕业生的就业形式也逐步地"多元化"，有的从事本专业的自动控制或自动化工作，有的从事计算机软件或硬件开发，有的进入公司或企业从事生产、管理、营销等工作，还有的进入政府部门从事管理工作。尽管就业去向多种多样，但专业是否完全对口并不是问题，因为本科阶段的"通才教育"加上自动化专业的超宽口径造就了适应力很强、适应面很广的人才，即使从事看似与自动化专业无关的工作，信息论的基础、反馈控制的方法、系统的观点和综合优化的思想也会帮助毕业生顺利地打开工作局面。

在自动化学科的研究生教育方面，早在 20 世纪 50 年代，我国曾举办过一些自动化专业的研究生班，并以公派形式派遣了一定数量的学生和教师去前苏联学习或攻读研究生学位，但规模都不大。20 世纪 60 ~ 70 年代，研究生教育处于完全停滞状态。从 1978 年开始，一些重点高等院校开始恢复研究生教育，在一批工科类重点大学中开始招收和培养自动化学科的研究生。1982 年，我国颁布了《中华人民共和国学位法》，对本科和研究生可以分别授予学士、硕士和博士学位。对于自动化学科的研究生专业设置，在首次颁布的《授予博士、硕士学位和培养研究生的学科、专业目录》中，一级学科名称为"自动控制"，下设 5 个二级学科，分别为"自动控制理论及应用""工业自动化"、"自动化仪表及装置""系统工程"和"模式识别与智能控制"。

除了"自动控制"一级学科下的专业外，与自动化密切相关的研究生专业还有"控制论与智能系统""运筹学与控制论""机电控制及自动化""流体传动及控制""电力传动及其自动化""电力系统及其自动化""铁道牵引电气化与自动化""火力控制系统""飞行器控制、制导与仿真""林业自动化""农业电气化与自动化"等。

1997 年，国务院学位委员会办公室和教育部研究生工作办公室牵头进行了研究生学科专业的修订工作，对学科和专业进行了较大幅度的归并和调整。在修订后的《授予博士、硕士学位和培养研究生的学科、专业目录》中，自动化学科研究生教育的一级学科名称改为"控制科学与工程"，由 5 个二级学科组成，即"控制理论与控制工程""检测技术与自动化装置""系统工程""模式识别与智能系统"和"导航、制导与控制"。除此之外，属于其他一级学科的相关专业还有"运筹学与控制论""系统分析与集成""机械制造及其自动化""电力系统及其自动化""农业电气化与自动化"等。

从研究生学科及专业设置的情况看，自动化专业划分比较细，研究生教育已不再是"通才教育"。硕士研究生属于"通才教育"和"专才教育"相结合，而博士研究生则偏重于"专才教育"。硕士阶段是课程学习与研究并重，课程学习的目的是提高理论素养、拓宽知识面，研究则要求针对某个领域达到一定深度，并培养较强的独立研究能力；而博士阶段则主要培养研究能力，研究领域一般比较窄，但要求研究有相当深度，博士毕业后通常就成为某个特定领域的专家，具备很强的独立研究能力。因此，硕士研究生毕业后仍具有较强的"可塑性"，他们就业的选择面较宽，相当一部分人并没有从事本专业的工作，而博士研究生则通常会选择专业比较对口的工作，以便最大限度地发挥他们的优势。

在自动化教育的专业结构和规模方面，目前全国 2000 多所普通高校中，绝大多数工科类院校和综合性大学都设有自动化或与自动化相关的专业，这类大学目前有 500 多所，其中450 余所开设有 4 年制本科"自动化"专业，每年招收近 4 万人的自动化专业本科生，在校生规模达 15 万多人；另外还有 400 多所专科院校设有专科自动化专业，每年招生 1 万多人，在校生规模为 3 万多人。

在设有"自动化"本科专业的 450 余所高校中，有近 300 所可以培养自动化学科的硕士或博士研究生。从层次结构上看，有"控制科学与工程"一级学科或所属二级学科硕士学位授予权（"一级学科授予权"指一级学科下的所有二级学科专业都可以招生、培养和授位）但没有博士学位授予权的高校接近 100 所，有相应博士点的高校近 200 所，其中拥有一级学科博士学位授予权的单位共 51 个。近 10 年来，研究生的办学规模增长较快，目前已达到每年招收 1 万多人的自动化学科研究生，在校生规模为 3 万多人。

4.3　自动化教育的培养目标与定位

我国自动化教育的培养目标和其他专业一样，分政治培养目标和业务培养目标。政治培养目标主要指思想品德方面，这在各个学校是大同小异的。就业务培养目标而言，无论是专科或本科自动化专业，还是硕士和博士专业，各个学校都有自己的一套体系，而且还经常进行修订，但万变不离其宗，实际上区别并不大，核心内容基本一致。综合很多学校的情况，并参照 2012 年国家公布的《普通高等学校本科专业目录》及其专业介绍、1998 年公布的《授予博士硕士学位和培养研究生的学科专业简介》以及 2006 年教育部自动化专业教学指导分委员会编写出版的《自动化学科专业发展战略研究报告》，本科和研究生自动化专业的业务培养目标可以简述如下。

本科自动化专业的业务培养目标：使学生具备电工电子、控制理论、自动检测与仪表、信息处理、系统工程、计算机技术与应用和网络技术等较宽广领域的工程技术基础和一定的专业知识，能在运动控制、工业过程控制、电力电子技术、检测与自动化仪表、电子与计算机技术、信息处理、管理与决策等领域从事系统分析、设计、运行以及科技开发及管理等方面的工作。

自动化专业的本科毕业生应具有以下 4 个方面的知识和能力：

1）在通识教育和综合素质方面，应具备坚实的数学、物理等自然科学基础，较好的人文社会科学基础和外语综合应用能力。

2）在专业基础方面，应掌握电路理论、电子技术、控制理论、信息处理、计算机软/

硬件基础及应用等。

3）在专业知识方面，应掌握运动控制、工业过程控制、自动化仪器仪表、电力电子技术、信息传输与处理等方面的知识和技能，完成系统分析、设计及开发方面的工程实践训练，并对本专业的学科前沿、发展动态和发展趋势有所了解。

4）在专业应用及综合能力方面，应具备一定的本专业领域内从事科学研究、科技开发和组织管理的能力，并有较强的工作适应能力。

自动化学科博士研究生的业务培养目标主要有以下 3 点：

1）具备自动化学科领域坚实的理论基础和系统的专门知识，了解学科领域的国内外发展方向、最新研究成果及研究动态。

2）具有很强的独立从事科学研究工作的能力，并在某一前沿领域和研究方向上开拓创新，做出创造性的成果。

3）熟练掌握一门外语，能阅读本学科的外文资料和撰写科研论文，并具有一定的国际交流的能力。

硕士研究生的业务培养目标与博士研究生并无本质区别，只是各方面的标准都要低一些，特别是研究工作方面并不要求做出创造性的成果，而是有一定的创新性就可以了。

在自动化学科各个层次的培养定位方面，研究生的培养定位是高层次的研究型科技人才，主要从事高水平的自动化研究、技术开发和工程应用，本科生则定位为高级工程技术人才，专科生则定位为技术技能型人才。本科生的培养类型比较多样化，还可进一步进行细化。因此，根据目前国外人才培养的分类情况和我国自动化高等教育的现状，本科及以下自动化专业的培养定位可大致划分为以下 4 种类型：

1）"研究主导型"自动化本科专业——人才培养的目标是为高水平的自动化研究及工程应用奠定基础，相当一部分的毕业生将进入高一层次的研究生学位教育阶段，所在学校一般具有自动化学科的博士学位授予权，而且相当一部分具有一级学科学位授予权。

2）"研究应用型"自动化本科专业——人才培养的目标是为自动化应用研究与开发奠定基础，其中一部分毕业生将进入高一层次的研究生学位教育阶段，所在学校一般具有自动化学科的硕士或博士学位授予权。

3）"应用主导型"自动化本科专业——人才培养的目标是具备解决实际问题能力、从事自动化应用技术的复合型专门人才，绝大多数毕业生将直接就业并能很好地适应工作要求。

4）"技术技能型"自动化类专科专业——培养在生产第一线从事自动化技术的应用，先进自动化设备的操作、调试及维护的高级技术技能型人才。

4.4 自动化专业的知识结构与课程体系

自动化属于基础知识面宽、应用领域广阔的综合性交叉学科，在以信息化带动工业化、以信息技术改造和提升传统产业、推进国民经济与社会信息化的过程中起到了关键的桥梁和纽带作用。自动化专业不仅对数学、物理、电子技术、计算机、信息处理等基础知识有很高的要求，而且着重培养传感器与信号检测、网络与通信、系统辨识与建模、控制系统分析与设计、系统综合优化等方面的专业知识与技能，同时通过大量的实验和实践环节培养学生的实际动手能力。

自动化的研究与应用发展迅速，教育体系及内容也在不断地调整和更新，再加上各个学校都有自己的一套教学计划，因此并不存在一个固定的、标准的知识结构和课程体系。尽管如此，在一段时间里，自动化教育的大部分内容是相对稳定的，各个学校教学计划所包含的知识体系基本一致，基础课程和专业核心课程基本相同。区别主要体现在两个方面：一是不同层次的学校，教学内容的深浅不同；二是专业选修及专业拓展课程的设置各有特色，往往反映出相关学校的科研优势。下面，参考和综合国内很多高校目前的实际情况以及教育部自动化专业教学指导分委会 2006 年编写的《自动化专业规范》，对本科自动化专业的知识结构和课程体系作一概要介绍，主要体现基本要求和共性部分，并力求符合大多数学校的实际情况。

本科自动化专业的知识结构和课程体系由综合教育、公共基础、专业基础、专业核心和专业拓展 5 大部分构成，每一部分所包含的知识体系和课程大致如下：

1. 综合教育

这一部分属于通识教育，涉及人文社会科学、经济与管理、环境科学、生命科学等很多学科，相关课程类别有政治理论、军事理论、道德修养、法律基础、管理基础、经济基础、环境保护与可持续发展、中华文化、中外历史、音乐欣赏、体育知识等。一般来讲，政治理论、军事理论、道德修养等少部分课程属于必修，更多的课程属于选修。

2. 公共基础

这一部分也属于通识教育，涉及自然科学、计算机信息技术、外语、体育等知识领域。必修课程包括高等数学、大学物理、英语、体育、计算机应用基础、高级程序设计语言等，选修课程有化学、生物等。

3. 专业基础

工程数学基础：线性代数、复变函数与积分变换、概率与数理统计、随机过程等。

电工电子基础：电路原理、模拟电子技术、数字电子技术、电机与拖动基础等。

计算机基础：微机原理与接口技术、计算机软件基础、数据结构与数据库等。

信号处理基础：信号与系统、数字信号处理等。

工程基础：工程制图。

上述课程中，"概率与数理统计""随机过程""数据库"一般是选修；"信号与系统"由于与"自动控制原理"有较多重复内容，有些学校已将其取消或作为选修；"数字信号处理"既可作为必修，也可作为选修。除此之外，这部分内容还包括针对新生的专业介绍或研讨课，课程名称一般是"自动化（专业）概论"。

4. 专业核心

自动控制理论：自动控制原理、现代控制理论、控制系统的建模与仿真。

控制技术与系统：计算机控制技术、运动控制系统、过程控制系统。

自动化相关技术：传感器与检测技术、电力电子技术、计算机网络与通信、控制系统的计算机辅助分析与设计。

该部分的课程一般都是必修，但有些学校将"控制系统的建模与仿真"和"计算机网络与通信"列为选修。

5. 专业拓展

控制与优化类：智能控制、自适应控制、最优化方法、最优控制、系统辨识、非线性控制理论、先进控制理论及其应用等。

网络控制类：集散控制系统（DCS）、计算机集成制造系统（CIMS）、现场总线控制技术等。

计算机应用与信息处理类：单片机原理及应用、可编程控制器（PLC）原理及应用、嵌入式系统、DSP 原理及应用、智能仪器仪表、操作系统、软件工程、数字图像处理、多传感器信息融合、数据挖掘、电子商务、网络与信息安全、多媒体技术、物联网技术等。

其他：机器人导论、人工智能、智能机器人、智能交通系统、系统工程、自动检测技术、管理信息系统、楼宇自动化等。

专业拓展这部分的课程一般都是选修，学生可根据自己的兴趣爱好进行选择，也可按研究方向或课程模块进行选择。

除了上述知识和课程体系外，一般还设置有各种实践环节，包括金工实习（或工程训练）、电子实习、各种课程设计、生产实习、毕业实习、毕业设计等。各种科技竞赛也属于综合性实践环节，与自动化关系密切且影响较大的全国性竞赛有电子设计竞赛、RoboCup 机器人足球比赛、智能汽车竞赛、数学建模竞赛等。学生通过参加这些竞赛不仅可以把所学知识融会贯通，而且可以提高动手能力，培养创新意识、创新能力和团队协作精神。

以上介绍的知识结构和课程体系与大多数本科院校目前的实际情况基本上一致，但课程名称和授课内容多少会有些区别。"研究主导型"专业可能会多一些课程和内容，而"应用主导型"专业可能会少一些课程和内容，"研究应用型"专业则可能会有增有减。无论哪种情况，自动化专业的基本内容和核心体系部分变动甚少。

参 考 文 献

[1] 戴先中，赵光宙．自动化学科概论［M］．北京：高等教育出版社，2006．

[2] 戴先中．自动化科学与技术学科的内容、地位与体系［M］．北京：高等教育出版社，2003．

[3] 万百五，韩崇昭，蔡远利．自动化（专业）概论［M］．武汉：武汉理工大学出版社，2002．

[4] 周献中，盛安冬，姜斌．自动化导论［M］．北京：科学出版社，2009．

[5] 汪晋宽，于丁文，张建．自动化概论［M］．北京：北京邮电大学出版社，2006．

[6] 教育部高校自动化专业教学指导分委员会．自动化学科专业发展战略研究报告［M］．北京：高等教育出版社，2007．

[7] 李衍达，李志坚，等．信息科学技术概论［M］．北京：清华大学出版社，2005．

[8] 李衍达．信息世界漫谈［M］．北京：清华大学出版社，2000．

[9] 孙元章，李裕能．走进电世界——电气工程与自动化（专业）概论［M］．北京：中国电力出版社，2009．

[10] 肖登明．电气工程概论［M］．2 版．北京：中国电力出版社，2013．

[11] 陈虹．电气学科导论［M］．北京：机械工业出版社，2006．

[12] 王志良，李正熙，解仑．信息社会中的自动化新技术［M］．北京：机械工业出版社，2004．

[13] Richard M. Murray, Karl J. Åström, et al. Future Directions in Control in an Information Rich World：a Summary of the Report of the Panel on Future Directions in Control, Dynamics, and Systems［J］. IEEE Control Systems Magazine, 2003, April：20-33.

[14] Richard M Murray. 信息爆炸时代的控制［M］．陈虹，马彦，译．北京：科学出版社，2004．

[15] Samad T, Annaswamy A M. The Impact of Control Technology［J］. IEEE Control Systems Society, Available at www. ieeecss. org, 2011.

[16] Shimon Y Nof. Handbook of Automation［M］. Berlin：Springer Press, 2011.

[17] 郑南宁，贾新春，袁泽剑．控制科学与技术的发展及其思考［J］．自动化学报，2002，28（增刊）：7-17．

[18] 孙优贤．我国工业过程自动化高技术产业化重大进展［J］．控制工程，2003，10（2）：97-105．

[19] 韩江洪，张建军，张利，等．智能家居系统与技术［M］．合肥：合肥工业大学出版社，2005．

[20] 周洪，胡文山，张立明，等．智能家居控制系统［M］．北京：中国电力出版社，2006．

[21] 寇国瑷，杨生辉，等．汽车电器与电子控制系统［M］．北京：人民交通出版社，2003．

[22] 冯崇毅，鲁植雄，等．汽车电子控制技术［M］．北京：人民交通出版社，2005．

[23] 李树广，刘允才．智能交通的发展与研究［J］．微型电脑应用，2005，21（6）：1-6．

[24] 姜志文，石金峰．GPS 在智能交通中的应用［J］．矿山测量，2006，12（4）：21-23．

[25] 王笑京，沈鸿飞，等．中国智能交通系统发展战略研究［J］．交通运输系统工程与信息，2006，6（4）：9-12．

[26] 王又武，曾巧明．基于 GIS 的城市交通信息综合平台［J］．计算机与现代化，2007（2）：119-122．

[27] 马涛．ITS 智能车辆控制系统研究与实现［D］．南京：南京航空航天大学，2009．

[28] 陶智勇．智能大厦［M］．北京：北京邮电大学出版社，2002．

[29] 王再英．智能建筑：楼宇自动化系统原理与应用［M］．北京：电子工业出版社，2005．

[30] 周洪，张世荣，等．智能建筑控制系统概论［M］．北京：中国电力出版社，2004．

[31] 钟清. 智能电网关键技术研究［M］. 北京：中国电力出版社，2011.

[32] 韩富春. 电力系统自动化技术［M］. 北京：中国水利水电出版社，2003.

[33] 杨冠城. 电力系统自动装置原理［M］. 3 版. 北京：中国电力出版社，2005.

[34] 蒋新松. 机器人与工业自动化［M］. 石家庄：河北教育出版社，2003.

[35] 李团结. 机器人技术［M］. 北京：电子工业出版社，2009.

[36] Bruno Siciliano, Oussama Khatib. Handbook of Robotics［M］. Berlin：Springer Press，2008.

[37] 谭民，徐德，等. 先进机器人控制［M］. 北京：高等教育出版社，2007.

[38] 吴振彪，王正家. 工业机器人［M］. 2 版. 武汉：华中科技大学出版社，2004.

[39] S. Beland, E. Dupuis, J. Dunlop，等. 加拿大的空间机器人——从国际空间站上的灵巧作业机器人到行星探测机器人［J］. 潘科炎，译. 控制工程，2001（2）：22-29.

[40] 赵东福. 自动化制造系统［M］. 北京：机械工业出版社，2004.

[41] 杨宁，赵玉刚. 集散控制系统及现场总线［M］. 北京：北京航空航天大学出版社，2003.

[42] 赵汝嘉. 先进制造系统导论［M］. 北京：机械工业出版社，2003.

[43] 杨叔子. 先进制造技术及其发展趋势. 中国科协 2003 年学术年会讲演稿.

[44] 张效祥，张夷人. 现代科技与战争［M］. 北京：清华大学出版社，2005.

[45] 刘桂芳，张健，等. 高技术条件下的 C4ISR——军队指挥自动化［M］. 长沙：国防科技大学出版社，2002.

[46] 汪致远. 现代武器装备概论［M］. 北京：兵器工业出版社，2003.

[47] Alberts. 网络中心战与复杂性理论［M］. 北京：电子工业出版社，2004.

[48] 王永寿. 美国军用机器人的现状与开发动向［J］. 飞航导弹，2003（2）：11-15.

[49] 石剑琛. 美国海军航母作战系统发展及展望［J］. 舰船科学技术，2012，34（4）.

[50] 周智超，张美旭. 美国航母编队作战指挥特点及指挥信息系统分析［J］. 舰船科学技术，2011，33（11）.

[51] 王海彬，黄永生，等. 国外地面军用机器人系统综述［J］. 汽车应用，2005（11）：18-20.

[52] 盈余帆. 美军机器人战车［J］. 兵器，2004（6）：16-20.

[53] 仲崇慧，贾喜花. 国外地面无人作战平台军用机器人发展概况综述［J］. 机器人技术与应用，2005（3）：18-24.

[54] 刘勇生. 办公自动化实用教程［M］. 北京：电子工业出版社，2006.

[55] 上海市计算机应用能力考核办公室. 办公自动化综合应用技术［M］. 上海：复旦大学出版社，2005.

[56] 卢志刚. 电子商务概论［M］. 北京：机械工业出版社，2008.

[57] 瞿彭志. 商业自动化［M］. 2 版. 上海：上海交通大学出版社，2004.

[58] 段明祥. 工业控制与自动化的创新与技术进展［J］. 自动化博览，2006，二十周年纪念文集：55-58.

[59] 刘鑫. 综合自动化技术的现状与发展趋势［J］. 自动化博览，2006，二十周年纪念文集：51-55.

[60] 费敏锐，李力雄. 自动化领域的一些进展与评论［J］. 仪器仪表学报，2002，23（5）（增刊）：241-244.

[61] 吴冈. 物联网时代为自动化行业带来新的机遇［J］. 自动化技术与应用，2011，30（1）：1-9.

[62] 王保云. 物联网技术研究综述［J］. 电子测量与仪器学报，2009，23（12）：1-7.

[63] 王志良. 物联网：现在与未来［M］. 北京：机械工业出版社，2010.

[64] 戴先中. 自动化学科（专业）的知识结构与知识体系浅析［J］. 中国大学教学，2005（2）：19-29.

[65] 戴先中. 论自动化专业本科生的知识、素质与能力要求［J］. 电气电子教学学报，2007，29（1）：1-5.

[66] 韩九强，郑南宁. 国外自动化相关学科专业教育教学的现状与发展研究［J］. 电气电子教学学报，2003，25（6）：1-5.

[67] 张卫东，田作华. 国内外教学质量监控和评估体系比较研究及其对自动化专业的启示 [J]. 电气电子教学学报，2003，25（6）：61-65.

[68] 郭晓华，田作华. 自动化专业教育的指导性要求 [C]. 2013 全国自动化教育学术年会论文集. 杭州，2013.

[69] 舒志兵，高延荣，卢宗春，等. 自动化专业智能化的发展趋势 [J]. 自动化博览，2010（8）：16-18.